U0263549

中国石油大学（北京）学术专著系列

黑色岩系有机质与钒地球化学特征及伴生机制

刘成林 等 著

科学出版社
北 京

内 容 简 介

本书系统总结了国内外黑色岩系与钒矿分布及地质特征，以柴达木盆地北缘中元古界万洞沟群及上奥陶统滩间山群、湘西地区下寒武统牛蹄塘组为研究对象，分析了黑色岩系有机与无机地球化学特征、有机质与钒矿物质来源及沉积环境、钒对有机质生烃的影响机理、黑色岩系有机质与钒伴生机制、钒成矿模式，反映了黑色岩系油气成藏与钒矿富集机制研究的最新进展，是开展油气与钒矿地质研究的重要参考。

本书理论与实践相结合，既可供从事油气与金属矿产勘探开发的科研人员阅读，也可供石油院校相关专业的师生参考。

图书在版编目（CIP）数据

黑色岩系有机质与钒地球化学特征及伴生机制 / 刘成林等著. —北京：科学出版社，2021.11

（中国石油大学（北京）学术专著系列）

ISBN 978-7-03-068782-1

Ⅰ. ①黑… Ⅱ. ①刘… Ⅲ. ①钒矿床—地球化学标志—研究 Ⅳ. ①P618.610.8

中国版本图书馆CIP数据核字(2021)第090902号

责任编辑：焦 健 李亚佩/责任校对：王 瑞
责任印制：吴兆东/封面设计：无极书装

科学出版社 出版
北京东黄城根北街16号
邮政编码：100717
http://www.sciencep.com

北京中科印刷有限公司 印刷
科学出版社发行 各地新华书店经销
*
2021年11月第 一 版 开本：720×1000 B5
2021年11月第一次印刷 印张：18
字数：360 000
定价：238.00元
（如有印装质量问题，我社负责调换）

主要编写人员

刘成林	龚宏伟	柳永军	吴育平	顿　超	童　超
徐　韵	朱玉新	李宗星	彭　博	杨元元	王晓虎
张林炎	张　旭	臧起彪	李国雄	杨熙雅	冯德浩
李　培	太万雪	范柏江	葛　岩	公王斌	周　刚
刘文平	郑　策	代　昆	张　谦	曹　军	赵　伟
王少清	徐丽丽	祁柯宁	许　诺	卢振东	阳　宏
曾晓祥	冉　钰	李志杰	韩天华	路归一	张培星
刘甜甜	杨晟颢	洪唯宇	班东师	徐思渊	张　蔚
任浩林	杨　赛	张　迈	张　禹	黎　彬	霍宏亮
丁振刚	李闻达	杨韬政	吴云飞	乔　桐	袁嘉音
赵桂香	Awan Rizwan Sarwar		Lawali Garba Chamssidini		

丛 书 序

科技立则民族立，科技强则国家强。党的十九届五中全会提出了坚持创新在我国现代化建设全局中的核心地位，把科技自立自强作为国家发展的战略支撑。高校作为国家创新体系的重要组成部分，是基础研究的主力军和重大科技突破的生力军，肩负着科技报国、科技强国的历史使命。

中国石油大学（北京）作为高水平行业领军研究型大学，自成立起就坚持把科技创新作为学校发展的不竭动力，把服务国家战略需求作为最高追求。无论是建校之初为国找油、向科学进军的壮志豪情，还是师生在一次次石油会战中献智献力、艰辛探索的不懈奋斗；无论是跋涉大漠、戈壁、荒原，还是走向海外，挺进深海、深地，学校科技工作的每一个足印，都彰显着"国之所需，校之所重"的价值追求，一批能源领域国家重大工程和国之重器上都有中石大的贡献。

当前，世界正经历百年未有之大变局，新一轮科技革命和产业变革蓬勃兴起，"双碳"目标下我国经济社会发展全面绿色转型，能源行业正朝着清洁化、低碳化、智能化、电气化等方向发展升级。面对新的战略机遇，作为深耕能源领域的行业特色型高校，中国石油大学（北京）必须牢记"国之大者"，精准对接国家战略目标和任务。一方面要"强优"，坚定不移地开展石油天然气关键核心技术攻坚，立足油气、做强油气；另一方面要"拓新"，在学科交叉、人才培养和科技创新等方面巩固提升、深化改革、战略突破，全力打造能源领域重要人才中心和创新高地。

为弘扬科学精神，积淀学术财富，学校专门建立学术专著出版基金，出版了一批学术价值高、富有创新性和先进性的学术著作，充分展现了学校科技工作者在相关领域前沿科学研究中的成就和水平，彰显了学校服务国家重大战略的实绩与贡献，在学术传承、学术交流和学术传播上发挥了重要作用。

科技成果需要传承，科技事业需要赓续。在奋进能源领域特色鲜明世界一流研究型大学的新征程中，我们谋划出版新一批学术专著，期待我校的广大专家学者继续坚持"四个面向"，坚决扛起保障国家能源资源安全、服务建设科技强国的时代使命，努力把科研成果写在祖国大地上，为国家实现高水平科技自立自强，端稳能源的"饭碗"，作出更大贡献，奋力谱写科技报国新篇章！

中国石油大学（北京）校长

2021 年 11 月 1 日

本 书 序 一

《黑色岩系有机质与钒地球化学特征及伴生机制》一书是国家自然科学基金项目"碳沥青与钒矿物伴生机理研究"（41572099）的主要研究成果，是系统研究柴达木盆地北缘和湘西地区黑色岩系分布规律与钒矿伴生机制的学术成果结晶。本书包括以下四点重要认识。

（1）柴北缘与湘西地区黑色岩系中的碳沥青外观上与煤相似，镜下呈球状、片状、流动状、镶嵌状结构充填于岩石的裂缝、溶蚀孔、粒间孔中。扫描电镜观察并未发现钒矿物的明显结晶矿体，表明钒矿不是单独成矿，而是以吸附或取代的分散形式存在于黏土矿物、有机质中或与其他金属氧化物结合。

（2）柴北缘与湘西地区黑色岩系样品元素含量差异较小，有机质丰度差别较大，湘西地区黑色岩系中有机质丰度明显高于柴北缘。黑色岩系中的有机质形成于还原性较强的沉积环境，类型主要为 I 型或 II$_1$ 型。有机质均达到高—过成熟阶段。

（3）明确了钒在有机质演化过程中的作用。地质条件下适量的钒化合物对有机质生烃或演化产生一定的促进作用，而当钒浓度过高或有机质热演化较高时，这种促进作用受到很大的限制。钒主要通过降低 C—C 键、C—H 键和 C—O 键的离解能来降低有机质生烃反应所需要的活化能，从而促进生烃作用。

（4）有机质与钒的伴生机制主要有三种，即微生物成矿作用、有机质吸附作用、黏土矿物吸附作用。在这三种作用的影响下，钒赋存于沉积岩中，并以金属络合物的形式随着油气的生成与演化，在后期构造活动影响下，钒被富集和固定在固体沥青中不再发生迁移。

刘成林教授团队一直致力于油气地球化学与非常规油气地质研究，研究成果是基于大量实际分析测试所得，与相关科研机构充分交流并得到认可。此书不仅反映黑色岩系油气成藏与钒矿富集机制研究的最新进展，也是开展盆地内多种能源协同勘探研究的重要参考。

中国科学院院士

2020 年 9 月 27 日

本 书 序 二

　　刘成林教授主持的国家自然科学基金项目"碳沥青与钒矿物伴生机理研究"（41572099）深入探讨了柴达木盆地北缘及湘西地区黑色岩系中碳沥青与钒的富集及伴生规律，《黑色岩系有机质与钒地球化学特征及伴生机制》一书是该团队长期致力于油气地球化学及非常规油气地质研究成果的结晶。主要研究认识包括如下几方面。

　　（1）柴北缘滩间山群与湘西地区牛蹄塘组的黑色岩系均广泛发育碳沥青，同时伴随有特殊性金属矿产"钒"。碳沥青外观上与煤相似，常充填于岩石的裂缝、溶蚀孔、粒间孔中，而钒矿物往往以吸附或取代的分散形式存在于黏土矿物、有机质中或与其他金属氧化物结合。

　　（2）柴北缘和湘西地区黑色岩系中有机质丰度差异较大，有机质类型基本相同，主要为Ⅰ型或Ⅱ₁型，且均已达到高成熟甚至过成熟阶段。生物来源以藻类等低等浮游生物为主。黑色岩系无机地球化学特征显示钒元素相对大陆地壳明显富集，且与有机质丰度呈现较好的正相关关系。

　　（3）地质条件下适量的钒化合物对有机质生烃或演化产生一定的促进作用，降低了反应活化能，加快了烃源岩生烃过程，使烃源岩提前进入生油窗，并提高了产烃率，该过程与钒化合物的浓度及钒的化合价密切相关。

　　（4）有机质与钒等金属基本同时赋存于沉积岩中，伴随着有机质生烃、油气演化的全过程，烃类流体在高温岩浆的烘烤下裂解、变质，最终演化成固体碳沥青。高温岩浆的作用为金属钒元素从烃类流体中卸载提供了有利条件，最终钒被富集和固定在固体沥青中。

　　该书由刘成林教授的油气地球化学与非常规油气地质研究团队所著，书中成果得到科研机构认可，对推动油气与金属矿产协同勘探研究具有重要理论基础和实际意义。

中国地质科学院地质力学研究所研究员

2020 年 9 月 29 日

前　　言

　　我国含油气盆地的最大特色是由多个不同时期的小块体拼合而成的，具有成藏过程多期次、成藏介质多形式、成藏空间多结构、成藏组合多类型的特征。我国的大多数沉积盆地不仅具有"上陆（相）、下海（相）"的特征，而且常呈现"有机和无机"的叠合特征。其实我国金属（非金属）矿床的区域分布，基本上与油气田成藏的构造背景大体吻合。随着对盆山耦合和脱耦过程的演化研究不断深入，已证实金属矿床常在构造较复杂的山岭成矿就位，盆地内蕴藏石油和天然气。这反映了沉积盆地中金属形成与油气的生成、演化及成藏密切相关。在沉积盆地的沉积物形成过程及有机质向油气演化过程中，始终存在着一系列有机－无机相互作用。这些有机－无机相互作用不仅可以影响优质烃源岩的形成，而且对有机质生烃过程产生了十分重要的影响。深入开展有机－无机相互作用研究对于明确泥页岩中有机质富集过程、演化以及油气勘探开发均具有重要的意义。

　　柴达木盆地北缘滩间山群碳沥青中钒矿物较为富集，湘西地区下寒武统牛蹄塘组不仅广泛发育黑色岩系，而且拥有碳沥青与钒矿富集区，这为研究黑色岩系中碳沥青与钒矿物伴生机制提供了有利条件。本书综合运用石油地质学、地球化学、非常规油气地质理论，结合大量的野外露头样品测试分析，研究黑色岩系中有机质与钒矿的伴生机制，探索有机成藏与无机成矿之间的内在联系。主要认识如下。

　　（1）黑色岩系是在缺氧或贫氧水体中形成的，是具有一定的沉积学、古生态学和地球化学特征的黑色细粒沉积岩组合，在空间上广泛分布于五大洲，时间上从元古宙到显生宙都有产出。黑色岩系型矿床具有明显的时控性，各时代含矿系具有各自特征的岩类组合，产出不同的金属、非金属矿床与油气。

　　（2）柴北缘与湘西地区不管时间上还是空间上跨度均很大，但是均发现大量碳沥青的展布以及含有丰富的钒等金属元素。这不仅表明黑色岩系在全球广泛发育，而且与之有关的有机–无机相互作用也在时空上广泛存在。然而，并非所有富有机质黑色岩系中均有矿床发现，这也反映黑色岩系中有机成藏–无机成矿机制极为复杂。

（3）黑色岩系中碳沥青外观上与煤相似，镜下呈球状、片状、流动状、镶嵌状结构充填于岩石的裂缝、溶蚀孔、粒间孔中。扫描电镜观察并未发现有机质附近钒矿物的明显结晶矿体，表明钒矿不是单独成矿，而是以吸附或取代的分散形式存在于黏土矿物、有机质中或与其他金属氧化物结合。

（4）通过对黑色岩系中有机质元素、丰度、成熟度的研究发现，柴北缘与湘西地区黑色岩系样品的元素含量差异较小，有机质丰度差别较大，湘西地区黑色岩系中有机质丰度明显高于柴北缘。两个地区黑色岩系的氯仿沥青含量均较低，族组分中非烃和沥青质占绝对优势，有机质均达到高—过成熟阶段。依据有机质显微组分的鉴定以及生物标志化合物中饱和烃、芳香烃的组成特征，可知黑色岩系中的有机质类型主要为 I 型或 II_1 型，且形成于还原性较强的沉积环境中。

（5）沉积物中主量、微量元素的相对含量及相关比值表明，柴北缘与湘西地区黑色岩系主量元素含量特征相似，均以 Si 和 Al 为主。微量元素含量在两个地区表现出较大不同，与美国泥盆纪俄亥俄页岩 (SDO-1) 相比，柴北缘黑色岩系总体显示 V 和 Zn 元素富集，Mo、Cd、In 等元素亏损，湘西地区总体表现出 V、Ni 元素的富集以及 Cd、In 元素的相对亏损。

（6）黑色岩系有机成分研究表明，其饱和烃分布特征基本一致，主峰碳为 C_{17} 或 C_{18}，正构烷烃均以低碳数化合物为主，规则甾烷 C_{27} 占优势，类异戊间二烯烷烃中植烷占优势，五环萜烷中有一定含量的伽马蜡烷，说明其生物来源以藻类等低等浮游生物为主，与镜下观察发现的大量藻类相一致。古气候对陆源物质的输入有较大影响，而缺氧还原的滞留水体环境有利于有机质富集，也是控制有机质富集的主要因素。

（7）黑色岩系中成矿物质具有多源性，包括海底火山喷发的岩浆、有机质的吸附作用及黏土矿物的吸附作用。柴北缘滩间山群黑色岩系主要形成于活动性大陆边缘的弧后盆地，物源受陆源及火山岛弧影响，地球化学特征显示沉积过程有热液的加入。湘西地区牛蹄塘组黑色岩系形成于被动大陆边缘，沉积过程受多重因素影响，不仅有周缘古陆的影响，还有海底热液的影响。

（8）柴北缘与湘西地区黑色岩系中有机质与钒元素伴生关系均较为明显。研究认为有机质与钒的伴生机制主要有三种，即微生物成矿作用、有机质吸附作用、黏土矿物吸附作用。在这三种作用的影响下，钒赋存于沉积岩中，并以金属络合物的形式随着油气的生成与演化，钒被富集和固定在固体沥青中不再发生迁移。

本书系中国石油大学（北京）学术专著系列，是国家自然科学基金项目"碳沥青与钒矿物伴生机理研究"（41572099）的主要研究成果，并且得到了中国地质大调查项目"柴达木盆地及周缘油气基础地质调查"以及国家自然科学基金项目"咸化湖盆条件下盐类对地层超压的作用机制研究"（41872127）和"氯化盐浓度对气源岩生成天然气组成的影响"（41272159）的资助和支持。本书由刘成林负责统稿，全书共分为八章，具体分工如下：第1章，由刘成林、柳永军、龚宏伟、彭博、阳宏、徐韵、童超、顿超、朱玉新、Awan Rizwan Sarwar、Lawali Garba Chamssidini、许诺、李闻达、杨韬政、吴云飞、乔桐、霍宏亮编写；第2章，由刘成林、范柏江、葛岩、公王斌、周刚、刘文平、李宗星、郑策、代昆、张谦、曹军、赵伟、王少清、徐丽丽、祁柯宁、童超、顿超、柳永军、龚宏伟、张旭、彭博、杨元元、袁嘉音、卢振东、曾晓祥、冉钰、李志杰、韩天华编写；第3章，由徐韵、童超、顿超、柳永军、龚宏伟、吴育平、张旭、冯德浩、李培、太万雪、路归一、张培星、刘甜甜编写；第4章，由刘成林、童超、顿超、柳永军、龚宏伟、吴育平、臧起彪、李国雄、杨熙雅、杨晟颢、张旭、彭博、杨元元、袁嘉音、徐思渊、徐韵编写；第5章，由刘成林、童超、顿超、柳永军、龚宏伟、吴育平、张旭、彭博、杨元元编写；第6章，由吴育平、刘成林、龚宏伟、柳永军、张蔚、任浩林、杨晟颢、杨熙雅、班东师、洪唯宇、杨赛、张迈编写；第7章，由龚宏伟、刘成林、任浩林、张蔚、张禹、黎彬编写；第八章，由刘成林、柳永军、龚宏伟、王晓虎、彭博、张林炎、丁振刚编写；图件清绘由赵桂香完成。

本书在编写过程中得到了中国石油勘探开发研究院廊坊分院、中国石油青海油田勘探开发研究院的数据和技术支持，也得到了中国石油大学（北京）、中国科学院广州地球化学研究所等单位的样品测试分析支持。在项目执行过程中，中国石油大学（北京）、中国地质科学院地质力学研究所的领导与同事一如既往的给予了支持。戴金星院士、马寅生研究员、门相勇研究员等专家在项目实施与书稿编写过程中给予了精心指导与严格把关。在此对帮助书稿编写的领导、专家、老师和同学表示真诚感谢！

戴金星院士、马寅生研究员在百忙之中对书稿进行了审阅，提出了很多宝贵的意见和建议，并为本书作序，在此对戴院士和马老师的辛苦劳动表示衷心感谢。

希望本书出版对丰富黑色岩系油气成藏与钒矿富集理论及其勘探开发有较大意义，由于作者水平有限，疏漏之处在所难免，敬请读者批评指正。

作　者

2020 年 12 月 16 日

目　　录

第1章　黑色岩系地质特征与资源形成机制

本章厘定了黑色岩系的定义及岩类组合，总结了国内外黑色岩系分布与资源赋存特征，对比分析了黑色岩系矿床形成机理、有机质与钒伴生机制。黑色岩系是在缺氧或贫氧水体中形成的，是具有一定的沉积学、古生态学和地球化学特征的黑色细粒沉积岩组合，主要包括硅质岩、磷块岩、碳质泥岩、粉砂岩、石煤、重晶石岩和碳酸盐岩等。黑色岩系型金属、非金属矿床与油气具有明显的时控性。黑色岩系矿床形成机理包括同生沉积初始富集与沉积成矿机理、沉积成岩与后生地质作用轻微改造成矿机理、构造 - 热液强烈改造成矿机理、变质与构造 - 热液改造成矿机理。黑色岩系中钒的生物成矿作用可分为直接成矿作用和间接成矿作用。

1.1　黑色岩系概念及岩类组合

黑色岩系长期以来广受地学界的重视是因为其不仅是重要的低热值燃料资源，也是多种稀有元素（如 Au、Ag、Ni、Mo、Cu、Pb、Pt、Zn、Se、U、V、Tl、Cd 等）的重要聚集岩系，其中常产出石煤、重晶石、磷、多金属等许多大型、超大型矿床，极具经济价值，素有"多元素富集体"之称，也是重要的烃源岩系。黑色岩系代表着全球地质历史发展过程中重要的转折阶段的沉积记录，具重现性的时限沉积相，是地球演化中特定地质环境缺氧环境的产物，是岩石圈、水圈、气圈和生物圈变化和相互作用的结果，也是开放的地球复杂动力系统演化的标志和体现。

对黑色岩系的研究是从黑色页岩（black shale）引申而来的。Vine 和 Tourtelot（1969）认为黑色页岩是沉积于海相或盐湖相环境中的黑色细粒沉积岩，由碎屑、化学及生物沉淀的矿物及有机物组成。Pettijohn（1975）认为黑色页岩是易剥裂的富含有机碳 [总有机碳（TOC）含量为 3%~5%] 和硫化铁的纹层状岩石。国内学者也广泛使用黑色页岩来指代颜色较深、含有机质较高的细粒沉积岩。范德廉等（1987）认为黑色页岩是泥质岩的一个小类，不能作为黑色岩系的统称来使用，并首次使用"黑色岩系"（black rock series）的概念。高振敏等（1997）提出黑色岩系是一套富含有机质海相细粒沉积岩的总称，包含暗色泥页岩、粉砂岩、硅质岩和少量碳酸盐岩等。范德廉等（2004）将黑色岩系定义为含有机碳（TOC 含量接近或大于 1%）及硫化物（铁硫化物为主）较多的深灰色—黑色的硅岩、碳酸盐岩、泥质岩（含层凝灰岩）及其变质岩的组合体系（图1.1），其主要端元组成是黑色硅岩、黑色碳酸盐岩、黑色泥质岩，不同的岩类组合反映不同的沉积背景。中国南方寒武系下部黑色岩系为一套富含有机质的硅质、泥质建造，主要为碳质（页）岩、碳质硅质（页）岩、含磷结核碳质页岩和硅质岩、含碳泥质硅质岩及白云质碳质泥（页）岩（吕惠进和王建，2005）。

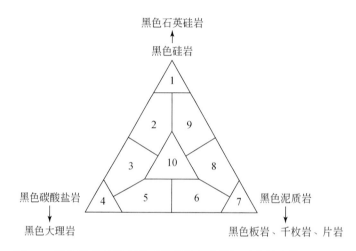

图 1.1　黑色岩系的岩石类型及岩类组合图解（范德廉等，2004）

1. 黑色硅质岩为主；2. 黑色碳酸盐岩 - 硅岩组合；3. 黑色硅岩 - 碳酸盐岩组合；4. 黑色碳酸盐岩为主；5. 黑色泥质岩 - 碳酸盐岩组合；6. 黑色碳酸盐岩 - 泥质岩组合；7. 黑色泥质岩为主；8. 黑色硅岩 - 泥质岩组合；9. 黑色泥质岩 - 硅岩组合；10. 黑色硅岩 - 泥质岩 - 碳酸盐岩组合

综上所述，黑色岩系是沉积地层中广泛存在的，普遍具有陆源、内源、深源、生物和宇宙物质等多种物质来源，在缺氧或贫氧水体中形成，具有一定的沉积学、古生态学和地球化学特征的黑色细粒沉积岩组合，主要包括硅质岩、磷块岩、碳质泥岩、粉砂岩、石煤、重晶石岩和碳酸盐岩等（图1.2）。

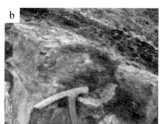

图 1.2　遵义松林下寒武统黑色岩系野外露头（周文喜，2017）

a. 下采区埃迪卡拉系与寒武系界线；b. 下采区下寒武统牛蹄塘组底部磷块岩与埃迪卡拉系灯影组白云岩呈假整合接触；c. 下采区牛蹄塘组底部磷结核；d. 下采区下寒武统牛蹄塘组黑色页岩；e. 上采区下寒武统牛蹄塘组剖面；f. 上采区底部凝灰岩；g. 牛蹄塘组黑色页岩中的层状黄铁矿；h. 牛蹄塘组黑色页岩中的结核；i. 牛蹄塘组黑色页岩中的海绵骨针

1.2　黑色岩系分布与资源赋存特征

黑色岩系在空间上广泛分布于五大洲，时间上从元古宙到显生宙都有产出。黑色岩系型矿床具有明显的时控性，各时代含矿系具有各自特征的岩类组合，产出不同的金属、非金属矿床与油气。

1.2.1　全球黑色岩系分布与资源赋存特征

黑色岩系在全球分布广泛，古生代及更老地层的黑色岩系具有全球性规模。例如，分布在英格兰南部、荷兰、德国到中欧诸国的上二叠统 Kupferschifer 组，加拿大育空地区中上泥盆统，印度小喜马拉雅、伊朗、巴基斯坦北部、法国南部、威尔士、英格兰、俄罗斯、阿曼北部、澳大利亚南部、加拿大、蒙古国等地的下寒武统，俄罗斯西伯利亚里菲系（Riphean）上部以及波兰的前寒武系都发育黑色岩系。

全球目前已于多处发现了与黑色岩系建造相关的工业矿床或金属元素堆积。与黑色岩系有关的矿床在时空上分布广泛，比较典型的如纵贯西欧到中欧赋存于上二叠统 Kupferschifer 组的 Cu-Ag 矿床，罗马尼亚东 Carpathian 地区寒武系至奥陶系的 Mn 矿床，俄罗斯西伯利亚干谷地区里菲系上段的 Au 矿床，摩洛哥北部小阿特拉斯山（Anti-Atlas）造山带新元古界的 Ag 矿床，加拿大 Sullivan 地区元古宇的 Pb-Zn-Ag 金属矿床，芬兰 Kainuu-Outo-kumpu 地区元古宇的 Cu-Zn-Ni-Co 矿床等。

这些黑色岩系多富含有机质，既是常规油气的烃源岩，也是页岩油气与煤层气等非常规油气资源的储集体。

1.2.2 国内黑色岩系分布与资源赋存特征

黑色岩系广布于多个地质时代，与之有关的大、中、小型矿床及矿点广泛产出于我国元古宇至新近系的许多层位内。大 – 超大型矿床的黑色岩系分布于中元古界下昆阳群、新元古界歪头山组、震旦系、下寒武统、下中志留统、上泥盆统、下二叠统、中三叠统、中新统，矿床最为集中的时代是早寒武世、晚泥盆世、早震旦世、晚震旦世和中新元古代（表 1.1）（范德廉等，2004）。黑色岩系中非常规油气资源丰富，我国油气勘探开发结果显示：页岩气资源主要赋存在下古生界海相暗色泥页岩中，煤层气资源主要赋存在上古生界海陆过渡相煤系中，页岩油主要赋存在中新生界湖相暗色泥页岩中。

1. 古元古界—中元古界

古元古界矿种有 Fe、Au、Cu、Co、V、Mo、Zn、石墨、U 等，赋矿岩类主要是变泥质 – 砂泥质 – 变含碳泥质岩型。中元古代是一个重要的成矿时代，不仅成矿元素种类多，而且许多矿床往往是多组分的，不少具大型、超大型规模。中元古界的矿种有 Pb、Zn、Cu、REE、Au、Ag、B、K、石墨等。其中，REE 和 Cu、Pb、Zn 尤为重要，形成地史上第一次超大规模聚集。赋矿岩类主要是黑色板岩或片岩、黑色板岩 – 白云岩 – 硅岩等以及相应的变质岩。

蓟县剖面含有三套烃源岩层：一是距今 1.7Ga 的串岭沟组页岩，TOC 平均值为 1.47%，但 T_{max} 相当高，氢指数相当低，属于过成熟烃源岩；二是距今 1.42Ga 的洪水庄组页岩，TOC 平均值为 2.84%，氢指数可达 134mg/g TOC，是高成熟烃源岩；三是距今 1.37Ga 的下马岭组页岩，TOC 平均值为 1.67%，T_{max} 为 447℃，氢指数最高可达 500mg/g TOC，是成熟度较高的烃源岩（孙枢和王铁冠，2016）。

2. 新元古界—早古生界

新元古代也是一个重要成矿期，尤其是震旦纪—寒武纪过渡期是地史上一个重要 Mn、P、V 和重晶石 – 毒重石 – 钡解石成矿期，而且有一系列大—超大型矿床，

表 1.1　中国黑色岩系与矿床及油气地史分布

界	系	统	主要岩性	成矿元素	矿床实例	油气实例
新生界	第四系		暗色泥页岩			柴达木盆地生物气型页岩气
	新近系	N₂	砂岩-碳硅泥岩型	Ge、U	U（滇西）	
		N₁	褐煤-砂岩-粉砂岩-页岩型		Ge-U（临沧）	
	古近系	E₃	暗色泥页岩			渤海湾盆地页岩油
		E₂	暗色泥页岩			
		E₁	砂岩-粉砂岩-页岩型		U（汪家冲）、Pb-Zn（金顶）	
中生界	白垩系	K₂		Au、U、As、Sb		
		K₁	砂岩-粉砂岩-页岩型、暗色泥页岩		Au（牟平—乳山）	松辽盆地页岩油
	侏罗系	J₃	砂岩-粉砂岩-页岩-凝灰岩型		U（熊家矿）	
		J₁₊₂	含煤层砂岩-粉砂岩-页岩型、煤		U（伊犁矿田）	准噶尔盆地煤层气
	三叠系	T₃	砂岩-粉砂岩-页岩型、暗色泥页岩		Au-As-Sb（东北寨）	鄂尔多斯盆地长7页岩油
		T₂	砂岩-粉砂岩-页岩型		Au-As-Sb（烂泥沟）	
		T₁	页岩-粉砂岩型		Au-As-Sb（板其）、Au-As-Hg（紫木凼）	
古生界	二叠系	P₂	煤系泥岩、暗色泥岩	Sb、Sn、Pb、Zn、Hg、U、Au、Ag、Mn、P、Ba、V		四川盆地煤层气、准噶尔盆地页岩油
		P₁	硅岩-硅质页岩型、煤		U-Mo（金银寨）、Pb-Zn（U）（水口山）、Mn（湘南）、Au（新疆210矿）	沁水盆地煤层气
	石炭系	C₃	煤			鄂尔多斯盆地煤层气
		C₁	碳酸盐岩-页岩型		U（垒头）、Mn（龙头、理南）	

界	系	统	主要岩性	成矿元素	矿床实例	油气实例
古生界	泥盆系	D₃	硅岩-泥质灰岩-页岩	Sb、Sn、Pb、Zn、Hg、U、Au、Ag、Mn、P、Ba、V	Sb(锡矿山)、Sn-Sb-多金属(大厂)、Mn(下雷、木圭)、Pb-Zn(凡口)、Hg(益兰)、P(邑隆、把荷)、Ba(五枝、镇宁、来宾)	
		D₂	泥质岩-碳酸盐岩-硅岩型		U(大新、矿山脚)、Pb-Zn(厂坝-李家沟)、Au-Sb-Hg(八卦庙)、菱铁矿-多金属(大西沟)、Hg(麻阳)	
		D₁	泥质碳酸盐岩		Pb-Zn(乐梅)、Sn-多金属(大福楼、灰乐、亢马)、Sb、Au(马雄-坡岩、广南、木利、富宁革档)、Pb-Zn-Sb(伍圩)、Ag-Cu(Zn、Pb)(银洞子)、V(上林)、P(德保)	
	志留系	S₂	硅岩-碳酸盐岩-板岩型	U、V、Au、Mn、Hg、Ag、Ba、Pb、Zn、K(Mo-Ni)	U(若尔盖)	四川盆地页岩气
		S₁	页岩(硅质)-硅岩型		U(若尔盖)、V(四棵山)、重晶石(石梯)、重晶石-钡解石(神河)、Au(毛垭子)	
	奥陶系	O₃	页岩-泥灰岩型、暗色泥岩		Co-Mn(轿顶山)	柴达木盆地北部碳沥青、塔里木盆地页岩气
		O₂	硅质页岩		Mn(桃江)	
	寒武系	∈₃		P、Ag、V、Mn、Ba、U、Au、Zn、Cu、Ni、Mo	富钾岩石(新晃、吉首)	
		∈₂	碳酸盐岩-页岩(硅质)型		U-Hg(白马洞)、Ag-多金属(白牛厂)	
		∈₁	页岩(硅质)-硅岩型		P(汉源、德泽、襄阳、浙西)、V(中村、杨家堡)、U(子子坪)、重晶石(新晃-天柱、文县、板比)、Ni-Mo多元素富集层(滇、鄂、湘、黔、浙等地)、P-Mn(天台山)	塔里木盆地页岩气、扬子地台页岩气
新元古界	震旦系	Z₂	硅质页岩或页岩型	Mn、P、Ag、V、Au、Sb、U、Cu、Pb、Zn	U、Au(拉尔玛-邛莫)、Ag(张家屯)、P(湘西、荆襄、石门、遵义)、Ag-V(白果园)、Au-Sb(龙山)、U(湘西)、Mn(高燕)、Cu(烂泥沟)	
		Z₁			Mn(湘潭、民乐、大塘坡等)	
	青白口系		糜棱岩型	Au、Ag、Cu	Au(河台)、Ag-Au(围山城、银洞坡)	
中元古界	蓟县系		硅岩-白云岩-板岩型	Pb、Zn、Cu、REE、Au、Ag、B、K、石墨	Ag-Au(冶岭头)、Fe-Mn(瓦房子)、B-Mn(东水厂)、Ag-Pb-Zn(八家子)、K(孙胡沟)、Cu(东川桃园)、Pb-Zn-Cu(霍各乞、东升庙、炭窑口、甲生盘)、石墨(丹凤)	
	长城系					
古元古界	滹沱群		变泥质-砂泥质-变含碳泥质岩型	Fe、Au、Cu、Co、V、Mo、Zn、石墨、U	石墨(萝北云山、勃利佛岭)、Cu(横岭关、篦子沟)、U(连山关)	

矿种主要是 Mn、P、Ag、Au、V、U、重晶石、毒重石、钡解石、黄铁矿以及
Pb、Zn、Cu 和 Ni-Mo 多元素矿床。新元古界—下寒武统的含矿黑色岩系岩类组
合为页岩 – 粉砂岩、泥岩 – 粉砂质页岩 – 细砂岩、页岩 – 白云岩、硅岩 – 页岩、
白云岩 – 硅岩以及相应的变质岩类，其中有的夹火山岩和火山沉积岩。中寒武统、
中奥陶统、中志留统中主要赋存 Mn、Co、Au、Ag、Pb、Zn、Sn、U、Hg 和重
晶石矿床以及富钾岩石。赋矿岩类组合为黑色粉砂岩 – 千枚岩 – 板岩、碳酸盐岩 –
泥质岩、页岩 – 硅质页岩、硅岩 – 硅质板岩、硅岩 – 板岩 – 碳酸盐岩。

我国华南新元古代—早古生代为广泛的海相沉积背景，发育多幕次的大洋缺
氧事件，表现为黑色页岩的巨厚沉积和广泛分布。华南新元古代至少发育两次大
的大洋缺氧事件，分别为震旦纪早期的大塘坡期与晚期的陡山沱期和灯影期。早
古生代至少存在四次大的大洋缺氧事件，分别是早寒武世的荷塘期、中奥陶世的
庙坡期、晚奥陶世的五峰期和早志留世的龙马溪期（杨竞红等，2005）。

1）下震旦统

震旦纪早期的大塘坡期（663Ma）的黑色页岩，以湖南、贵州和四川三省交
界地区出露得最完整，厚度变化大，在湖南民乐地区超过 20 m，在四川秀山地
区只有数米。我国若干重要的沉积碳酸锰矿床，如民乐、大塘坡、秀山，均产于
下震旦统的黑色页岩中。它们可能形成于新元古代超大陆背景基础上远离广海的
封闭洋盆中。湘锰组或大塘坡组黑色页岩 TOC 最高可达 40%，平均为 5.41%，
处于过成熟演化阶段，与 Mn 矿的形成关系密切（孙枢和王铁冠，2016）。

2）上震旦统

震旦纪晚期的陡山沱期（635Ma）和灯影期沉积的黑色页岩遍布华南。陡山
沱早期沉积的黑色页岩在秀山地区厚度不足 1m，在沅陵地区厚数米，而陡山沱
晚期沉积的黑色页岩达数米至数十米。陡山沱期也是我国地史上重要的成磷期。
在湖北的陡山沱组黑色页岩中还发育一种特殊类型的大型 Ag-V 矿床。陡山沱组
是新元古代全球性的雪球事件即南沱冰期结束后的第一套沉积地层，主要是一套
由白云岩夹黑色页岩组成的地层层序。灯影期沉积了一套黑色硅质岩夹黑色页岩，
称留茶坡组。陡山沱组黑色页岩 TOC 最高可达 30%，平均值达 3.6%，处于过成
熟阶段（孙枢和王铁冠，2016）。

3）下寒武统

下寒武统的黑色页岩在苏、浙、皖、赣、湘、桂、鄂、川等地大量分布。黑
色岩系在早寒武世沉积厚度最大，可达几十米至数百米，个别地区近千米，这套
黑色页岩的产出与寒武纪生命大爆发事件紧密相关。同时这套岩系中富含 Ni、
Mo、Se、Re、As、Hg、Sb、Au、Ag、PGE 和 P 等数十种金属和非金属成矿元素。
下寒武统牛蹄塘组黑色页岩是潜在的页岩气富集层。

4）中奥陶统

中奥陶统庙坡组黑色页岩也在华南诸省大面积分布，厚度从几米至几十米不等，这次大洋缺氧事件相当于国际上的 Caradocian 期事件。中奥陶世庙坡期也是华南沉积 Mn 矿重要的形成期之一，产有桃江响涛 Mn 矿。

5）上奥陶统—下志留统

晚奥陶世的五峰期缺氧事件，造成了黑色页岩、黑色硅质岩和泥页岩在华南的广泛分布。早志留世的龙马溪期缺氧事件，在华南沉积了以龙马溪组（上扬子区）、高家边组、霞乡组（下扬子区）、连滩组（粤西）为代表的黑色页岩、硅质岩和粉砂质页岩。黑色页岩水平层理发育，沉积厚度为数米至千余米不等，一般为 200~500m。这次大洋缺氧事件相当于国际上的 Llandovery 期事件。这套黑色岩系富含页岩气资源，是目前我国页岩气勘探开发最成功的层系。

3. 上古生界

晚古生代是以泥盆系为主的非常重要的黑色岩系型矿床形成期。泥盆纪是早古生代末期—晚古生代初期地史上一个重要转折期。在华南，早泥盆世起始发育含矿系，晚泥盆世达到最大规模，聚集了众多的矿床，特别是上泥盆统下段的含矿系内包括 Sb、Sn- 多金属、Cu、Au、Pb Zn、Ag、Mn、U 矿床等，其中多数具大 – 超大规模，形成环扬子古大陆的边缘成矿带。下石炭统泥质岩 – 碳酸盐岩中有 U 矿床。二叠系矿床主要是与下二叠统以硅岩为主的黑色硅岩 – 硅质页岩及角砾岩有关的 U、Au、Pb Zn、Mn 矿床。石炭系、二叠系是我国重要的含煤和煤层气层系，煤和煤层气资源丰富。准噶尔盆地上二叠统富含页岩油资源。

4. 中、新生界

中、新生界黑色岩系型矿床主要是 U、Au、Ge、Sb、Hg、As、Mn 矿床。含矿系岩类组合主要为泥质碳酸盐岩 – 泥质岩、火山碎屑岩 – 碎屑岩、砂岩 – 粉砂岩 – 泥岩、褐煤 – 碎屑岩。如下三叠统泥质灰岩 – 灰岩中的 Mn 矿床、中三叠统火山 – 碎屑岩中的 Au-Sb- 黄铁矿矿床、中 - 上三叠统细砂岩 – 粉砂岩 – 泥岩中的 Au-As-Sb 矿床、下 – 中侏罗统含煤层的砂岩 – 粉砂岩 – 泥岩中有 U 矿床、上侏罗统砂岩 – 泥质岩 – 凝灰岩 – 火山岩中的 U 矿床、下白垩统砂岩 – 粉砂岩 – 泥岩中的 Au 矿床、上白垩统—古新统砂岩 – 粉砂岩 – 泥岩中的 U 矿床、中新统—上新统褐煤 – 砂岩 – 粉砂岩 – 泥岩中有超大型 Ge-U 矿床和 U 矿床。

中、新生代是我国陆相沉积的重要时期，形成多套湖相黑色泥页岩，富含页岩油资源，主要包括鄂尔多斯盆地上三叠统长 7 段、松辽盆地下白垩统青山口组、渤海湾盆地古近系孔店组二段、沙河街组三段、东营组三段等。

1.3　黑色岩系矿床形成机理

早在 20 世纪 80 年代中后期，国际上兴起并开展"含金属黑色页岩"、"有机质与矿产资源"和"重要环境中的有机质"等国际地质对比计划（International Geological Correlation Programmes，IGCP）研究，多年研究认为黑色岩系矿床形成机理包括同生沉积初始富集与沉积成矿机理、沉积成岩与后生地质作用轻微改造成矿机理、构造—热液强烈改造成矿机理、变质与构造—热液改造成矿机理。

1.3.1　同生沉积初始富集与沉积成矿机理

含矿黑色岩系大多发育于大陆壳风化基底之上或大陆边缘的海盆内或毗邻蚀源区古陆一侧的局限海盆中，具有大陆来源的岩浆岩及变质岩等母岩风化剥蚀产物对黑色岩系成矿物质的预富集十分重要。局部拉张的构造背景，导致盆地内部及其周缘同生构造活跃，火山与热泉活动频繁，继而生物繁盛。特殊的构造背景不但导致有限海水循环的孤立和半孤立的盆地缺氧，而且提供了丰富的物质来源（陆源剥蚀区的、海内隆起剥蚀区的、海底喷流的、海洋生物、宇宙尘埃等）。

黑色岩系矿床和含矿岩系的发育直接与特定的大气 – 海洋环境系统有关。重要的矿床密集于低纬度、炎热干旱气候、异常气候事件，该背景的特点是具有高的生物活动率、高的有机质埋藏率、较高的盐度以及较大区域范围内不同程度的缺氧环境，这有利于微生物、沉积物、有机质间的相互作用，从而使多种化学组分被释放，促进成矿物质不断聚集与成矿。

1.3.2　沉积成岩与后生地质作用轻微改造成矿机理

这种成矿机理是一种缺少再生流体活动的成矿作用，初始富集与沉积的原生沉积组分和成矿物质，仅仅发生不同程度的重结晶，基本未破坏成矿元素的赋存状态，重结晶所排泄出来的流体由于数量少，不足以产生明显的迁移或流动，致使沉积组分中的成矿物质或元素不能被萃取出来，原生沉积组分及成矿物质基本未发生转变。由于简单轻微的构造地质作用改造，随着高铝质泥质物的重结晶，成岩阶段形成高岭石等黏土矿物，可使黑色岩系中部分吸附状态的元素以类质同象进入黏土矿物晶格之中，如三价钒对三价铝的替代，稼、锗也有同样的替代作用，导致成矿物质和成矿元素的赋存状态和特征发生微小变化。这种类型的成矿作用基本继承着沉积成矿作用的强度，仅仅表现的是含矿岩石具有明显的脆性变形，虽然有少量成矿元素状态有所改变，但矿石中含矿组分的品位未有大的变化，黑色岩系中钒矿床即为很好的例证。

1.3.3　构造－热液强烈改造成矿机理

该成矿机理是在构造动力学作用下，形成热液聚集活动的机制，表现出明显的热液运移。在矿体或矿带中出现较复杂的矿化作用和矿化类型，黑色岩系中矿物的微细变晶大量出现，多种相态的金属硫化物矿化发育，大量石英－方解石－重晶石脉体相伴，即为直接的明证。这种控矿的构造改造作用较细腻，具有韧－脆性多期次、多阶段的递进变形的特征，各变形阶段产生新生矿物和矿化产物。含矿黑色岩系为矿化蚀变提供物质基础。复杂而强烈的控矿构造为成矿的关键因素，既是产生热液的动力，也是热液在构造带中萃取含矿岩系中成矿物质的动力。强烈的构造使矿物结晶、再生长，甚至溶解，使成矿元素被活化、萃取、迁移，同时又提供了容矿的空间，而黑色岩系本身的强还原性，导致热液中成矿元素等沉淀富集，最终形成与黑色岩系有关的矿床。

1.3.4　变质与构造－热液改造成矿机理

该成矿机理是在含矿性较好的黑色岩系中，经区域变质作用，黑色岩系的各类岩性均发生较明显变质，达到绿片岩－片岩程度，如黏板岩变质为千枚岩，泥质硅板岩变质为二云母石英片岩或绢云石英千枚岩，微晶灰岩变质为细晶大理岩等，碳质部分石墨化。该区域变质变形作用除使层状岩系中的微细粒矿物普遍重结晶外，同时导致岩石组分发生变质分异，直观的表现为石英－云母－碳酸盐矿物条带的发育和矿物颗粒增大。一方面变质分异使岩系组分发生近距离流动，另一方面重结晶使矿物受到净化作用，从而使含矿黑色岩系中以多种形式赋存的成矿物质被活化出来。黑色岩系在区域上出现的早期顺层石英脉体则是该区域变质作用的必然产物。沉积矿床经受变质作用出现矿物的转变、矿物的重新组合和新生矿物，但仍保持为成矿物质工业价值的矿床。

变质作用造成的轻微矿化作用为后期构造－热液的改造成矿作用做了较好的铺垫，当然，构造－热液的改造仍然需要强烈和多期次多阶段的活动，特别是碳质几乎全部发生了石墨化，致使碳质吸附的成矿组分被活化转移，其他长期处于原岩中的还原状态和稳定细粒的含矿物质自然也会被萃取出来，然后形成与黑色岩系有关的矿床。黑龙口清岩沟庙湾组中的 Ni-Al 矿床即属此种矿化类型。根据矿床形成所表现出的几种成矿作用方式，该类矿床应属层控型的沉积叠加－改造矿床类型。

1.4　钒矿分布及有机质与钒伴生机制

1.4.1　钒矿类型及分布

自然界中，钒通常以矿物的形式存在，主要有钒钛磁铁矿、钾钒铀矿和石油伴生矿，现在已探明的钒资源约有 98% 存在于钒钛磁铁矿中。根据美国地质调查局（United States Geological Survey，USGS）不完全统计，2017 年全球钒资源储量（以钒金属计，可开采量）约 2000 万 t，其中中国的储量居世界第一，约900 万 t。俄罗斯、南非和澳大利亚也是钒资源大国。

我国钒矿主要有两种类型，一是岩浆型钒矿，主要分布在河北承德大庙 - 黑山钒钛磁铁矿和四川攀枝花钒钛磁铁矿；二是黑色岩系型钒矿，广泛分布在湖南、湖北、贵州、江西、浙江、河南、陕西、甘肃和新疆等地，其与黑色岩系的分布密切相关。表 1.2 是我国主要黑色岩系型钒矿特征统计表。

表 1.2　我国主要黑色岩系型钒矿特征统计表

位置	层位	品位	赋存岩体	赋存状态	生物特征
湘西北	下寒武统牛蹄塘组	0.88%~1.79%	碳质页岩 / 硅质页岩（含磷结核）	含钒伊利石 / 少量钒卟啉	藻化石
湖北兴山白果园	震旦系陡山沱组四段	0.3%~1.0%	黑色硅质泥岩	吸附于黏土矿物中	厌氧细菌
湖北郧阳区青木沟	下寒武统庄子沟组中段	0.5%~2.76%	含碳高的硅质页岩	钒云母	厌氧细菌 / 二射硅质海绵骨针
湖北郧阳区大柳	下寒武统庄子沟组	较高	硅质板岩 / 含硅粉砂质板岩	含钒水云母 / 钡钒云母	
鄂东南	下寒武统水井沱组		石煤 / 硅质页岩 / 泥岩	钒云母 / 含钒伊利石	
贵州施秉新城	下寒武统牛蹄塘组	0.5%~1.98%	碳质页岩 / 含碳高的泥岩	钒铁矿 / 赋存于黏土矿物中	软舌螺 / 低等生物
贵州镇远江古	下寒武统九门冲组和跨系留茶坡组	0.52%~1.50%	碳质页岩 / 硅质板岩 / 碳质或硅质页岩和黏土岩	吸附态赋存于黏土矿物中	菌藻类
江西修水 - 武宁地区	下寒武统王音铺组底部	0.50%~1.86%	碳质页岩	钒云母 / 钒铁矿和钙钒榴石等	藻类
江西东渡	下寒武统王音铺组	0.6%~1.6%	黑色碳质泥岩	吸附于黏土矿物中	

续表

位置	层位	品位	赋存岩体	赋存状态	生物特征
甘肃北山七角井	下寒武统双鹰山组	0.03%~0.18%	硅质板岩/碳质板岩	类质同象于云母中/吸附于黏土褐铁矿、碳质中	
甘肃北山罗雅楚山一带	下寒武统双鹰山组和中–上寒武统西双鹰山组	0.61%~0.73%	黑色硅质板岩/碳质板岩		
陕西堰沟	下志留统大贵坪组	0.2%~0.86%	碳质板岩/碳质黏土岩	吸附态和类质同象态	
陕西山阳中村	下寒武统水沟口组	0.58%~1.63%	硅质板岩/碳质黏土质板岩	吸附态/类质同象态	菌藻微体浮游动植物
陕西夏家店	下寒武统水沟口组	平均为1.32%	硅质板岩/碳质板岩		
安徽南部郭村	下寒武统荷塘组	0.71%~1.30%	硅质板岩/碳质板岩	以类质同象吸附于黏土矿物中	藻类
新疆库鲁克塔格地区	下寒武统西山布拉克组		碳质页岩/硅质页岩	吸附于黏土矿物中	

1.4.2　有机质与钒伴生机制

黑色岩系中有机质与钒的富集，受地层、岩性、有机质、古地理和古构造条件控制，是在有机质生物化学参与下发生的成矿元素富集作用，即生物成矿作用。黑色岩系生物成矿作用可分为直接和间接两类，前者指生物有机体吸附、还原、沉淀元素使之富集成矿；后者指生物的衍生物——有机质（物）吸附、还原和沉淀使元素富集成矿。另外，黏土矿物也吸附钒等金属离子。

1. 微生物的成矿作用

黑色岩系中钒等金属元素的富集，受生物演化阶段和生物的生态分异共同制约，以致黑色岩系中金属元素富集的时代与生物演化阶段相对应，黑色岩系的含矿性分区与生物生态分异特点相一致，暗示生物对地层中金属元素具有明显的选择性富集作用（陈孝红和汪啸风，2000）。黑色岩系中含有大量的有机碳，这些有机碳主要由低等菌藻类生物死亡以后，在还原条件下保存下来的。在泥页层中见有海绵骨针和蓝绿藻，在硅岩中见有硅质藻，在硅质白云岩中见有叠层藻和硅质藻，在灰岩中见有钙球藻，这些现象也证实了微生物参与了成矿作用，并且是影响有机—无机相互伴生的机制之一。

大量资料表明，生物对钒等成矿元素具有极强的富集能力。藻体表面富含多糖，其在有氧条件下易成糖酸，而糖酸中含有羧基、羟基等基团，通常情况下，金属离子的特性吸附是通过与非质子化的表面羟基相互作用来形成络合物的。因为吸附的金属离子直接与脱质子的表面羟基结合，所以凡具有羟基的藻体、细菌和有机质等均可形成 $MOH^{(Z-1)+}$ 和 $M(OH)^{(Z-2)+2}$ 等羟基络合物。另外，藻类细胞可利用羧基进行吸附作用。在磷酸钙沉淀过程中，一旦溶液表面存在高级脂肪酸，磷酸钙会在溶液表面结晶而不在溶液中结晶，其机理主要是羧基会吸附钙离子，因此钙离子集中于溶液表面，导致磷酸钙在溶液表面结晶。除此之外，所有藻类由于同化作用和生长代谢活动都能吸收大量金属和非金属离子合成藻细胞组分，生物体会根据自身生长需求吸收其所需元素。通常而言，细胞会利用特定离子泵将离子抽入细胞体内，导致细胞内部离子浓度比外部溶液的离子浓度高许多倍。因此，活体藻类生物对海水中的元素产生较强的富集作用（施春华等，2013）。

藻类和菌类等微生物富集与沉淀钒等金属的成矿方式主要有四类：①微生物对许多金属元素具有很强的富集能力（如 V、Cr 等）；②通过改变环境的氧化还原电位（Eh）和 pH 来促使成矿元素的沉淀富集；③通过有机质参与成矿，生物死亡后能分解聚合成各种有机质，有机质具有胶体特性、还原性、吸附性和络合性等一系列性质，可以促进成矿元素的富集；④微生物在新陈代谢过程中，通过对有机络合物中有机质的代谢或是对无机物的氧化、还原造成成矿元素的沉淀富集（张玲等，2014）。

2. 有机质的吸附作用

当固体物质与周围介质相接触时，固体表面不同程度地具有吸附粘附介质中的分子或离子以降低其表面自由能的能力，这种现象称为吸附作用，其原因是固体表面具有分子键力（范德瓦耳斯力）或部分化学键力以及异性电荷相吸（极性吸附）。

藻体死亡分解是形成地质体有机质的基础。细菌和真菌通过把藻类生命活动形成的氧化环境转变成微氧到无氧的还原环境，从而分解藻体，转换有机物，消耗有机质，不能生产大量有机物。尽管个别属种的细菌具有色素，能以 H_2S 作为还原 CO_2 的电子供体形成有机物，但其量极微，所以地质体的有机质主要来源于藻类（刘志礼等，1999）。

黑色岩系中钒含量与有机质丰度具有明显的正相关性，表明钒成矿富集与有机质关系密切。生物死亡后形成腐殖酸，腐殖酸保持无定形物质的疏松结构，具有比表面积大、黏度高、吸附能力强的特点，而其主要官能团（—COOH、—OH）的氢易于游离出来带负电荷，这种带负电荷的官能团具有较强的络合和胶合作用，对水体中的金属离子具有很强的结合能力，这对金属元素的活化、迁移、氧化—还原、循环沉积起重要作用（付修根等，2005）。刘志礼等（1999）利用腐殖质

对 Mn^{2+} 进行吸附作用实验，发现无氧不溶腐殖质富集程度可达 38%，这充分说明在生物死亡之后形成的有机质对金属元素的富集具有相当重要的作用。腐殖物质对金属成矿的另一贡献可能是早期成岩过程中腐殖质向低成熟干酪根转化过程中消耗大量氧气，从而形成的还原环境抑制了腐殖物质缩合过程中金属元素的分散和转移，钒等金属元素可能随腐殖物质一同进入低成熟干酪根的结构中去，或就地转移到黏土矿物和有机–黏土复合体中，从而在沉积岩形成的初始过程中有效地滞留了金属元素，而在后期作用过程中，有机质降解而重新释放钒元素，并与黏土矿物结合，最终形成含钒伊利石矿物（施春华等，2013）。

有机质较强的吸附性能和产生的还原环境，可明显增大烃源岩中钒等金属元素的含量。钒富集也影响着盆地内有机成矿物质的演化和生成，有机物与无机矿物的这种相互作用和彼此影响，使得在同生、准同生阶段，有机与无机、金属和非金属成矿物质同（邻）层富集共存。

3. 黏土矿物的吸附作用

除了生物及其衍生物吸附钒等金属元素外，黑色岩系中黏土矿物对成矿也起了较大作用。黏土矿物是含水的层状硅酸盐化合物，有硅氧四面体和铝氧八面体两种基本构造单元，晶层的结合主要为 1∶1 型和 1∶2 型晶层。黏土矿物晶体结构和晶体化学特点决定了其具有比表面积大、离子交换能力强、颗粒细小、带负电荷、对金属元素具有强亲和力等特性。高价阳离子能置换黏土矿物晶体结构中一部分低价阳离子，但其晶体结构不发生变化，使得黏土矿物带负电荷，然而层间水合阳离子能平衡这种负电荷，使得黏土矿物具有较强的阳离子交换能力（廖容等，2017）。

钒在富氧的海水中以 VO^{3-} 形式存在，具有较高的溶解度，但是在缺氧环境中则容易被还原为四价或者三价，被有机体和黏土矿物吸收到海洋沉积物中。黏土在沉淀过程中可以吸附钒等金属元素，在成岩作用过程中，钒取代三价铝加入黏土矿物骨架形成含钒水云母。在扫描电镜与能谱分析中可以看到钒元素通常与其他金属或者黏土矿物相结合，表明钒不仅可以与其他金属形成矿物集合体，也可以被黏土矿物所吸附。黏土矿物含量越高，钒的品位越高（朱丹等，2018）。陈明辉等（2014）认为钒品位高的样品中一般含有较多的伊利石，伊利石和钒含量呈正相关关系。钒在黑色泥页岩中以类质同象替换黏土矿物中的钛、铝等离子，或者与有机官能团络合赋存在有机质中。

综上所述，有机质演化的不同阶段具有不同的成矿作用，其中在沉积和成岩早期，一方面，生物的生命活动可以大量浓集海水中的钒等金属元素；另一方面，大量堆积的生物遗体在生物菌解作用下产生大量的腐殖酸、CH_4 和 CO_2 等，可导致沉积界面持续处于稳定的还原状态，从而不仅有利于沉积物对海洋中金属元素的充分吸附沉淀，而且有效地防止沉淀的金属有机络合物再度从沉淀物中被释放和参与海洋的循环活动，这实际上可能是黑色岩系富含钒等金属元素的重要原因。在成岩变质作用过程中，有机质热解产生的大量液态烃富含多种有机官能团，如—OH、—COOH、—OCH_3、—HN_2 等，可能通过氧、氮原子与各种金属离子配位，形成金属有机络合物，引起黑色岩系中金属元素的活化，从而为黑色岩系中的金属元素的迁移和富集提供了必要的物理 – 化学条件。当有机质演化进入过成熟阶段之后，有机质分解产生的大量还原性甲烷气体，则为含矿热流体中金属元素的还原沉淀成矿提供了保证。

1.5 小 结

（1）黑色岩系是沉积地层中广泛存在的，普遍具有陆源、内源、深源、生物和宇宙物质等多种物质来源的，在缺氧或贫氧水体中形成的，具有一定的沉积学、古生态学和地球化学特征的黑色细粒沉积岩组合，主要包括硅质岩、磷块岩、碳质泥岩、粉砂岩、石煤、重晶石岩和碳酸盐岩等。

（2）黑色岩系在空间上广泛分布于五大洲，时间上从元古宙到显生宙都有产出。黑色岩系型矿床具有明显的时控性，各时代含矿系有各自特征的岩类组合，产出不同的金属、非金属矿床与油气。

（3）黑色岩系矿床形成机理包括同生沉积初始富集与沉积成矿机理、沉积成岩与后生地质作用轻微改造成矿机理、构造—热液强烈改造成矿机理、变质与构造—热液改造成矿机理。

（4）自然界中，钒通常以矿物的形式存在，主要有钒钛磁铁矿、钾钒铀矿和石油伴生矿，现在已探明的钒资源约有 98% 存在于钒钛磁铁矿中。中国的储量居世界第一，约 900 万 t。俄罗斯、南非和澳大利亚也是钒资源大国。

（5）黑色岩系中有机质与钒的富集，受地层、岩性、有机质、古地理和古构造条件控制，是在有机质生物化学参与下发生的成矿元素富集作用，即生物成矿作用。

（6）黑色岩系生物成矿作用可分为直接和间接两类，前者指生物有机体吸附、还原、沉淀元素使之富集成矿；后者指生物的衍生物——有机质（物）吸附、还原和沉淀使元素富集成矿。另外，黏土矿物也吸附钒等金属离子。

第 2 章　区域地质背景

本章厘定了柴达木盆地北缘（简称柴北缘）和湘西区域地质背景，包括区域地质概况、构造演化特征、地层发育特征。柴北缘主要经历前震旦纪基底形成、中元古代—新元古代大陆裂解、新元古代—寒武纪大洋扩张、寒武纪末期—奥陶纪中期洋壳俯冲、奥陶纪中期—末期陆陆碰撞、志留纪—早泥盆世初期隆升剥蚀和板片折返、泥盆纪中期—晚期造山带垮塌和伸展、晚泥盆世—三叠纪弧后裂陷、中生代—新生代陆内盆地渐变演化九个构造演化阶段。上奥陶统滩间山群以一套绿片岩相 - 角闪岩相变质的火山 - 沉积岩系构成，是柴北缘黑色岩系的主要分布层位。湘西在晋宁运动形成基底，在南华纪至晚印支运动后为克拉通盆地演化阶段，随后进入陆内造山和前陆盆地的新演化阶段。下寒武统牛蹄塘组发育黑色碳质页岩夹硅质碳质页岩，是本次湘西黑色岩系的主要研究对象。

2.1　区域地质概况

2.1.1　柴北缘

柴达木盆地北缘是指位于柴达木盆地北部 NW—SE 走向的大型拗陷地质带，延伸距离约为 700km。柴北缘构造带西部被阿尔金左行大断裂截止，东部延伸至鄂拉山 - 温泉走滑断裂带，南部以俄博梁南缘断裂带为界，北部以宗务隆 - 青海南山断裂为界。地理坐标介于 $92°15′E$~$98°30′E$，$36°00′N$~$39°00′N$，面积约为 $40000km^2$。研究区主要位于赛什腾山、滩间山等黑色岩系出露、保存较好的地区（图 2.1）。

柴北缘位于青藏高原东北部，地处柴达木地块与祁连地块碰撞运动的结合部位，是阿尔金造山带 - 祁连山造山带 - 秦岭造山带交汇区域，其形成演化受多期构造活动和板块运动的影响巨大。柴北缘是一个发育在由元古宙深变质岩系和古生代（浅）变质岩系所组成的基底和元古宙褶皱变形地块上的，并在印支运动后的晚三叠世逐步成型的断拗复合构造带。柴北缘构造带内山脉众多，将该区划分为众多较小的凹陷区，从西向东依次为冷湖、南八仙、潜西、鱼卡、大柴旦、大煤沟、德令哈及旺尕秀等。区内主要的山脉包括赛什腾山、嗷唠山、绿梁山、锡铁山、阿木尼克山、欧龙布鲁克山及牦牛山等。

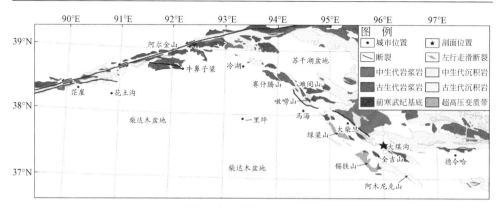

图 2.1　柴北缘区域地质简图（Song et al.，2014）

　　柴北缘现今地质构造特征是多方面因素综合作用的结果，既受到整个柴达木地块构造演化历程的影响，也被柴达木地块、欧龙布鲁克微地块和南祁连地块碰撞及相应的多次造山运动逐步改造，同时自中生代—新生代以来的地质构造运动也在逐渐改变并塑造出现今的构造形态，如古近纪的挤压走滑拗陷作用和新近纪—第四纪的挤压推覆褶皱和沉降拗陷作用。

　　柴达木盆地北缘隆起带划分为三个二级构造单元，从南向北依次为：①柴达木板块；②柴北缘构造活动带，可进一步细分为数个三级构造单元；③南祁连地块（图 2.2）。

　　柴北缘记录着从早古生代开始的各种构造运动，并形成了现今的构造格局：断裂为主、褶皱次之。构造形迹主要为 NW 向和近 EW 向。按照展布方向，划分出三组不同类型的断裂组合：①NW 向断裂，该组断裂带的形迹清晰，与区域主构造线延伸方向一致，断裂倾角主要在 50°~70°，是压扭性应力作用产物。在 NW 向主断裂附近，矿产以及矿化点呈串珠状集中分布。②近 SN 向断裂，主要分布在大柴旦地区，规模相对较小，且常错断 NW 向断裂，两组断裂交汇区域的化探异常点异常密集。③NE 向断裂，断裂规模小、延伸短，可能是 SN 主压应力场作用下形成的不同期次构造形迹。

　　柴北缘主要发育大型的复向斜构造，以及少量的倾伏背斜构造。在部分出露地层能够观察到较好的褶皱构造出露段。根据褶皱出露地点的不同划分为：①赛什腾山复向斜，轴部是滩间山群，轴向为 NW 向，并在两翼发育诸多小型向斜构造；②锡铁山复向斜，轴部是达肯大坂群上段，可见古生代花岗岩侵位，轴向为 NW 向，两翼发育次级褶皱构造；③阿木尼克山复向斜，轴部为阿木尼克组以及牦牛山组，轴向为 NW 向，两翼被第四系覆盖，但次级褶皱和断裂十分发育；④绿梁山倾伏背斜，轴部为达肯大坂群下段底层，轴向为 NW 向，其中南西翼被第四系覆盖，

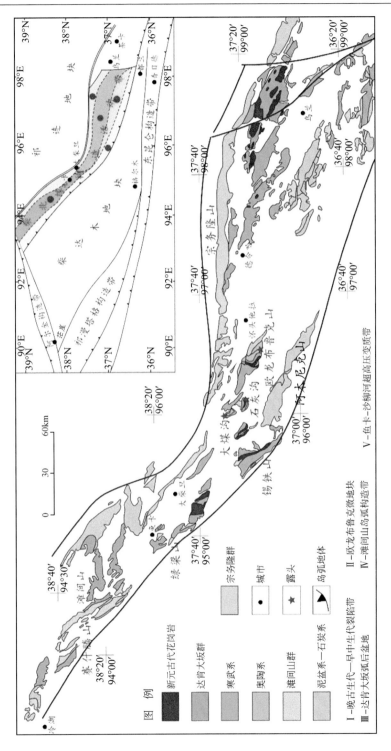

图 2.2 柴北缘构造划分简图（王惠初等，2005）

北东翼出露地表，滩间山群可见。

柴达木盆地蕴含丰富的地质资源，素有高原上的"聚宝盆"之称。柴北缘则是我国西北地区重要的构造成矿带，蕴含丰富的石油、天然气、煤等化石能源。由于古生代及早中生代发育的沉积地层受频繁的构造运动而破坏，不利于油气藏的形成和保存，区内主要发育中生代—新生代的油气资源，如鱼卡、冷湖三号、冷湖四号、冷湖五号、马卡等油气田。煤矿主要有高泉煤矿、大煤沟煤矿等。此外，柴北缘地区还发育丰富的固体矿产、碳酸盐岩类无机矿产资源，主要为中生代—新生代沉积矿床，也发现部分年代较老的沉积矿床，但多受到不同程度的构造破坏。区内主要的固体矿产以铅锌矿和金矿为主，如双口山铅锌矿、锡铁山铅锌矿、滩间山金矿、青龙沟金矿等；碳酸盐岩矿床，如大柴旦湖硼矿床、德宗马海湖钾镁盐矿床等。在勘探过程中还发现部分层位铀等元素较为富集，是潜在的铀矿勘探有利区。柴北缘已发现的矿产地达 83 处。

2.1.2　湘西地区

湘西地区位于湖南省西部，北接湖北，西邻重庆和贵州，地质地貌较为复杂。大地构造位置处于上扬子地块和江南地块的过渡地带——扬子准地台的东南缘，属于川东 - 湘鄂西褶皱 - 冲断带。西起齐岳山断裂，东至石门 - 慈利 - 保靖断裂，为 NE 走向、向 NW 方向突出的弧形构造区。该区地处江南 - 雪峰隆起构造区，毗邻于江汉 - 洞庭拗陷、华南造山带以及八面山陆内变形带。地史时期经历了频繁的构造运动且构造变形程度、变形方式和变形特征各异，形成的区域构造以 NE—NNE 向褶皱构造和断裂构造为主。

湘西地区的褶皱构造主要包括古丈复背斜、桑植 - 石门复向斜、马蹄寨复向斜以及黄洞 - 天门山向斜（图 2.3）。它们的轴向均为 NE—NNE 向，且两翼不对称，在成矿过程中扮演重要作用。

（1）古丈复背斜，主要由天桥山向斜、万岩溪背斜、王村向斜等次一级褶皱构造组成，轴向为 NE 向，核部发育次级褶曲。两翼发育多条断裂，部分伴随基性火山岩的侵入。轴部发育元古宇板溪群浅海相碎屑变质岩，翼部可见震旦系和寒武系。

（2）桑植 - 石门复向斜，由官地坪向斜、上洞向斜、四望山背斜、野岩板背斜等多个小褶皱组成，封闭性较好，断裂不发育，构造形迹为 NE 向转向 NNE 向，北翼倾角较大，局部出现倒转。核部发育三叠系，翼部为二叠系—奥陶系。

（3）马蹄寨复向斜，由马蹄寨向斜、红岩溪背斜等多个小褶皱组成，轴向为 SW 向和 SSW 向，北西翼和南东翼分别发育次缓坡和不对称条带状褶皱。断裂构造不发育。核部为三叠系，轴部主要发育寒武系和奥陶系。

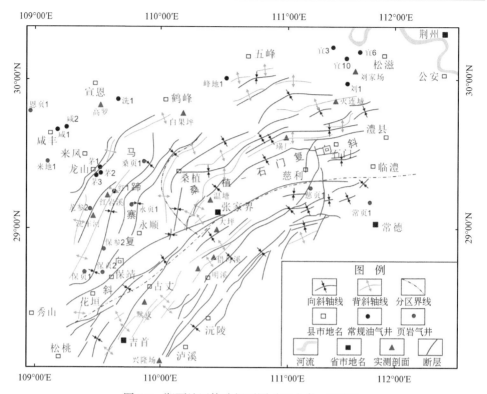

图 2.3　湘西地区构造纲要图（王金龙，2017）

（4）黄洞 – 天门山向斜，轴面近于直立，岩层平缓，北西翼受到花垣 – 慈利深大断裂的破坏，为不对称向斜。断裂活动使得褶皱内中 – 下寒武统重复而震旦系和板溪群缺失，北西翼的多金属矿产与该向斜构造有关。

湘西地区的断裂构造主要包括张家界 – 保靖 – 麻栗场 – 铜仁断裂、张家界 – 保靖 – 花垣断裂、古丈 – 吉首 – 凤凰断裂以及沅陵 – 麻阳 – 芷江断裂带，走向以 NE—NNE 向为主。断裂均为多期活动的控岩、控相、控矿断裂。

（1）张家界 – 保靖 – 麻栗场 – 铜仁断裂。在走向和倾向上呈波状弯曲，走向 110°~130°，沿 NE 方向延伸与保靖 – 花垣 – 茶峒断裂相交，使得寒武系石牌组至娄山关组和奥陶系被切断，破碎带发育方解石脉，为脆性变形的逆断层，对于沉积和构造具有明显的控制作用。

（2）张家界 – 保靖 – 花垣断裂。经历多次构造演化的同沉积断裂，呈弧形弯曲，走向 30°~60°，脆性变形特征明显，破碎带发育 20~70 m 的棱角状断层角砾岩。

（3）古丈 – 吉首 – 凤凰断裂。包含多条平行断裂，走向为 30°~60°，总体沿 NE 方向展布。主要经历了早期张性、晚期压扭性两次构造活动，断裂带发育 10~20 m 的棱角状构造角砾岩。

（4）沅陵 – 麻阳 – 芷江断裂带：该断裂地表发育的白垩系是寒武系至奥陶系台缘斜坡相（北西盘）和深水盆地相（南东盘）的分界线，是成矿元素伴随海底热液上升的良好通道。断裂中发育的黑色岩系可见似层状、透镜状镍钼钒等金属矿体。

湘西地区自然资源丰富，分布众多的钒、镍、钼、铅、锌等金属矿产和碳沥青、磷、石煤等非金属矿产。

2.2　构造演化特征

2.2.1　柴北缘

柴北缘作为柴达木地块与祁连地块交界区域，同时与阿尔金造山带、祁连山造山带和秦岭造山带接壤，区域构造演化历程既与柴达木盆地整体的演化历程存在一致性，又受到板块碰撞的造山活动等影响而引发某些特殊的局部构造演化历程。柴北缘构造演化分为以下九个阶段（图 2.4）。

1. 前震旦纪基底形成

柴北缘地区的沉积基底（约 1000Ma 前）为达肯大坂群深变质结晶岩层，是在前震旦纪形成的角闪岩相深变质岩石，主要岩性为片麻岩、大理岩和橄榄岩等。形成过程包括古元古代结晶基底的形成、中元古代多次陆块汇聚—裂解—汇聚过程引起的褶皱基底演化两个阶段，其间经历多次构造热事件、区域变质作用和克拉通化，最终在中元古代末期形成现今的角闪岩相深变质结晶基底。

2. 中元古代—新元古代大陆裂解

该时期早期汇聚形成的全球 Rodinia 超大陆（距今 1000~900Ma）开始发生板块裂解漂移，中国西北古陆也随之发生裂解漂移（距今 850~700Ma）并引发欧龙布鲁克地块中全吉群的沉积响应。超大陆裂解活动伴生大量大陆溢流玄武岩和花岗岩侵入体，其中大陆溢流玄武岩可能是研究区榴辉岩的原岩之一。

3. 新元古代—寒武纪大洋扩张

新元古代—寒武纪期间，Rodinia 超大陆发生持续的裂解漂移，使初始裂谷向洋盆演化，最终使柴北缘洋和南祁连洋得以形成并发生扩张（距今

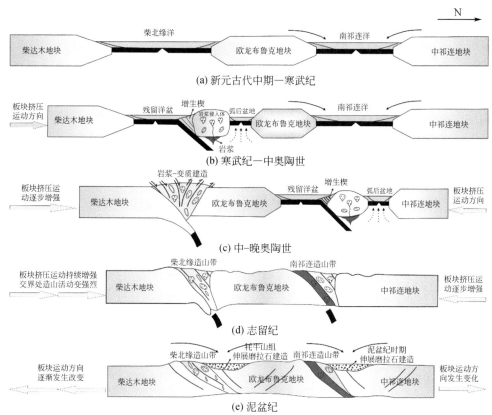

图 2.4　柴北缘 – 南祁连构造带元古宙中期—泥盆纪构造演化示意（秦宇，2018）

700~540Ma）。该时期柴达木地块与相邻板块的分离活动逐步发展成克拉通盆地 – 裂陷海槽 – 被动陆缘盆地 – 大洋盆地序列，柴达木及其周缘整体处于拉张阶段。

4. 寒武纪末期—奥陶纪中期洋壳俯冲

寒武纪末期—奥陶纪中期，柴北缘地区由拉张环境逐渐转变为挤压环境，处于洋壳俯冲作用阶段（距今 540~450Ma）。早期的扩张洋盆开始逐步向沟 – 弧 – 盆体系及克拉通内盆地演变，而南祁连洋的构造活动相对微弱，南祁连地区则随着递进的区域伸展裂陷作用的不断增强，最初的小型裂谷逐渐变大变深，并伴随着大规模海侵事件的发生。

5. 奥陶纪中期—末期陆陆碰撞

奥陶纪中期—末期，柴达木地块、欧龙布鲁克地块以及祁连地块之间相继发生碰撞，导致柴北缘洋残余洋盆及南祁连洋的加速消亡，最终在该区域形成柴北缘加里东造山带和南祁连造山带（距今450~420Ma）。

6. 志留纪—早泥盆世初期隆升剥蚀和板片折返

志留纪—早泥盆世初期（距今420~400Ma），柴北缘和南祁连地区受到造山活动的强烈影响，基本处于强烈的隆升剥蚀状态。在泥盆纪初期，柴北缘和宗务隆地区进入造山后伸展阶段，伴随有强烈的火山活动，并在柴北缘造山带的北部地区堆积形成巨厚的牦牛山组伸展磨拉石建造，标志着加里东造山活动在柴北缘地区的终结。

7. 泥盆纪中期—晚期造山带垮塌和伸展

泥盆纪中期—晚期，柴北缘地区构造环境发生变化，板块运动和造山活动逐渐趋于平缓，各造山带发生大规模的伸展垮塌作用，造山作用逐渐结束。

8. 晚泥盆世—三叠纪弧后裂陷

晚泥盆世—三叠纪的柴达木盆地周缘发生南昆仑洋向北俯冲消减和昆仑弧发育的构造演变，使得柴达木盆地整体处于弧后盆地环境中。该时期的柴北缘地区整体处于沉积剥蚀大致均衡的状态。石炭纪，部分拗陷地区沉积形成下石炭统灰岩、砂岩与泥岩，上石炭统砂岩、灰岩、泥岩、碳质泥岩与薄煤层的岩性组合。

9. 中生代—新生代陆内盆地渐变演化

中生代—新生代是柴北缘现今保存的沉积、构造组合等地质记录形成的主要时期，按照构造活动形式的差别可以划分为四个不同的阶段：早－中侏罗世断陷沉积阶段、晚侏罗世—白垩纪挤压抬升和剥蚀阶段、古近纪挤压走滑拗陷形成阶段、新近纪—第四纪挤压推覆褶皱和沉降拗陷沉积阶段。

2.2.2　湘西地区

扬子地块在晋宁运动形成基底，南华纪至志留纪为克拉通盆地演化阶段；随后进入陆内造山和前陆盆地的新演化阶段（表2.1）。在地史上，由于我国南方寒武纪属于加里东构造旋回中期，基本上是震旦纪构造发展的延续，主要构造单元具有明显继承性，经历了晚震旦世—早寒武世早期扬子陆块由拉张向热沉降的转换，以及早寒武世晚期—早奥陶世的成熟被动大陆边缘的演化过程。区域构造运动经历了武陵期、雪峰期、加里东期、海西期—印支期以及喜马拉雅期等一系列的构造演化运动（图2.5）。

表 2.1 扬子地台构造演化阶段

地质时代		构造旋回	大地构造	
新生代	第四纪 Q	印支-燕山-喜马拉雅旋回	大陆边缘活动发展阶段	
	新近纪 N			
	古近纪 E			
中生代	白垩纪 K_2			
	白垩纪 K_1			
	侏罗纪 J_3			
	侏罗纪 J_{1-2}			
	三叠纪 T_3			
	三叠纪 T_{1-2}	海西-印支旋回	板内活动发展阶段	汇聚造山-拉张
古生代	二叠纪 P_{2-3}			
	二叠纪 P_1			汇聚-拉张
	石炭纪 C			
	泥盆纪 D			
	志留纪 S	加里东旋回	板块活动发展阶段	汇聚拼合阶段
	奥陶纪 O			
	寒武纪 ∈			拉张裂陷阶段
元古宙	震旦纪 Z			
	长城纪—南华纪 Pt_{1-3}	四堡-晋宁早期	板块俯冲拼撞	

1. 武陵期

武陵期是扬子地块东南边缘中元古代褶皱基底形成时期。武陵期前，中、下扬子区与华南区具有同样的沉积建造，即冷家溪群及其相当层位的四堡群复理石建造，代表远洋沉积相。在中元古代武陵运动演化过程中，表现为江南中元古代地块向八面山中元古代地块俯冲，造成 NW—SE 向挤压，形成一系列断裂构造。俯冲到后期，两个地块拼贴成一个地块，发育青白口系近滨-滨外浅水陆架陆源碎屑沉积（湖南省地矿局，1988）。中元古代末期武陵运动主幕，具有北西强、南东弱的不均衡水平挤压特点，板溪群与冷家溪群在武陵山及其北区高角度不整合，在武陵山-雪峰山地区角度不整合，至雪峰山东南广大地区为整合接触关系，

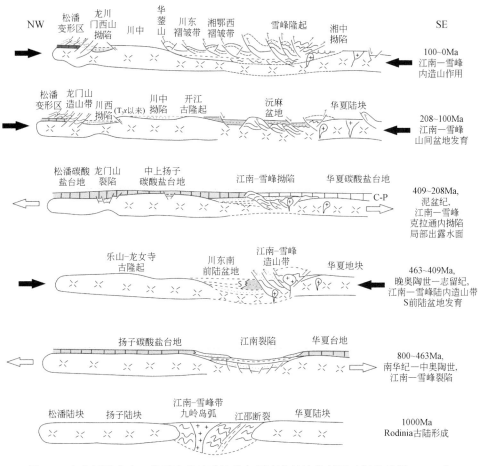

图 2.5　中上扬子南东—北西大地构造演化与原型盆地演化剖面（何登发等，2011）

T_3x 为上三叠统须家河组

标志着扬子地块新太古代—中元古代古老结晶基底在东南边缘的一次增生扩大。武陵山北东向褶皱带具有沟 – 弧 – 盆格局特点（杨森楠等，1983）。

2. 雪峰期

新元古代的雪峰运动，使当时位于扬子地块东南的大洋亲缘地体俯冲拼贴到武陵山中元古代褶皱基底上，形成江南新元古代岛弧。由于华夏地块与扬子地块在下扬子地区的拼接，华南洋变成残余海盆地。在沉积建造方面，弧后湘黔边缘海为类复理石建造，湘西北所在的江南古岛弧带为含大量火山物质的岛弧型类复理石建造，岛弧外侧华南残余海盆则沉积了夹中基性火山岩的深海浊积岩相（郭令智等，1981）。雪峰运动末，褶皱运动席卷了岛弧及其西北侧边缘海盆地的所有沉积物,江南古岛弧由此形成巨大的褶皱构造隆起带。之后,湘西北一直具有蚀源或水下隆起带的性质,代表整个江南古岛弧后期演化特征。

3. 加里东期

震旦纪开始的加里东期,是扬子陆壳稳定发展阶段,也是华南残余海盆转化成弧后海盆,进而褶皱形成华南陆块的时期。江南古岛弧的湘西北,地壳稳定发展中存在明显的活动迹象。早震旦世冰成地层广布全区,反映该区寒冷气候条件下江南古岛弧的陆相冰川及近岛冰融水的沉积作用。冰期结束时,江南古岛弧已被剥蚀成准平原化的残余列岛。由于太平洋板块向华夏地块的俯冲,晚震旦世华南残余盆地逐渐转化为弧后拉张盆地。盆地拉张引起的海侵很快使江南古岛弧没入海面,沉积了一套弧后火山硅质建造系列。古生代江南古岛弧始终为一波动在海平面上下的活动性隆起带。湘西北南段处于扬子陆表海与华南弧后海盆过渡带,以陆架沉积环境为主,寒武系—志留系由泥质岩和碳酸盐岩交互叠置而成,沉积厚度较北西、南东侧都薄得多。早古生代末的加里东运动,使华南弧后盆地全面褶皱,抬升成陆,表现为泥盆系全区性角度不整合超覆于下古生界至元古宇之上。在江南古岛弧东南侧,雪峰山–九万大山深大断裂带发生了酸性岩浆侵入,地壳进一步增厚。

4. 海西期—印支期

在扬子地块盖层稳定沉积发展的晚古生代及中生代的早–中三叠世阶段,湘西北及其邻区已发展成稳定的扬子陆表海碳酸盐台地边缘,以碳酸盐岩夹陆源碎屑岩为主。在印支期—燕山早期,地块运动作用加剧,表现为湘中地体向湘西北地体发生了又一次俯冲作用,其挤压作用造成大规模的构造断裂,主要为由南东向北西的逆冲作用,断裂带出现分枝演化,从而演化成规模巨大的花垣–张家界逆冲断裂带(杨绍祥,1998)。

5. 燕山期

区域构造活动演化到了燕山中期,太平洋板块运动作用加强,开始对华南板块俯冲,在这一时期,区内又出现北西向南东的挤压作用,叠加东西向的牵引作用,形成一系列新的断裂构造形迹。构造作用对白垩纪陆相红色磨拉石建造开始破坏,最终形成了主干逆冲断裂带和分枝断层叠瓦式的反转逆冲压扭性构造(杨绍祥,1998)。扬子地块内部拗陷的晚三叠世—白垩纪时期,江南古岛弧隆起带也发生了断陷沉降,在湘西形成了由下部含煤碎屑到上部紫红色碎屑组成的陆内断陷盆地沉积建造。断陷活动伴有酸性岩、基性岩脉的形成。

6. 喜马拉雅期

进入新生代以来，该区随云贵高原的抬升而抬升，发展为云贵高原与华东沉降带的过渡区，断陷活动不明显，仅在河谷及山麓形成分散的砾、砂、泥堆积。

2.3　地层发育特征

2.3.1　柴北缘

据《青海省岩石地层》以及对该地区的野外观测和探井实测分析可知，柴达木盆地从古元古界到第四系虽然在区内不同地区均有出露，但受到造山活动等影响导致较多地层遭受强烈的隆升剥蚀，致使部分地层分布不均衡且保存情况较差。元古宙到古生代的老地层由于受到的构造破坏作用较为强烈，大多数分布局限且多出露于盆地周缘的山地区，而中–新生代地层在盆地内部广泛分布且保存较好（图 2.6）。

1. 元古宇

元古宇是柴北缘现存最老的地层，由老到新依次为古元古界达肯大坂群、中元古界万洞沟群和新元古界全吉群三套不同性质的地层。其中，达肯大坂群作为柴北缘基底，在整个地区广泛出露，岩性以角闪岩相的深变质岩为主，包括片麻岩、大理岩和局部的榴辉岩透镜体等；中元古界万洞沟群也被认为是结晶基底的重要组成部分，但其分布范围集中在万洞沟–滩间山一带的较小区域内，岩性以中–浅变质岩系为主，且从下往上的岩性变化较大，下部以钙质片岩、大理岩为主，中部以白云岩和结晶灰岩为主，上部则以千枚岩夹大理岩透镜体为主，另外发育部分火山岩层段；新元古界全吉群分布范围集中在全吉山和欧龙布鲁克山一带，岩性以碎屑岩夹碳酸盐岩、冰碛岩为主，且岩性变化较小。

2. 寒武系

柴北缘地区现今保存的中–上寒武统主要分布在欧龙布鲁克山中部和东部地区，零星出露于石灰沟和全吉山地区。岩性以白云岩和灰岩组合为主，夹杂薄层粉砂岩。

3. 奥陶系

柴北缘地区奥陶系较为完整，但各层段分布地区不同，多是与其他时代地层

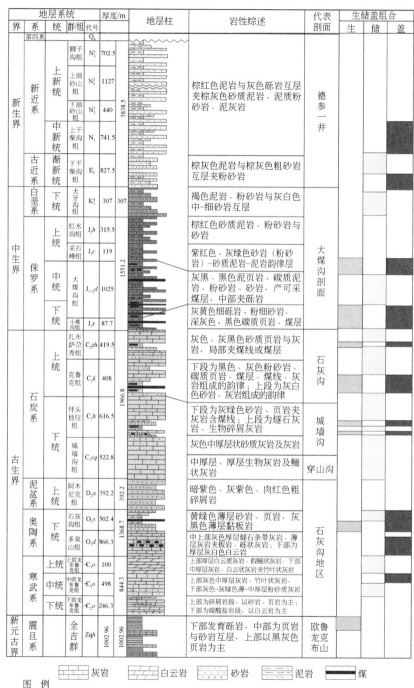

图 2.6　柴北缘地层综合柱状和油气生储盖组合图

呈不整合接触。其中，下奥陶统主要分布在石灰沟、大头羊沟及欧龙布鲁克山等地区，岩性以碳酸盐岩和碳质页岩为主，有腕足类、腹足类和笔石等化石产出；中奥陶统主要分布在大头羊沟地区，底部岩性以碎屑岩为主，上部以灰岩为主；上奥陶统滩间山群主要分布在滩间山、锡铁山、赛什腾山、茫崖和克木齐等地区，范围相对较广，主要由一套绿片岩相－角闪岩相变质的火山－沉积岩系构成，岩性变化较大，是柴北缘黑色岩系的主要分布层位。

4. 泥盆系

上泥盆统阿木尼克组及牦牛山组主要分布在赛什腾山东部地区。岩性变化相对复杂，下部以砾岩为主，夹杂少量泥质灰岩和透镜状基性火山岩；上部则是一套具火山韵律沉积特征的岩石组合，以紫红色角砾岩、凝灰岩、安山岩和流纹岩等为主。

5. 石炭系

石炭系主要在德令哈地区出露较好，发育下石炭统和上石炭统。下石炭统城墙沟组主要为紫红色砾岩、长石砂岩和岩屑砂岩夹杂薄层灰岩；怀头他拉组主要为紫色－灰色砂岩、灰岩夹页岩；上石炭统克鲁克组岩性以泥页岩、砂岩和灰岩为主，含薄煤层。

6. 中生界

柴北缘地区三叠纪的沉积地层较少，以侏罗纪和白垩纪地层为主，又以侏罗纪地层发育最好，是油气资源主力产层。

三叠纪地层主要集中分布在鄂拉山地区，岩性以陆源碎屑岩沉积为主，夹杂少量中－酸性的火山岩层段和薄煤层。

侏罗纪地层发育较好，不同沉积时期的地层均有保存。其中，下侏罗统的下部以灰褐色砾岩、黑色泥质粉砂岩和碳质页岩为主，上部则以灰色砂砾岩和砂岩为主，夹杂薄煤层和碳质泥页岩；中侏罗统下部以灰绿色砾岩、含砾砂岩及红褐色泥岩为主，夹杂薄层黑色碳质页岩，中上部则以黄绿色粉－细砂岩、灰色－黑色泥岩、页岩以及碳质泥页岩为主，偶见薄煤层；上侏罗统则以红褐色泥岩、紫红色砂质泥岩为主，还有少量棕黄色－棕红色细砂砂岩、钙质砂岩及钙质结核等。

白垩纪地层主要发育干旱气候条件下的一套氧化性沉积岩系，主要发育紫红色、红褐色砾岩和粗砂岩，同时夹杂少量的中－细砂岩。

7. 新生界

柴北缘地区新生界发育较好，古新统—第四系在盆地内广泛出露，主要发育干旱 – 半干旱环境下的一套河湖相砂砾岩、砂泥岩和膏盐层。

2.3.2 湘西地区

湘西地区地层自元古宇板溪群至第四系均有分布，地层发育完整。中元古界发育的深海相浅变质火山碎屑岩及黏土岩形成基底，为区内出露最老地层；新元古界至下古生界发育陆坡 – 陆架相岩屑砂岩、长石石英砂岩、硅质岩和碳酸盐岩；上古生界及下 – 中三叠统，以浅海台地碳酸盐岩为主；上三叠统—中侏罗统为砂砾岩，白垩系及古近系为河湖相红色砾岩、砂岩、粉砂岩；第四系为河湖相砾、砂、黏土。其中下寒武统沉积的黑色岩系与多金属矿床关系密切。

1. 元古宇板溪群

板溪群主要分布在雪峰山、武陵山地区，包括梵净山组、马底驿组和五强溪组，发育深海 – 半深海相碎屑岩，厚度较大，岩性由灰绿色砂质板岩向上过渡至浅变质石英砂岩。

2. 震旦系

震旦系分布广泛，主要包括南沱组、陡山沱组、灯影组，南沱组假整合于板溪群之上，发育冰碛岩；陡山沱组假整合于下伏南沱组，以灰白色 – 深灰色白云岩、灰岩为主；灯影组整合接触于陡山沱组，发育浅灰色 – 灰白色硅质细晶白云岩。

3. 寒武系

寒武系出露较广泛，平行不整合接触于下伏震旦系，岩性区域变化大。下寒武统发育牛蹄塘组（$\epsilon_1 n$）、杷榔组和清虚洞组。牛蹄塘组以黑色岩系为主，发育黑色碳质页岩夹硅质碳质页岩，伴有磷结核，盛产海绵骨针化石；牛蹄塘组向上发育杷榔组灰绿色、深灰色页岩、钙质页岩，夹粉砂岩，分布三叶虫和腕足类化石；清虚洞组整合接触于杷榔组，发育深灰色薄层灰岩、中 – 厚层白云质灰岩，伴有下伏地层同类化石产出。中寒武统发育高台组，与下伏清虚洞组整合接触，岩性为深灰色 – 灰黑色薄层泥灰岩、泥质灰岩以及灰质白云岩。上寒武统发育娄山关组，岩性主要为浅灰色 – 灰白色白云岩。

下寒武统牛蹄塘组黑色岩系是本次的主要研究对象，主要出露在慈利 – 吉首以南和怀化 – 溆浦以北，野外露头分布较为广泛，北部五峰、石门地区也可见露头。

4. 奥陶系

奥陶系与寒武系连续沉积，各统之间整合接触，岩性主要为台地相碳酸盐岩。下统为介壳灰岩相，发育深灰色厚层块状灰岩和结晶灰岩，产三叶虫、头足类等化石；中统发育杂色瘤灰岩和龟裂纹灰岩；上统临湘组发育厚层灰岩，五峰组则主要发育黑色页岩及黑色薄层硅质岩。

5. 志留系

志留系假整合于上奥陶统，主要发育龙马溪组、罗惹坪组和纱帽组，各套地层整合接触。下部龙马溪组主要发育黑色 – 灰黑色碳质页岩、硅质页岩，笔石化石丰富；中上部罗惹坪组和纱帽组发育绿色 – 灰绿色粉砂质页岩、细砂岩和粉砂岩，可见植物化石碎片。

6. 泥盆系

泥盆系发育滨海相碎屑岩。下泥盆统缺失，中泥盆统上部发育滨海相石英砂岩，上泥盆统发育青灰色含铁石英砂岩及粉砂岩，产植物化石，顶部夹煤层。

7. 石炭系

石炭系发育不全，下统上部和上统缺失，出露较少，假整合接触于泥盆系，主要发育碳酸盐岩，夹黑色硅质岩，化石种类繁多。

8. 二叠系

二叠系内各地层与下伏地层均为不整合接触，主要发育灰色生物碎屑灰岩和白云质灰岩，夹煤层，可见泥质条带，含有珊瑚、菊石等丰富的化石。

9. 三叠系

三叠系下统和中统发育不完整，上统缺失，与下伏二叠系假整合接触。下三叠统大冶组发育灰岩、硅质岩，夹灰岩透镜体；中三叠统嘉陵江组发育灰色白云岩夹白云质灰岩及灰岩。产出大量菊石和双壳类化石。

10. 侏罗系

侏罗系假整合于三叠系之上。下统为海陆交互沉积，中统为陆相沉积，岩性为石英砂岩、细粉砂岩和泥页岩。植物化石较为丰富，下统可见煤层。

11. 白垩系

白垩系不整合于侏罗系之上，岩性、厚度变化大。底部发育砖红色泥灰质粉砂岩；中部发育向上粒度逐渐变细的紫红色钙质长石石英砂岩、粉砂岩和细砂岩；顶部为钙质粉砂岩和长石石英砂岩。具有介形虫、双壳类等化石。

12. 古近系—新近系

古近系—新近系主要为陆相沉积，发育砂砾质泥岩和砾岩，局部发育碳酸盐岩，可见双壳类化石。

13. 第四系

第四系为陆相沉积地层，主要发育松散碎屑及黏土层（表2.2）。

表 2.2　湘西地层发育特征表

系	群、组	代号	厚度 /m	备注
第四系		Q	0~12	
古近系—新近系	茶山坳组	E_1c	79	
白垩系	神皇山组	K_1sh	> 2147	
	栏垅组	K_1l	753	
	东井组	K_1d	767	
	石门组	K_1s	0~167	标志层
侏罗系	自流井组	J_2z	173.5	
	白田坝组	J_1b	61.6	
三叠系	巴东组	T_2b	2003.1	
	嘉陵江组	T_1j		
	大冶组	T_1d	873.8	
二叠系	龙潭组	P_3l	795.4	
	茅口组	P_2m	600.32	
	栖霞组	P_2q	68~142	
	梁山组	P_2l	1.8~104	
石炭系	壶天群	C_2h	648.1	

续表

系	群、组		代号		厚度 /m		备注
泥盆系	写经寺组		D_3xj		60.8		
	黄家磴组	佘田桥组	D_3hj	D_3s	40.6	741.3	
	云台观组	榴江组	D_2yt	D_3l	0~630	292.3	
	巴漆组		D_2b		247.6		
	易家湾组		D_2y		198.9		
	跳马河组		D_2t		165.9		
志留系	纱帽组		S_3s				
	罗惹坪组		S_2l				
	小溪峪组		S_2xx		109~307		
	回星哨组		S_2h		50~246		
	吴家院组		S_1w		92~480		
	溶溪组		S_1r		193~529		
	小河坝组		S_1xh		170~749		
	新滩组		S_1x		200		
	龙马溪组		S_1l		0.3~46		标志层
奥陶系	五峰组		O_3w				
	临湘组		O_3l				
	宝塔组		O_3b		22~105		标志层
	牯牛潭组		O_2g		17~72		
	大湾组		O_2d		20~130		
	红花园组		O_1h		105~109		
	分乡组		O_1f		16~100		
	桐梓组		O_1t		255~380		含矿层
震旦系	娄山关组	比条组	$Є_{2\text{-}3}l$	$Є_3b$	1137~1345	247~846	
		车夫组		$Є_2c$		226~266	
	高台组		$Є_2g$		15~115		
	清虚洞组		$Є_1q$		27.5~396		主含矿层
	杷榔组/石牌组		$Є_1b$ $Є_1s$		146~276		
	牛蹄塘组		$Є_1n$		60~200		

续表

系	群、组	代号	厚度/m	备注
震旦系	留茶坡组/灯影组	Z_2l/Z_2dy	25~111	标志层
	陡山沱组	Z_1d	26~214	含矿层
	南沱组	Z_1n	60~110	
南华系	洪江组	Nh_2h	65~380	
	大塘坡组	Nh_1d	10~320	标志层
	古城组	Nh_1g	0~62	
	富禄组	Nh_1f	1~261.3	
青白口系	五强溪组	Qb_2w	363~1104	
	通塔湾组	Qb_1t	35.6~667	标志层
	马底驿组	Qb_1m	252~2518	
	横路冲组	Qb_1h		
	小木坪组	Qb_1x		
	黄游洞组	Qb_1h		
	雷神庙组	Qb_1l		
	梵净山组	Qb_1f		

2.4　小　　结

（1）柴北缘位于柴达木地块与祁连地块碰撞运动的结合部位，是一个发育在元古宙深变质岩系和古生代（浅）变质岩系所组成的基底和元古宙褶皱变形地块上的，在晚三叠世逐步成型的断拗复合构造带。

（2）湘西大地构造位置处于上扬子地块和江南地块的过渡地带——扬子准地台的东南缘，属于川东 - 湘鄂西褶皱 - 逆冲带。地史时期经历了频繁的构造运动且构造变形程度、变形方式和变形特征各异，形成的区域构造以 NE—NNE 向褶皱构造和断裂构造为主。

（3）柴北缘主要经历前震旦纪基底形成、中元古代—新元古代大陆裂解、新元古代—寒武纪大洋扩张、寒武纪末期—奥陶纪中期洋壳俯冲、奥陶纪中期—末期陆陆碰撞、志留纪—早泥盆纪初期隆升剥蚀和板片折返、泥盆纪中期—晚期造山带垮塌和伸展、晚泥盆世—三叠纪弧后裂陷、中生代—新生代陆内盆地渐变演化九个构造演化阶段。

（4）湘西在晋宁运动形成基底，南华纪至志留纪为克拉通盆地演化阶段，其后为陆内造山和前陆盆地阶段，经历了武陵期、雪峰期、加里东期、海西期—印支期及喜马拉雅期等一系列的构造演化运动。

（5）柴北缘从古元古界到第四系在区内不同地区均有出露。元古宙到古生代的老地层由于受到的构造破坏作用较为强烈，大多数分布局限且多出露于盆地周缘的山地区，而中–新生代地层在盆地内部广泛分布且保存较好。上奥陶统滩间山群主要由一套绿片岩相–角闪岩相变质的火山–沉积岩系构成，是柴北缘黑色岩系的主要分布层位。

（6）湘西自元古宇板溪群至第四系均有分布，地层发育完整。新元古界至下古生界发育陆坡–陆架相岩屑砂岩、长石石英砂岩、硅质岩和碳酸盐岩，下寒武统沉积的黑色岩系与多金属矿床关系密切，牛蹄塘组发育黑色碳质页岩夹硅质碳质页岩，是本次湘西黑色岩系的主要研究对象。

第3章 黑色岩系与钒分布特征

本章主要通过野外典型地质剖面观测、地质填图、钻井岩心预测、样品采集与镜下观测，结合前人研究工作对柴北缘和湘西的黑色岩系、碳沥青和钒矿的宏观与微观分布特征进行了详细分析。黑色岩系在柴北缘地区上奥陶统滩间山群及湘西地区下寒武统牛蹄塘组广泛分布，由于较高的热演化程度，有机质热演化形成的碳沥青也广泛分布于黑色岩系中。钒矿主要以钒磁铁矿、铝土矿等矿物集合体、钒氧化物、有机质吸附态、黏土矿物吸附态及多种赋存形态混合存在。

3.1 实测地层剖面

3.1.1 柴北缘

通过野外地质调查，对柴北缘露头剖面和探井中滩间山群及相邻层段的黑色岩系进行详细观测。在联合沟剖面和 QD129 探井见到中元古界万洞沟群（Pt_2w）—上奥陶统滩间山群 b 段（O_3tn^b）（图 3.1）。在海河沟剖面，见到较完整的上奥陶统滩间山群（O_3tn）（图 3.2）。黑色岩系主要发育在 Pt_2w 和 O_3tn^a、O_3tn^e。

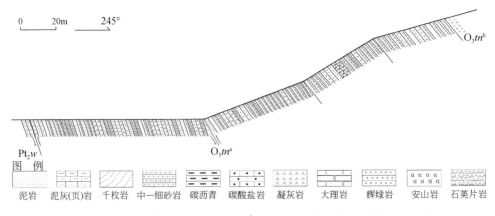

图 3.1 柴北缘联合沟地区 Pt_2w—O_3tn^b 地层实测剖面（剖面位置见图 3.9）

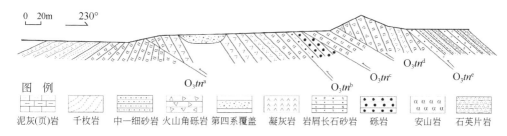

图例 | 泥灰(页)岩　千枚岩　中一细砂岩　火山角砾岩　第四系覆盖　凝灰岩　岩屑长石砂岩　砾岩　安山岩　石英片岩

图 3.2　海河沟地区 O_3tn^a—O_3tn^e 地层实测剖面

1. 中元古界万洞沟群浅变质—岩浆岩段

该段岩层出现在 QD129 探井底部，主要岩性有闪长岩、辉绿岩和凝灰岩，也有大理岩和石英片岩等变质岩。岩石遭受过韧性剪切变形，且岩层内部发育较多的构造裂缝，在漫长成岩时期被石英脉和岩浆岩脉所充填。

2. 上奥陶统滩间山群 a-e 段

1）O_3tn^a 段：岩浆岩—沉积岩段

该层段可细分为上下两个小层段，其中下部 a-1 亚段岩性主要为富含碳沥青的泥页岩和千枚岩；上部 a-2 亚段为正常沉积岩段，岩性主要为泥页岩、石灰岩、白云岩和千枚岩，夹杂部分中一细砂岩。该层段也是主要的含矿层，包括菱铁矿、铅锌矿等。

2）O_3tn^b 段：岩浆岩段

该层段岩性主要为中基性火山岩夹侵入岩，以安山岩为主，另外也发育少量凝灰岩、辉绿岩、石英片岩等，也是一个重要的含矿层位。

3）O_3tn^c 段：砂砾岩段

该层段主要为紫红色块状砂砾岩段，包括紫红色底砾岩、含砾砂岩、中一细砂岩、石英砂岩等。砾石分选较差，主要组分为碳酸盐岩角砾，次棱到次圆状结构，杂基式充填，充填物主要为紫红色泥及粉砂。砾岩后期因受强烈的动力变质作用使得砾石定向排列，砾石最大粒径可超过 50cm。

4）O_3tn^d 段：安山岩段

该层段主要为基性火山岩段，主要观察到的岩性为紫红色安山岩，气孔状、杏仁状构造，中部发育少量碎屑岩和火山碎屑岩。

5）O_3tn^e 段：碎屑岩段

该层段出现在野外及探井底部，是碎屑岩层段，岩性以富含碳沥青的黑色泥页岩和灰色长石粉砂岩为主，底部千枚岩化较强。裂缝较发育，并充填石英脉及热液矿物。该段未见顶（图 3.3）。

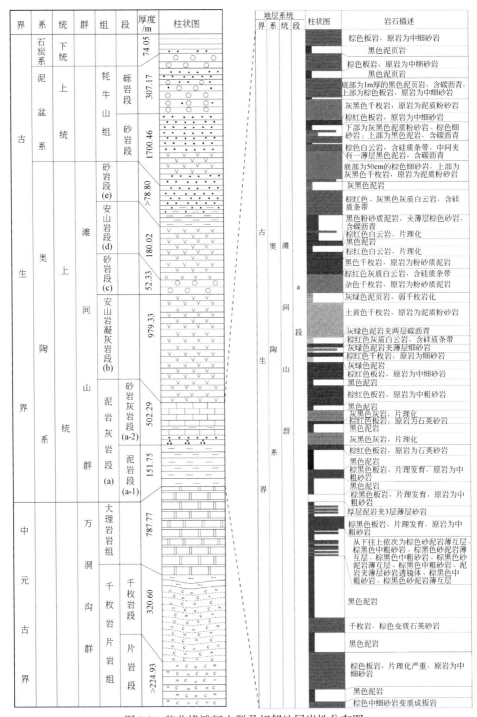

图 3.3　柴北缘滩间山群及相邻地层岩性分布图

3.1.2　湘西地区

　　湘西地区下寒武统牛蹄塘组出露较好，本次对湘西天门山地区、古丈默戎龙鼻嘴地区黑色页岩含钒矿层进行研究，对下寒武统牛蹄塘组地层进行剖面实测，包括古丈默戎地区龙鼻嘴剖面、湘西天门山三岔剖面、后坪剖面（图 3.4）。

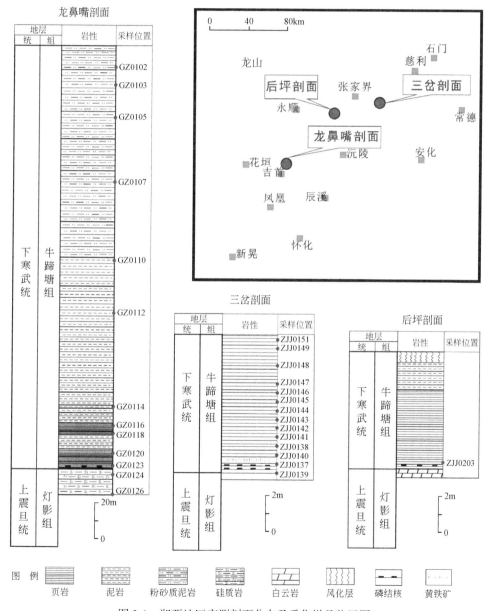

图 3.4　湘西地区实测剖面分布及采集样品位置图

1. 龙鼻嘴剖面

位于湖南省古丈县龙鼻嘴村公路旁（坐标为 28°29′45.0″N，109°50′38.9″E，海拔 288m），露头地层出露较好，剖面总长度为 309 m，地层厚度为 252m，分层描述如下（图 3.5）。

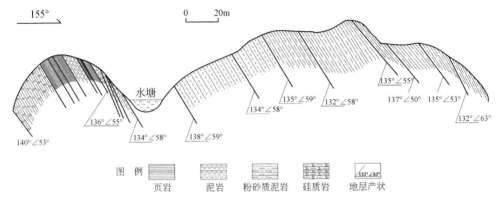

图 3.5　龙鼻嘴实测地层剖面图

未见顶

20	灰色粉砂质泥岩	15m
19	深灰色 – 黑色含粉砂泥岩，球形风化明显	29m
18	深灰色 – 黑色含粉砂泥岩，未见球形风化	20m
17	中 – 薄层灰色含粉砂泥岩	21.5m
16	中 – 厚层黑色含粉砂泥岩，见白云母	33.5m
15	黑色含粉砂页岩，见球形风化	23m
14	薄层黑色泥岩，球形风化明显	19m
13	深灰色 – 黑色泥岩	36m
12	未见地层出露	33m
11	深灰色 – 黑色薄层泥岩，未见风化现象	8.5m
10	黑色薄层泥岩，泥岩表面见黄色的硫	2.1m
9	黑色泥岩，富含磷结核，为一结核层	3m
8	中 – 厚层黑色泥岩，硬度大，硫含量高，敲击岩石可闻臭鸡蛋气味	16.8m
7	黑色薄层黑色页岩，夹 30cm 厚磷结核层	5.6m
6	中 – 厚层黑色页岩含 3 层约 10cm 厚的磷结核层	2.8m
5	黑色中 – 厚层泥岩	9.5m
4	黑色页岩，中部见约 10cm 厚磷结核	4.5m
3	黑色页岩，富含结核，结核最大尺寸可达 7cm×2cm，小的结核约 1cm×0.5cm，	

一般尺寸约为 3cm×2cm，结核长轴与层面平行　　　　　　3.2m

———— 平行不整合 ————

上震旦统灯影组（$Z_b d$）

2　薄层黑色硅质岩，少见结核　　　　　　　　　　　　　　5.1m

1　深灰色 – 黑色硅质岩　　　　　　　　　　　　　　　　17.9m

2. 三岔剖面

湖南省张家界市三岔乡公路旁（坐标为 29°04′19.1″N，110°33′26.1″E，海拔 593m），剖面出露较好，剖面总长度为 7.8 m，地层厚度为 6.8m，分层描述如下（图 3.6）。

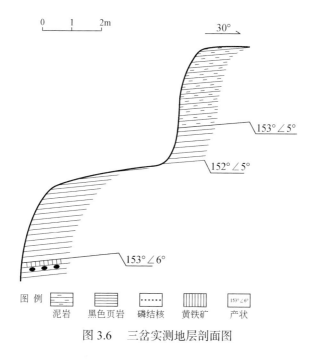

图 3.6　三岔实测地层剖面图

下寒武统牛蹄塘组（$\in_1 n$）

未见顶

5　黑色泥岩，风化作用较强，风化面呈土黄色　　　　　　　1.5m

4　中 – 薄层黑色页岩，页理发育，含结核　　　　　　　　　1.5m

3　中 – 薄层黑色页岩，页理发育，含结核　　　　　　　　　0.8m

2　黑色 – 深黑色页岩，硫含量高，结核不发育，3m 处可见一厚度约为 3cm 的含硫层，
　　2.5m 处钒含量较高，可能为一含矿层　　　　　　　　　　3m

1　厚层状黑色页岩夹 3 层矿物结核，第一层结核单个尺寸相对较小（0.5cm×1cm），
　　第二层结核较第一层结核单个尺寸大（1cm×2cm），第三层结核单个尺寸最大，
　　最大尺寸可至 2cm×3cm。页岩表面见黄色硫及黄铁矿，节理发育。在 0.5m 处
　　钒含量较高，可能为一含矿层　　　　　　　　　　　　　　　　　　　　　　　1m

———— 平行不整合 ————

上震旦统灯影组（$Z_b d$）

3. 后坪剖面

剖面位于湖南省张家界市后坪镇东约 2km，省道 S306 南侧，水泥厂附近，
火车隧道旁的矿洞，剖面出露较好，剖面长度 7m，分层描述如下（图 3.7）。

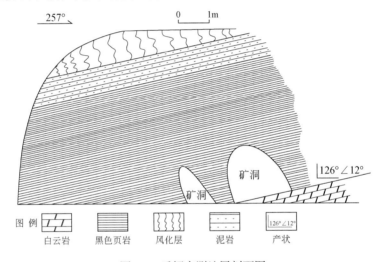

图 3.7　后坪实测地层剖面图

下寒武统牛蹄塘组（$\text{\textepsilon}_1 n$）

未见顶

6　第四系风化层，被植被覆盖　　　　　　　　　　　　　　　　　　　　　　　0.6m

5　深灰色 – 黑色薄层泥岩，页理不发育，结核减少，硫含量减少　　　　　　　1.6m

4　黑色页岩，局部见磷结核，页岩表面有硫，球形风化发育　　　　　　　　　　3m

3　黑色页岩，矿物含量减少　　　　　　　　　　　　　　　　　　　　　　　0.9m

2　黑色页岩，富含矿物结核　　　　　　　　　　　　　　　　　　　　　　　0.4m

———— 平行不整合 ————

上震旦统灯影组（$Z_b d$）

1 灰色块状亮晶白云岩　　　　　　　　　　　　　　　　　　　　　　　　　0.5m

3.2　黑色岩系宏观分布特征

3.2.1　柴北缘

黑色岩系主要分布在柴达木盆地北缘的赛什腾山与滩间山上奥陶统滩间山群 a 段灰岩和千枚岩中，以及盆地西南的茫崖石棉矿与南缘的克木齐等上奥陶统铁石达斯群 a 段（O_3ts^a）灰岩中。滩间山群和铁石达斯群两套地层形成的构造背景极为相似，可对比性强（图 3.8）。

(a) 柴北缘滩间山O_3tn^a灰岩中碳沥青

(b) 柴北缘赛什腾山O_3tn^a深灰色泥页岩

(c) 柴达木盆地南缘克木齐深灰色泥质坡积物

(d) 柴达木盆地西南茫崖石棉矿O_3ts^a碳沥青

图 3.8　柴达木盆地不同地区黑色岩系露头分布特征

滩间山群是柴北缘地区早古生代重要的火山 – 沉积建造，为一套以浅变质中基性火山岩和碎屑岩为主、夹生物碎屑灰岩的建造，岩石多呈灰绿色，主要分布于赛什腾山、绿梁山、锡铁山及沙柳河一带。该层段广泛发育与黑色岩系有关的黑色泥页岩，地貌颜色特征明显，其岩石裂缝中夹杂着油气高演化形成的产物——碳沥青。

为了查明滩间山黑色岩系分布特征，本次开展了路线地质调查、剖面实测和1:50000地质填图，并绘制了滩间山地区滩间山群碳沥青分布图（图3.9）。碳沥青主要分布在联合沟地区，受构造作用的控制，呈现NW向展布特征，长约10 km，宽约2 km，面积约20 km²。

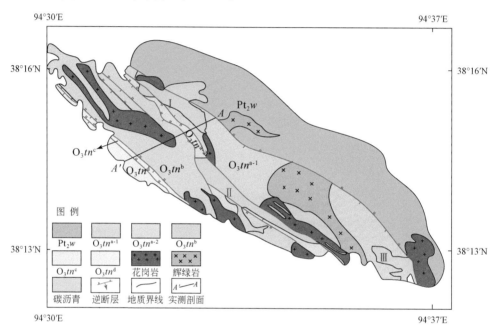

图3.9 柴北缘联合沟地区滩间山群碳沥青分布图

联合沟地区碳沥青主要分布在滩间山群a段的灰岩和砂岩中。区内见辉绿岩侵入岩和花岗岩体[图3.10（a）、（b）、（c）]，并见辉绿岩捕房体和花岗岩体侵入滩间山群a段泥岩中，可知区内曾发生过至少两期岩浆活动，且花岗岩体的年代晚于辉绿岩；滩间山群碳沥青呈北西—南东向展布，与石英脉相伴出现[图3.10（d）]。根据断裂、侵入岩与碳沥青分布特征，把碳沥青从北向南依次分为Ⅰ区、Ⅱ区和Ⅲ区，并根据碳沥青薄片的镜下观测分别估算了三个区域的碳沥青体积分数。

Ⅰ区共发现碳沥青9层，其中泥岩中发育碳沥青7层，单层厚度为8~24m，结晶灰岩中发育碳沥青2层，单层厚度12~20m，碳沥青总厚度约144m，灰岩中碳沥青的体积分数为7%~20%，平均值为13%。

Ⅱ区共发现碳沥青10层，其中泥岩中发育碳沥青6层，单层厚度

12~20m，灰岩中发育碳沥青 4 层，单层厚度为 22~36m，碳沥青总厚度为 229m，灰岩中碳沥青体积分数为 4%~10%，平均值为 7%。该区见大量花岗岩侵入体，推测碳沥青的形成可能与花岗岩侵入有关，岩浆侵入时较高的温度促进了碳沥青的形成演化。

Ⅲ区共发现碳沥青 15 层，其中泥岩中发育碳沥青 8 层，单层厚度 12~80m，灰岩中发育碳沥青 7 层，单层厚度 12~40m，碳沥青总厚度为 486m，灰岩中沥青体积分数为 4%~15%，平均值为 9%。

| (a) 辉绿岩和花岗岩体 | (b) 辉绿岩捕虏体 |
| (c) 花岗岩侵入泥岩 | (d) 石英脉和沥青显示 |

图 3.10 柴北缘联合沟地区滩间山群露头特征

3.2.2 湘西地区

湘西地区下寒武统黑色岩系是我国南方黑色岩系的重要组成部分，所形成的矿床与南方下寒武统黑色岩系中的各类层状矿床既有相似性，也有差异性。相似性是这套黑色岩系中自下而上分布着磷块岩矿床，镍、钼、钒多金属元素矿床和石煤层。差异性有两点：一是与之相关的矿床中存在着两种不同的岩性序列、元素组合和元素演化类型；二是岩相古地理、古生物分区控制作用。我国南方下寒武统石煤钒、多元素矿床分布与生物地理分区关系密切，湘西地区属于"过渡带"成矿（卢衍豪，1978）。

1. 碳沥青分布特征

湘西地区黑色页岩与碳沥青主要分布在江南隆起以及江南-雪峰山推覆体一带。下寒武统牛蹄塘组发育厚层黑色泥页岩（图3.11）。湘西地区寒武系碳沥青分布广泛，包括凤凰水田下寒武统碳沥青脉、凤凰万溶江中寒武统碳沥青脉、吉首社塘坡中寒武统碳沥青脉、古丈河蓬下寒武统—中寒武统碳沥青脉、吉首寨阳新溪中寒武统碳沥青脉、吉首己略下寒武统碳沥青脉及坪年碳沥青脉、龙山四新中寒武统—上寒武统碳沥青脉及永顺王村中寒武统碳沥青脉等。碳沥青赋存于张性节理脉、构造裂隙、溶孔以及背斜轴部中，受古隆起、拗陷、背斜及断裂的控制，尤其是受到断裂的严格控制，呈现明显的分带性（王崇敬等，2014）（图3.12）。

(a) 黑色岩系剖面（龙鼻嘴剖面）

(b) 块状黑色泥页岩（三岔剖面）

(c) 黑色岩系遭受风化作用明显（三岔剖面）

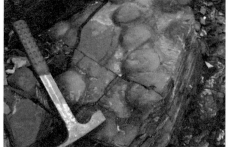

(d) 黑色岩系发育磷结核（凤凰剖面）

图3.11　湘西地区下寒武统牛蹄塘组黑色岩系露头特征

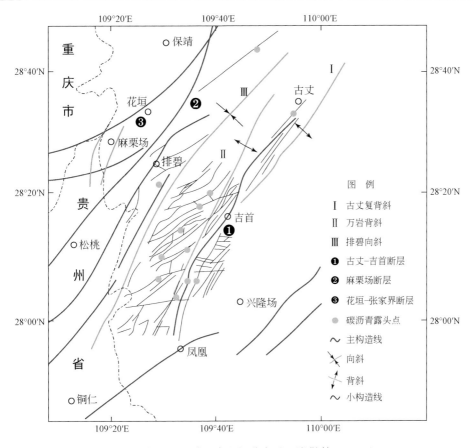

图 3.12 湘西地区碳沥青空间分布（王崇敬等，2014）

　　矿井中的原始样品坚硬，但采出矿井后由于环境的改变往往变得破碎。地表露头样品往往受到风化作用与植物的改造而变得质软，遇水发生塑性形变，失去原始形态。部分样品由于方解石的分隔呈片状，方解石往往沿裂隙侵入组成方解石脉，侵入的方解石使碳沥青在组成与形态上均有变化。通过对样品手标本特征观察与统计分析发现，碳沥青具有如下特征：碳沥青呈灰黑色至黑色，条痕色为灰黑色，强染手，光泽暗淡至玻璃光泽，胶结致密坚硬，比重较大。碳沥青整体呈均一块状构造，分为角砾状、颗粒状与粉末状结构，分带性明显。

　　湘西地区碳沥青矿脉主要有两种赋存形式：第一种呈脉状赋存在断层和构造裂缝中，第二种呈层状赋存在层间裂缝中，部分地段呈囊状。矿脉及其附近的围岩具有明显的分带性，依据岩性与结构组合特点可分为围岩、过渡带角砾状碳沥青、颗粒状碳沥青与粉末状碳沥青四类（图 3.13）。

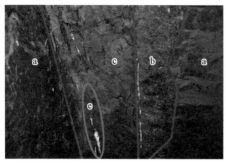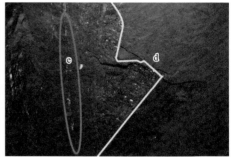

图 3.13 湘西地区碳沥青矿脉分带性特征（王崇敬等，2014）
a.围岩；b.颗粒状碳沥青；c.粉末状碳沥青；d.围岩与矿脉界线；e.方解石脉

通过对万溶江和结联等井下所采的典型碳沥青样品的观察发现，碳沥青矿脉本身的分带性是由三种不同粒径的碳沥青颗粒按不同比例组合而形成的。粒径最大的可称为角砾状碳沥青颗粒，局限在过渡带内，颗粒状碳沥青则以中等碳沥青颗粒为主，并含少部分碳沥青粉末，而矿脉中部的粉末状碳沥青则以碳沥青粉末占优势并有少部分颗粒中等的碳沥青存在。碳沥青颗粒光泽较亮，而碳沥青粉末光泽暗淡。不同比例的碳沥青颗粒与碳沥青粉末组成决定了不同分带的光泽明暗差异，实质是不同的碳沥青形成环境与受到后期改造作用不同所致。颗粒状碳沥青与围岩直接接触或距离相对较近，受围岩影响更为直接与强烈，往往受到来自围岩的热液的多次作用，碳沥青颗粒逐渐增大。图 3.14 是结联碳沥青矿井下照片，清晰可见侵入围岩中的碳沥青脉颗粒粗大且光泽较亮，与粉末状碳沥青区别明显。

图 3.14 湘西地区碳沥青颗粒形态与围岩的关系（王崇敬等，2014）

2.黑色岩系与钒的伴生分布特征

湘西地区黑色岩系及其伴生矿床一直是地质学家研究的热点。早在 20 世纪 80 年代，范德廉等就对湘西、湘中、鄂西及秦岭一带的不同时代的黑色岩系及其有关的重晶石、银钒矿床和浊积岩型金矿床进行了一系列的研究（范德廉，1988；范德廉等 1991，2004）。湘西地区黑色岩系中不仅伴生着 V、Ni、Mo、Cu、Pb、Zn、U、Cd、Sr、Au 等有色金属元素、贵金属元素、放射性元素和稀土元素矿床，也与碳沥青矿床的形成具有重要的联系。湘西下寒武统牛蹄塘组的系列岩石普遍含钒，被称为含钒岩系。

湘西地区钒矿呈北东向的带状分布，西南延伸至贵州省境内，且与黑色岩系的分布具有明显的伴生关系，是我国重要的黑色页岩型钒矿资源的分布区（图 3.15）。钒矿主要赋存于下寒武统牛蹄塘组底部的薄层硅质岩夹碳质页岩或互层，以及碳质页岩夹少量薄层硅质岩的黑色岩系中，构成了自西南新晃向

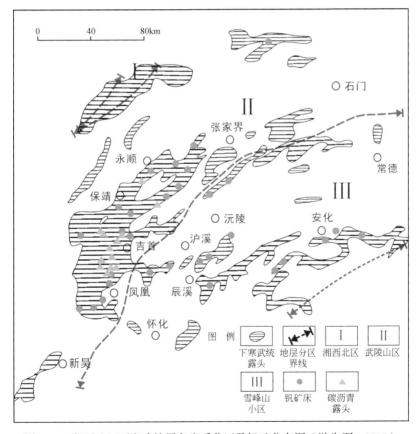

图 3.15　湘西地区下寒武统黑色岩系分区及钒矿分布图（游先军，2010）

东北部延伸经凤凰、吉首、古丈、张家界至慈利的钒矿带。含钒岩系延长一般3~7 km，最长 14 km。按含钒岩石的岩性及岩石组合特征，湘西地区含钒岩系可划分为板状硅质钒矿石、含硅碳质钒矿石和含磷结核钒矿石 3 种，其中板状硅质钒矿石是含钒岩系中黑色薄层含碳硅质岩与黑色含硅碳质页岩互层岩石组合的矿石，其含硅碳质页岩厚度一般占 30%~40%，含碳硅质岩厚度一般占60%~70%，是区内最主要钒矿石类型，其资源量占矿石总量的 52. 66%（陈明辉等，2014）。

3.3　黑色岩系与钒微观分布特征

从柴北缘和湘西地区的黑色岩系中选取代表性样品制作岩石薄片、光片，通过岩石薄片观察，分析碳沥青在岩石中的微观分布特征，并结合扫描电镜观察和能谱分析探讨碳沥青和钒在岩石中的赋存形式。

3.3.1　柴北缘

1.碳沥青分布特征

单偏光镜下观察发现柴北缘上奥陶统滩间山群 a 段（O_3tn^a）砂岩、灰岩发育粒间孔、晶间孔、溶蚀孔、构造裂缝、溶蚀缝等孔缝空间并充填沥青质，呈现出球粒状、条带状、片状、侵染状等形态。不同的碳沥青充填分布特征如下。

1）构造裂缝充填

柴北缘持续遭受强烈构造活动，在构造应力的作用下，上奥陶统滩间山群 a 段（O_3tn^a）的构造裂缝极为发育，裂缝边缘棱角分明。碳沥青充填在构造裂缝中，是柴北缘碳沥青最主要的赋存方式 [图 3.16（a）、（c）]。

2）溶蚀孔缝充填

柴北缘上奥陶统滩间山群 a 段（O_3tn^a）在沉积后受到的次生成岩作用较为强烈，热卤水和岩浆热液等均可通过裂缝等通道进入沉积地层，流体流经区域的灰岩常被溶蚀形成溶蚀孔隙，溶蚀作用强烈的区域常形成呈带状展布的溶蚀裂缝，孔缝边缘相对圆滑，溶蚀区域残存的颗粒边缘也有类似特征。碳沥青充填在溶蚀孔缝中，是柴北缘碳沥青重要的充填方式 [图 3.16（b）]。

3）粒间孔隙充填

柴北缘上奥陶统滩间山群 a 段（O_3tn^a）发育粒度较粗的砂岩层段，砂岩的石英等颗粒间见粒间孔隙，被碳沥青充填 [图 3.16（a）]。

　4）晶间孔隙充填

　　柴北缘上奥陶统滩间山群 a 段（O_3tn^a）发育灰岩层段，灰岩的方解石等晶粒间见晶间孔隙，被碳沥青充填 [图 3.16（c）]。

　5）侵染状分布

　　柴北缘上奥陶统滩间山群 a 段（O_3tn^a）部分灰岩裂缝和晶间孔不发育，碳沥青呈侵染状分布 [图 3.16（d）]。

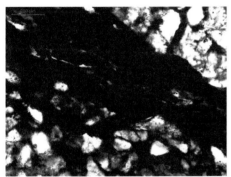

(a) 砂岩构造裂缝和粒间孔隙充填的碳沥青，　　　　(b) 灰岩溶洞和溶蚀孔隙中充填的碳沥青，
　　无荧光显示，单偏光（O_3tn^a，5×10）　　　　　　　无荧光显示，单偏光（O_3tn^a，20×10）

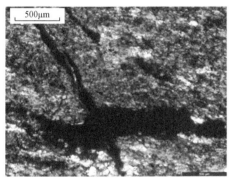
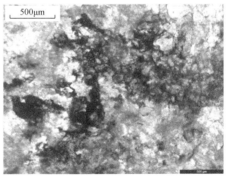

(c) 灰岩裂缝和晶间孔隙中充填的碳沥青，无　　　　(d) 灰岩中呈侵染状分布的碳沥青，无荧光
　　荧光显示，单偏光（O_3tn^a，20×10）　　　　　　显示，单偏光（O_3tn^a，20×10）

图 3.16　柴北缘碳沥青微观分布特征图

2. 碳沥青与泥质分布特征对比

　　扫描电镜下观察发现黑色岩系中泥质组分和碳沥青的微观形态存在较大差异。碳沥青以层状为主，部分呈现散碎块状，无明显的微小裂缝或者特殊的微观形貌（图 3.17）。这可能是由于碳沥青的形成时间较晚，受到的后期改造较弱，碳沥青仅出现破碎和分层等微观形貌的改变。

(a) 层状　　　　　　　　　(b) 散碎块状1　　　　　　　　(c) 散碎块状2

图 3.17　柴北缘地区滩间山群黑色岩系中碳沥青微观形态

　　泥质组分在微观形态上更加多种多样和复杂多变。观察发现富含有机质的黑色泥页岩常见的形态包括散碎颗粒状、交错片状、溶蚀孔隙 - 颗粒胶结状、溶蚀孔 - 柱支撑状、团块状、平行层状等样式以及不同样式组合（图 3.18）。通过对不同形态及其组合关系的分析认为：单一形态的部位可能受到的构造作用以及成岩作用强度小，多数与压实压裂作用、溶蚀作用相关；而由多种形态组合而成的

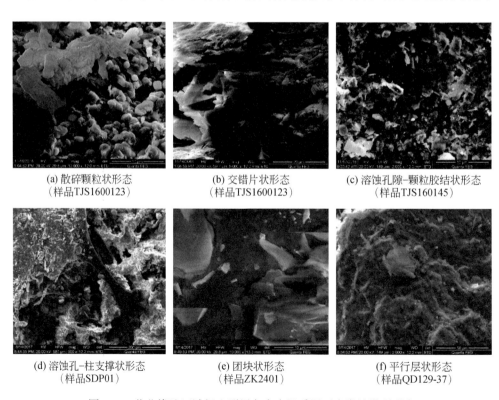

(a) 散碎颗粒状形态　　　　　(b) 交错片状形态　　　　　(c) 溶蚀孔隙-颗粒胶结状形态
（样品TJS1600123）　　　　（样品TJS1600123）　　　　（样品TJS160145）

(d) 溶蚀孔-柱支撑状形态　　　(e) 团块状形态　　　　　　(f) 平行层状形态
（样品SDP01）　　　　　　（样品ZK2401）　　　　　（样品QD129-37）

图 3.18　柴北缘地区滩间山群黑色富有机质泥页岩常见微观形态

部位可能受到的构造作用以及成岩作用强度大，除受到压实压裂和溶蚀作用外，还可能受到胶结作用、重结晶作用等的综合影响。

3. 钒的赋存形式

钒等金属元素在柴北缘黑色岩系中大量富集，但钒的赋存形式并不明确。自然界中的钒多是以伴生矿物的形式存在于黏土矿物或金属矿物中，其赋存形式多种多样，既可以取代某些金属元素形成矿物集合体，如黑钒铁矿，也可以被有机质或黏土矿物吸附。通过扫描电镜观察与能谱分析，根据含钒测点中所含元素的种类和含量百分比，确定钒可能的赋存形式如下。

1）有机质吸附态 V 元素

根据原子百分比判断样品 QD129-05 测点 3 的主要组成为 C 元素，O 元素含量少，该区域为有机质发育区（图 3.19）。元素原子比 Ti：Fe：V≈25：12.5：1，V 含量小，表明钒不是在矿物状 Ti-Fe 化合物中，而可能是以有机质吸附态存在有机质中。

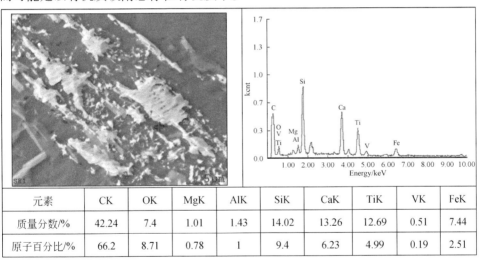

元素	CK	OK	MgK	AlK	SiK	CaK	TiK	VK	FeK
质量分数/%	42.24	7.4	1.01	1.43	14.02	13.26	12.69	0.51	7.44
原子百分比/%	66.2	8.71	0.78	1	9.4	6.23	4.99	0.19	2.51

图 3.19　柴北缘地区黑色岩系有机质吸附态 V 扫描电镜特征与能谱分析图（样品 QD129-05，测点 3)

注：各元素质量分数和原子百分比已四舍五入

样品 FH0104 测点 5 中的主要元素仅 C、O 两种，两者质量之和在总质量中的占比高达 85% 以上。此外，还含有少量的 Na、Mg、Al、Si、Cl、K、V 等元素，但相对含量均极低。元素原子比 C：O：V≈1870：462：1（图 3.20）。推测该测点是含丰富有机质的碳沥青组分，即 V 元素可能以有机质络合物或者吸附态保存在有机质中。

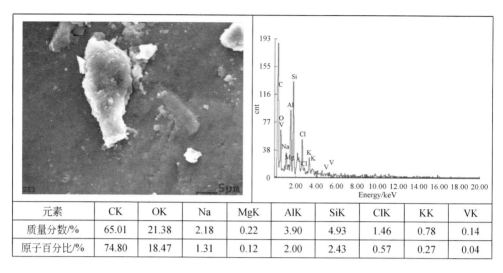

元素	CK	OK	Na	MgK	AlK	SiK	ClK	KK	VK
质量分数/%	65.01	21.38	2.18	0.22	3.90	4.93	1.46	0.78	0.14
原子百分比/%	74.80	18.47	1.31	0.12	2.00	2.43	0.57	0.27	0.04

图 3.20　柴北缘地区黑色岩系有机质吸附态 V 元素扫描电镜特征与能谱分析图（样品 FH0104，测点 5）

2）钒的氧化物

样品 TJS160152 测点 2 主要为铁氧化物，钒含量很少，元素原子比 $Fe ：O ：V \approx 270 ：28 ：1$，无有机质吸附，只存在金属氧化物，原子百分比相差大，表明钒可能以吸附态存在于铁的氧化物或氢氧化物中（图 3.21）。

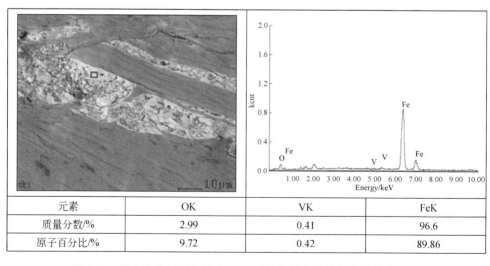

元素	OK	VK	FeK
质量分数/%	2.99	0.41	96.6
原子百分比/%	9.72	0.42	89.86

图 3.21　柴北缘地区黑色岩系 Fe-V 矿物扫描电镜特征与能谱分析图（样品 TJS160152，测点 2）

3）黏土矿物吸附态 V 元素

样品 QD129-37 测点 2 的主要元素为 O、Al、Si，而 K、Mg、V、Fe 元素的含量都较低，元素原子比 O : Al : Si : K : V ≈ 195 : 100 : 165 : 33 : 1，推测可能为某种硅铝酸盐构成的黏土矿物，如高岭石或绿泥石（图 3.22）。V 元素被黏土矿物吸附而从其他区域逐渐向黏土矿物区域迁移，这可能是 V 元素一种重要的赋存形式。

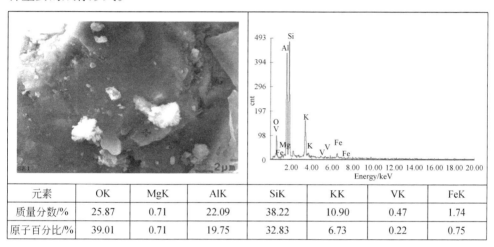

元素	OK	MgK	AlK	SiK	KK	VK	FeK
质量分数/%	25.87	0.71	22.09	38.22	10.90	0.47	1.74
原子百分比/%	39.01	0.71	19.75	32.83	6.73	0.22	0.75

图 3.22　柴北缘地区黑色岩系黏土吸附态 V 元素扫描电镜特征与能谱分析图
（样品 QD129-37，测点 2）

4）多种赋存形态混合存在

柴北缘滩间山群黑色岩系中主要的 V 元素仍是以多金属矿物集合体、黏土吸附态、有机质吸附态和氧化物四种赋存形式混杂的方式存在，并未形成某单一形式的 V 元素大面积集中出现的现象（图 3.23、图 3.24）。

综上所述，柴北缘黑色岩系中的 V 元素赋存形式以钒氧化物及黏土矿物吸附态为主，而有机质吸附态或络合物形式存在的 V 元素富集密度较小，表明黑色岩系中钒的来源多样、成矿环境复杂多变。

3.3.2　湘西地区

1. 碳沥青特征

根据岩石薄片的显微镜观察结果，湘西地区下寒武统牛蹄塘组黑色岩系主要发育条纹状构造、粒状结构、隐晶泥质结构和隐晶结构等，由于薄片中大部分为黏土矿物，加上少量碳质使得薄片透光性变差，因此在矿物鉴定上存在一定的难

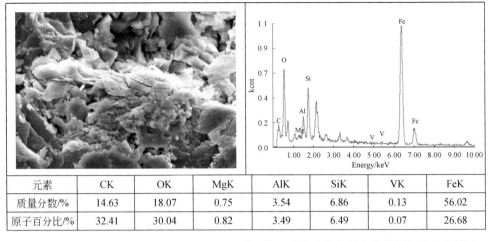

元素	CK	OK	MgK	AlK	SiK	VK	FeK
质量分数/%	14.63	18.07	0.75	3.54	6.86	0.13	56.02
原子百分比/%	32.41	30.04	0.82	3.49	6.49	0.07	26.68

图 3.23　柴北缘黑色岩系有机质吸附态 V 元素和钒矿物集合体扫描电镜特征与能谱分析图
（样品 TJS160123，测点 2）

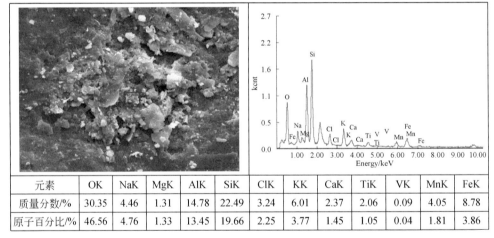

元素	OK	NaK	MgK	AlK	SiK	ClK	KK	CaK	TiK	VK	MnK	FeK
质量分数/%	30.35	4.46	1.31	14.78	22.49	3.24	6.01	2.37	2.06	0.09	4.05	8.78
原子百分比/%	46.56	4.76	1.33	13.45	19.66	2.25	3.77	1.45	1.05	0.04	1.81	3.86

图 3.24　柴北缘黑色岩系黏土吸附态 V 元素、钒氧化物及钒矿物混合形态扫描电镜特征与能
谱分析图（样品 ZK2401-08，测点 1)

度。黑色岩系主要由石英、玉髓、碳质组成，其次为少量的绢云母、黄铁矿，石
英、玉髓呈显微粒状，分布较为杂乱（图 3.25）。

　　根据碳沥青样品的观察结果，可见方解石及大量碳沥青，但不能分辨其显微
有机组成，也未见任何植物的形态分子。在 50 倍与 200 倍照片中碳沥青与方解
石间的界线清晰平直，方解石为沉积岩中的胶结物，将破碎的碳沥青黏合在一起，
其呈现的特征与过渡带中碳沥青和方解石的宏观特征极为相似，表明微观与宏观
的一致性与内在联系（图 3.26）。

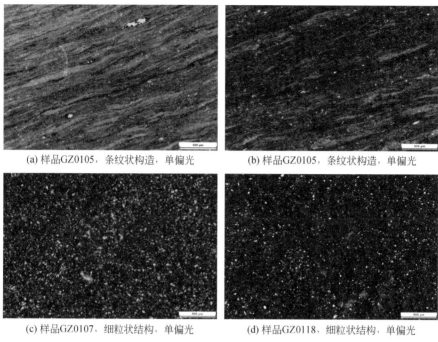

(a) 样品GZ0105，条纹状构造，单偏光　　　　(b) 样品GZ0105，条纹状构造，单偏光

(c) 样品GZ0107，细粒状结构，单偏光　　　　(d) 样品GZ0118，细粒状结构，单偏光

图 3.25　湘西地区黑色岩系微观特征

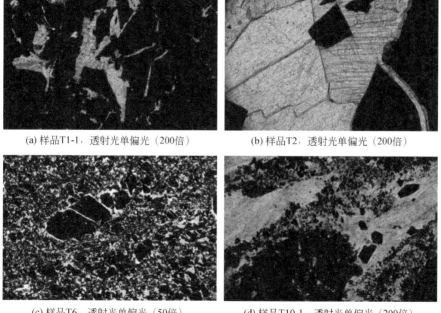

(a) 样品T1-1，透射光单偏光（200倍）　　　　(b) 样品T2，透射光单偏光（200倍）

(c) 样品T6，透射光单偏光（50倍）　　　　(d) 样品T10-1，透射光单偏光（200倍）

图 3.26　湘西地区碳沥青微观分布特征

湘西地区碳沥青在镜下主要有三种形态：块状、片状及粉粒状（图3.27）。鉴于碳沥青的形成特点及研究区构造运动发育情况与裂缝形态特征，可判断碳沥青裂隙为后期次生形成，而碳沥青最原始形态为一整体块状，构造运动破坏了其原始形态，形成大的块体，碳沥青粉粒应该是由大的块体逐渐变小而成，片状应该是粉粒状碳沥青经构造运动及热液作用再次黏结在微裂缝中形成。

(a) W5-3碳沥青中的微裂缝　　(b) T10-1块状与粉粒状碳沥青　　(c) T10-1块状、片状、粉粒状沥青

图3.27　湘西地区碳沥青微观形态（王崇敬等，2014）

虽然碳沥青微观形态分为三种，但在靠近围岩的碳沥青样品中，发现其主要呈块状与片状，粉粒状碳沥青很少见到[图3.27（a）]，而远离围岩的碳沥青样品则三种形态都可见到，这也从微观尺度印证了围岩对碳沥青成矿的后期影响[图3.27（c）]。

在扫描电镜下，发现样品均受到多期运动改造的痕迹，多期发育的热液将原本棱角分明的碳沥青边缘"钝化"，且缝隙也被部分充填[图3.28（a）]；当被热液影响范围较大时，沿着原有裂隙将碳沥青改造成类似的"肠状构造"形态[图3.28（b）]；部分样品表现出至少受到两期的改造作用[图3.28（c）]。在碳沥青矿体形成后，遭受构造运动破坏，大块体被切割成小块，一部分碳沥青粉粒从碳沥青块体边缘脱落。其后，矿体经历热作用，碎裂的碳沥青粉粒以及若干小块被黏结在一起，并发生了塑性变形，受到挤压后覆盖在原碳沥青块体之上以及充填在裂缝中。

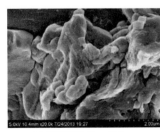 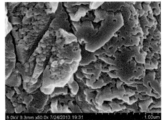 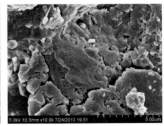

(a)碳沥青边缘"钝化"　　(b)碳沥青"肠状构造"　　(c)碳沥青粉粒充填裂缝

图3.28　湘西地区碳沥青构造特征（王崇敬等，2014）

根据沥青的演化规律，在低至中等演化阶段，沥青表现为均一结构，随着经历的温度逐步升高，沥青由均一结构向中间相转变，之后根据条件不同向两个方向演化，一种是中间相基质未得到充分发展而形成的镶嵌结构，另一种是中间相小球体得到充分发展而逐步经历球状结构→复合球状结构→片状结构→流动状结构。碳沥青属于高演化程度的天然固体沥青。扫描电镜观察与能谱分析显示湘西地区碳沥青有三种主要的结构类型：流动结构、片状结构与镶嵌结构（图3.29）。

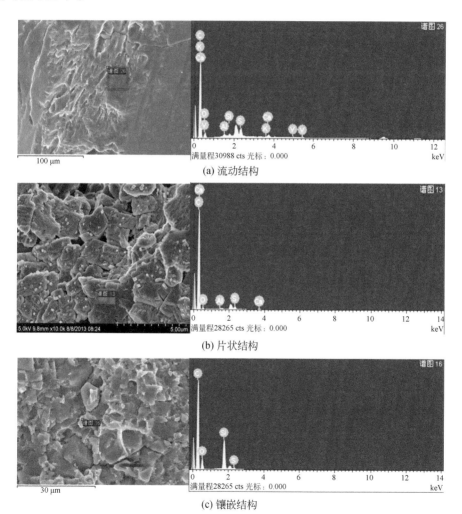

(a) 流动结构

(b) 片状结构

(c) 镶嵌结构

图3.29 湘西地区碳沥青扫描电镜特征与能谱分析图（王崇敬等，2014）

根据碳沥青产出位置、物质来源及演化特点分析，造成碳沥青元素组成差异的原因推测为：围岩附近的碳沥青受到后期富钙的热液多次改造而使钙元素含量升高 [图 3.29（a）、（b）]；形成碳沥青的油气来源于寒武纪含硅质的烃源岩，油气与含硅元素的流体一同运移到裂缝中而演化成碳沥青，因此保留了原始油气的特征，硅元素含量高 [图 3.29（c）]。

2. 钒矿物微观特征

钒矿物的测试样品主要选自湘西地区钒矿物含量相对较高的地区或者黑色岩系中矿物晶体结晶程度较发育的岩石。湘西地区自然界中并未发现单独存在的钒矿物，主要是以伴生矿物存在于其他矿物中。通过扫描电镜观察和能谱分析主要发现了以下几种矿物元素集合体。

1）钒氧化物

样品 ZJJ0131 测点 2 中的主要元素为 O、Si、V 三种元素，而 Fe、Mg、Al 元素的含量均较低，元素原子比 O ∶ Si ∶ V≈55 ∶ 26 ∶ 14，V 元素的含量相当高，钒氧化物是湘西黑色岩系中 V 元素的另一种赋存形式（图 3.30）。

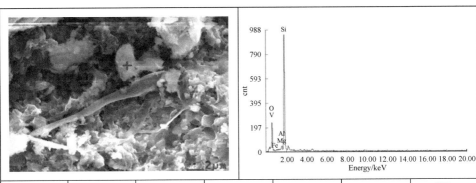

元素	VK	OK	FeK	MgK	AlK	SiK
质量分数/%	28.28	34.51	6.15	0.25	1.56	29.24
原子百分比/%	14.12	54.86	2.80	0.27	1.47	26.48

图 3.30　湘西地区黑色岩系钒氧化物扫描电镜特征与能谱分析图 (样品 ZJJ0131，测点 2)

2）有机质吸附态 V 元素

样品 GZ0124 测点 4 中的主要元素仅 C、S 两种，两者含量之和在总质量中占比超过 85%。此外，还含有少量的 Mg、Al、Si、V 等元素，但相对含量均极低（图 3.31）。推测该测点含丰富有机质组分，即 V 元素可能以有机质络合物或者吸附态保存在有机质中。但单纯的有机质中 V 元素含量较低，所以 V 有机质络合物或者吸附态不是湘西黑色岩系中 V 元素的主要赋存形式。

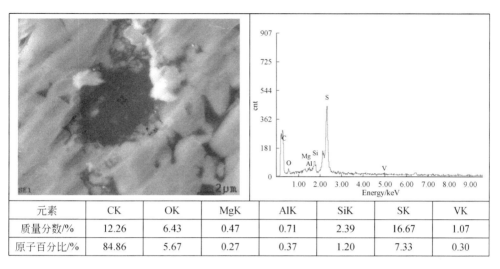

元素	CK	OK	MgK	AlK	SiK	SK	VK
质量分数/%	12.26	6.43	0.47	0.71	2.39	16.67	1.07
原子百分比/%	84.86	5.67	0.27	0.37	1.20	7.33	0.30

图 3.31　湘西地区黑色岩系有机质吸附态 V 扫描电镜特征与能谱分析图
（样品 GZ0124，测点 4）

3）多金属集合体

样品 ZJJ0131 测点 1 中的元素原子比为 Si ∶ O ∶ Al ∶ Fe ∶ V ≈ 88 ∶ 62 ∶ 12 ∶ 15 ∶ 1，相比以吸附态 V 元素赋存的黏土矿物或有机质，除 Si 和 O 元素含量极高之外，V、Al 和 Fe 元素的含量明显增加（图 3.32）。故推测 V 元素可能结合或取代 Al、Fe 等元素形成钒磁铁矿和铝土矿等矿物集合体，是 V 在黑色岩系中的主要赋存形式。

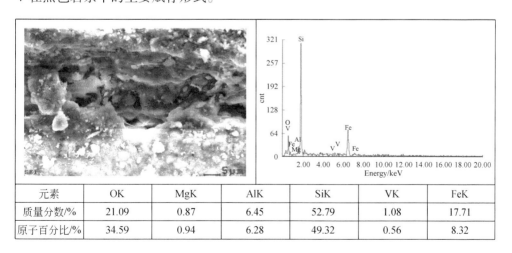

元素	OK	MgK	AlK	SiK	VK	FeK
质量分数/%	21.09	0.87	6.45	52.79	1.08	17.71
原子百分比/%	34.59	0.94	6.28	49.32	0.56	8.32

图 3.32　湘西地区黑色岩系 V 矿物集合体扫描电镜特征与能谱分析图 (ZJJ0131，测点 1)

样品 ZJJ0138 所选的测点均存在 Cr、Fe 两种主要金属元素，含量占比超过 55%，V 元素含量相对较低，占比小于 3%。形成的集合体呈银白色或钢灰色金属光泽分布于岩石基质中（图 3.33）。

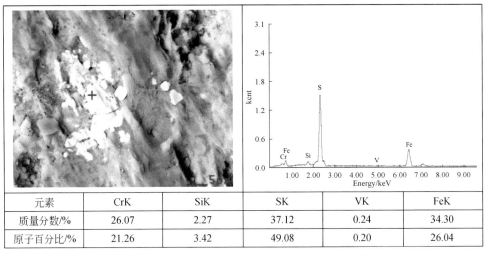

元素	CrK	SiK	SK	VK	FeK
质量分数/%	26.07	2.27	37.12	0.24	34.30
原子百分比/%	21.26	3.42	49.08	0.20	26.04

图 3.33　湘西地区黑色岩系多金属集合体扫描电镜特征与能谱分析图（样品 ZJJ0138，测点 2）

4）S-C-V 集合

样品 GZ0124 测点 4 的主要元素为 C、O、S，属于有机质富集区，元素原子比 C：O：S：V ≈ 330：38：21：1，V 元素微量赋存在有机质富集区域，形成 S-C-V 集合（图 3.34）。

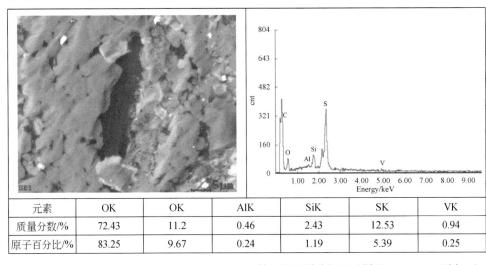

元素	OK	OK	AlK	SiK	SK	VK
质量分数/%	72.43	11.2	0.46	2.43	12.53	0.94
原子百分比/%	83.25	9.67	0.24	1.19	5.39	0.25

图 3.34　湘西地区黑色岩系 S-C-V 矿物扫描电镜特征与能谱分析图（样品 GZ0124，测点 4）

钒的氧化物、有机质吸附态、多金属矿物集合体、S-C-V 矿物集合体等分别代表湘西地区黑色页岩中钒的四种存在形式，其中 V、Ti 等均属于亲铁元素，易与铁形成化合物，如黑铁钒矿等，同时有机元素的络合作用和吸附作用在钒矿物富集过程中起到明显作用。

3.4　小　　结

（1）黑色岩系在柴北缘地区上奥陶统滩间山群及湘西地区下寒武统牛蹄塘组广泛分布。由于较高的热演化程度，有机质热演化形成的碳沥青也广泛分布于黑色岩系中。

（2）柴北缘地区碳沥青主要分布在联合沟一带滩间山群 a 段的灰岩和砂岩中，碳沥青总厚度最大为 486 m，沥青体积分数最高达到 20%，V 元素含量较高。

（3）湘西地区黑色岩系既富集碳沥青，又是钒矿资源的分布区，构成了自西南新晃向东北部延伸经凤凰、吉首、古丈、张家界至慈利的钒矿带，含钒岩系延长最长可达 14 km。

（4）柴北缘地区黑色岩系发育粒间孔、晶间孔、溶蚀孔、构造裂缝、溶蚀缝等孔缝空间，碳沥青充填其中，呈现球粒状、条带状、片状、侵染状等形态。

（5）湘西地区黑色岩系的结构较为简单，主要为条纹状构造、粒状结构、隐晶泥质结构和隐晶结构等。碳沥青中可见方解石及大量的有机质，呈块状、片状及粉粒状等形态，且由于后期的改造作用，呈现"钝化"特征和类似的"肠状构造"形态。

（6）柴北缘地区与湘西地区黑色岩系中的 V 元素存在形式多样，但不见单独钒矿物存在，往往以氧化物、矿物集合体、黏土矿物吸附态形式存在，有机质吸附态形式存在的 V 元素富集密度较小。

第4章　黑色岩系有机地球化学特征

本章选择柴北缘和湘西地区黑色岩系岩样进行相关实验分析，所选岩样主要为黑色泥页岩以及变质程度较高的黑色板岩、千枚岩等。开展的有机地球化学实验主要包括总有机碳（TOC）含量、氯仿沥青含量、族组分分析、沥青反射率、岩石热解分析、干酪根元素组成以及饱和烃和芳香烃色谱色质等分析和测试。柴北缘和湘西地区黑色岩系有机元素以 C 元素为主，而 H、O 元素散失严重。柴北缘的 TOC 含量相对较低，均值仅 1.49%，属于中等 – 较差烃源岩，而湘西地区的 TOC 含量相对较高，均值达 5% 以上，属于好 – 极好烃源岩。有机质类型均以 I 型或 II$_1$ 型为主；有机质的成熟度均达到高 – 过成熟阶段。

4.1　有机元素分析

有机地球化学特征主要是针对地质体中的有机质含量、组成、成熟度及结构组成等进行研究，其中具有特殊指示意义的生物标志化合物可用于分析有机质的来源、演化和保存环境等。此外，有机质也是黑色岩系形成的重要条件，同时对黑色岩系伴生成矿过程存在重要影响。因此，有机地球化学研究中常根据生物标志化合物的分布特征、结构演化模式及其参数变化等识别地质体中的有机质生物输入源、沉积古环境与成熟度，进行油油与油源对比并成功地应用于油气勘探实践中。

有机元素是指沉积岩中与有机质有关的元素，是石油及沉积有机质的基本组成，包括 C、H、O、S、N 等元素，其中以 C、H 元素为主。有机元素含量以及相对含量比值能在一定程度上反映出该地区沉积有机质的类型、丰度、来源等。有机元素分析测试在中国石油大学（北京）油气资源与探测国家重点实验室进行，考虑到风化作用以及现代有机质的污染等因素对沉积有机质的影响，因此样品是新鲜未经风化以及未成岩蚀变的岩石。在粉碎岩石样品之前，需先除去表面的污染物和后期形成的方解石脉，用水冲去表面的泥土，用氯仿洗去表面的有机质。岩石热解样品均采取去除表面风化层，去除污染物，截取内部新鲜岩石的操作，研磨筛选出粒度 200 目的粉末。为了防止交叉污染，每件样品粉碎以及研磨时均进行严谨的清洗工作。采用德国 Elemental cube 元素分析仪分别测定了柴北缘及湘西地区黑色泥页岩样品，测试条件为温度 23℃，相对湿度 16%。

4.1.1　柴北缘

C、H 和 O 元素是组成干酪根的主要元素，其含量对分析一个地区干酪根类型、丰度以及演化程度都具有一定的参考价值。柴北缘地区黑色岩系岩样的成熟度过高，C 元素高度富集，而 H、O 元素大量散失。具体分布如下。

柴北缘中元古界万洞沟群（Pt_2w）有机元素中 C 元素介于 8.04%~45.22%，平均为 28.4%；H 元素介于 0.58%~1.39%，平均为 0.91%；O 元素介于 0.57%~1.08%，平均为 0.82%；H/C 介于 0.19~1.47，平均为 0.54；O/C 介于 0.01~0.07，平均为 0.03。

上奥陶统滩间山群 a 段（O_3tn^a）有机元素中 C 元素介于 18%~64.87%，平均为 42.69%；H 元素介于 0.44%~2.18%，平均为 1.08%；O 元素介于 0.39%~0.99%，平均为 0.58%；H/C 介于 0.11~0.71，平均为 0.34；O/C 介于 0.01~0.04，平均为 0.02。

上奥陶统滩间山群 e 段（O_3tn^e）有机元素中 C 元素介于 25.65%~43.45%，平均为 36.15%；H 元素介于 0.76%~1.18%，平均为 0.98%；O 元素介于 0.57%~1.01%，平均为 0.83%；H/C 介于 0.21~0.54，平均为 0.35；O/C 均为 0.02（表 4.1）。

表 4.1　柴北缘黑色岩系岩样有机元素含量表

样品编号	层位	岩性	N 含量 /%	C 含量 /%	H 含量 /%	O 含量 /%	H/C	O/C
QD129-05	Pt_2w	硅质泥岩	0	8.04	0.98	0.80	1.47	0.07
QD129-07	Pt_2w	灰黑色泥岩	0.02	29.38	0.92	0.86	0.38	0.02
QD129-16	Pt_2w	黑色泥岩	0.03	17.5	1.00	0.80	0.68	0.03
QD129-17	Pt_2w	黑色泥岩	0.06	11.19	0.58	1.08	0.63	0.07
QD129-22	Pt_2w	黑色泥页岩	0.09	40.71	0.66	0.70	0.19	0.01
QD129-33	Pt_2w	黑色泥岩	0.07	31.09	1.39	0.91	0.54	0.02
QD129-37	Pt_2w	黑色泥岩	0.1	45.22	0.83	0.87	0.22	0.01
QD129-45	Pt_2w	黑色千枚岩	0.11	44.04	0.89	0.57	0.24	0.01
TJS160111	O_3tn^a	黑色泥岩	0.06	63.77	1.65	0.39	0.31	0.00
TJS160113	O_3tn^a	黑色泥岩	0.11	59.7	0.78	0.44	0.16	0.01
TJS160121	O_3tn^a	黑色泥岩	0.09	64.87	2.18	0.75	0.40	0.01
TJS160123	O_3tn^a	黑色泥岩	0.01	35.78	0.96	0.51	0.32	0.01
TJS160134	O_3tn^a	黑色泥岩	0.05	18	0.60	0.49	0.40	0.02

样品编号	层位	岩性	N 含量 /%	C 含量 /%	H 含量 /%	O 含量 /%	H/C	O/C
TJS160137	O_3tn^a	黑色泥岩	0.07	18.9	0.44	0.99	0.28	0.04
TJS160145	O_3tn^a	黑色泥岩	0.09	54.68	0.49	0.53	0.11	0.01
TJS160152	O_3tn^a	黑色泥岩	0	25.78	1.53	0.54	0.71	0.02
ZK2401-02	O_3tn^e	黑色泥页岩	0.04	39.18	1.18	1.01	0.36	0.02
ZK2401-04	O_3tn^e	黑色泥岩	0.03	36.32	0.81	0.77	0.27	0.02
ZK2401-06	O_3tn^e	黑色泥岩	0.05	43.45	0.76	0.97	0.21	0.02
ZK2401-08	O_3tn^e	黑色泥岩	0.15	25.65	1.16	0.57	0.54	0.02

4.1.2　湘西地区

样品采集于湘西地区三岔剖面、龙鼻嘴剖面。湘西地区下寒武统牛蹄塘组（$\in_1 n$）黑色岩系有机元素组成中，整体表现为 $\omega(C) > \omega(H) > \omega(O)$，以高碳含量为特征。与石油中的相应元素含量相比，C、H 含量均较小，O 含量偏高，N 元素含量则与石油中较为相近。由于湘西地区黑色岩系中氯仿沥青的含量非常低，而 TOC 含量相对较高，测得的有机元素组成基本为干酪根的组成。具体分布如下。

湘西地区三岔剖面下寒武统牛蹄塘组（$\in_1 n$）黑色岩系有机元素中 C 元素介于 51.00%~65.13%，平均为 58.96%；H 元素介于 1.84%~3.18%，平均为 2.74%；O 元素介于 1.56%~4.51%，平均为 3.13%；H/C 介于 0.36~0.67，平均为 0.56；O/C 介于 0.02~0.06，平均为 0.04。

湘西地区龙鼻嘴剖面下寒武统牛蹄塘组（$\in_1 n$）黑色岩系有机元素中 C 元素介于 57.84%~67.30%，平均为 61.8%；H 元素介于 2.34%~3.33%，平均为 2.93%；O 元素介于 1.60%~6.28%，平均为 3.62%；H/C 介于 0.47~0.64，平均为 0.57；O/C 介于 0.02~0.07，平均为 0.04（表 4.2）。

表 4.2　湘西地区下寒武统牛蹄塘组干酪根有机元素含量测试数据表

样品编号	层位	N 含量 /%	C 含量 /%	H 含量 /%	O 含量 /%	H/C	O/C
ZJJ0137	$\in_1 n$	0.38	55.42	2.77	2.96	0.60	0.04
ZJJ0138	$\in_1 n$	0.29	56.38	2.63	4.51	0.56	0.06
ZJJ0139	$\in_1 n$	0.34	60.54	2.62	2.42	0.52	0.03
ZJJ0140	$\in_1 n$	0.32	60.22	3.16	2.41	0.63	0.03

续表

样品编号	层位	N 含量 /%	C 含量 /%	H 含量 /%	O 含量 /%	H/C	O/C
ZJJ0141	$\in_1 n$	0.26	51.00	2.87	2.72	0.67	0.04
ZJJ0142	$\in_1 n$	0.29	58.65	3.18	1.56	0.65	0.02
ZJJ0143	$\in_1 n$	0.36	54.86	2.88	4.39	0.63	0.06
ZJJ0144	$\in_1 n$	0.14	59.45	2.82	3.17	0.57	0.04
ZJJ0145	$\in_1 n$	0.21	62.21	3.16	4.15	0.61	0.05
ZJJ0146	$\in_1 n$	0.25	57.96	2.51	3.09	0.52	0.04
ZJJ0147	$\in_1 n$	0.32	65.13	2.71	4.34	0.50	0.05
ZJJ0148	$\in_1 n$	0.41	62.37	2.44	4.16	0.47	0.05
ZJJ0149	$\in_1 n$	0.38	60.02	2.70	2.40	0.54	0.03
ZJJ0151	$\in_1 n$	0.19	61.18	1.84	1.63	0.36	0.02
GZ0102	$\in_1 n$	0.24	62.42	3.33	3.33	0.64	0.04
GZ0103	$\in_1 n$	0.36	60.05	3.05	3.20	0.61	0.04
GZ0105	$\in_1 n$	0.34	67.30	3.25	6.28	0.58	0.07
GZ0107	$\in_1 n$	0.27	58.53	3.07	3.90	0.63	0.05
GZ0110	$\in_1 n$	0.24	61.47	2.77	4.92	0.54	0.06
GZ0112	$\in_1 n$	0.26	57.84	2.36	3.08	0.49	0.04
GZ0114	$\in_1 n$	0.31	60.46	2.82	4.03	0.56	0.05
GZ0116	$\in_1 n$	0.29	65.38	3.32	2.62	0.61	0.03
GZ0118	$\in_1 n$	0.38	63.55	3.07	3.39	0.58	0.04
GZ0120	$\in_1 n$	0.41	61.17	2.80	3.26	0.55	0.04
GZ0123	$\in_1 n$	0.36	59.86	2.34	1.60	0.47	0.02
GZ0124	$\in_1 n$	0.34	61.20	3.01	4.08	0.59	0.05
GZ0126	$\in_1 n$	0.47	64.05	2.91	3.31	0.54	0.04

4.2　有机质丰度

有机质丰度是指岩石中有机质的数量，通常以质量分数表示。有机质丰度评价是烃源岩评价中的重要组成部分，有机质丰度越高，生烃能力就越强。从原理上讲，岩石中有机质的量除去 C，还包括 H、O、N、S 等存在于有机质中的其他元素的总量。目前国内外普遍采用的有机质丰度指标主要是 TOC 含量、氯仿沥青含量、总烃含量（HC）和生烃潜量（S_1+S_2）等参数。

4.2.1 总有机碳含量

岩石中的 C 元素以有机碳和无机碳两种形式保存在沉积物中。有机碳是指岩样中与有机质有关的碳元素量，实际代表岩样中剩余有机碳，也称总有机碳。总有机碳是岩石中除去碳酸盐、石墨中无机碳以外的碳。沉积物中有机碳含量与沉积物之间的关系是极为复杂的，在一定程度上它是原始有机质丰度、沉积物的沉积速率、介质的物理化学条件以及成岩中有机质的转化程度等因素的综合反映。总有机碳含量是单位质量岩石中有机碳的质量分数，是有机质丰度评价的最常用参数。

为了研究黑色岩系的有机质丰度特征，对柴北缘万洞沟群和滩间山群的 18 个样品及湘西地区龙鼻嘴剖面和三岔剖面的 27 个样品进行了总有机碳测试；总有机碳测试仪器为美国 LECO 公司的 CS230 碳硫分析仪，样品粉末先用 HCl、HF 溶液处理，去除其中的 $CaCO_3$，并用蒸馏水冲洗两天，保证反应充分以及防止设备腐蚀，测试条件为温度 24℃，相对湿度 48%。

1. 柴北缘

通过对柴北缘滩间山群及万洞沟群岩样 TOC 含量进行统计分析可知（图 4.1）：万洞沟群和滩间山群 e 段的 TOC 含量主要分布在 0.24%~1%，均值分别为 0.51% 和 0.57%。按照泥岩和碳酸盐岩有机质丰度评价标准（国家能源局，2019）（表 4.3），这两个层段的岩样属于一般烃源岩或者非烃源岩。而滩间山群 a 段岩样 TOC 含量主要分布在 0.32%~1% 和 2%~5%，均值约为 1.49%，属于优质烃源岩、一般烃源岩或者非烃源岩。过高的热演化程度使黑色岩系 TOC 含量大大降低，其原始有机质丰度应该更高。

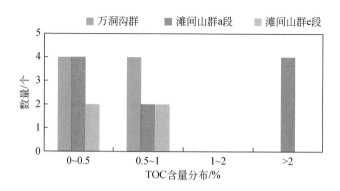

图 4.1　柴北缘滩间山群及万洞沟群中 TOC 含量分布统计图

表 4.3　泥岩和碳酸盐岩有机质丰度评价标准（国家能源局，2019）

烃源岩等级	TOC 含量 /%	S_1+S_2/（mg/g）	氯仿沥青含量 /%	HC/（μg/g）
非烃源岩	< 0.5	< 2	< 0.05	< 200
一般烃源岩	0.5~1	2~6	0.05~0.1	200~500
好烃源岩	1~2	6~20	0.1~0.2	500~1000
优质烃源岩	2	20	0.2	1000

根据 TOC 含量与微量元素分析测试结果：柴北缘黑色岩系 V 元素含量为 31.1~307μg/g，平均为 205μg/g，明显高于地壳中 V 元素的含量（80μg/g）。万洞沟群黑色岩系 TOC 含量与 V 元素含量总体上具有一定的对应性，TOC 含量较高的下段 V 元素含量多大于 200μg/g，而 TOC 含量较低的中上段 V 元素含量多小于 200μg/g；比较而言，滩间山群 a 段黑色岩系 TOC 含量与 V 元素含量具有更好的正相关关系，TOC 含量较高的中段，相应的 V 元素含量较高，大于 230μg/g，而 TOC 含量较低的上段和下段 V 元素含量多小于 200μg/g（表 4.4，图 4.2）。

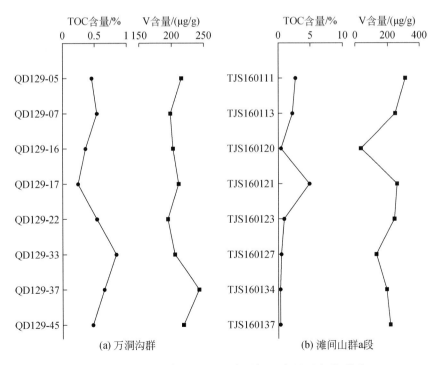

图 4.2　柴北缘黑色岩系 TOC 含量与 V 含量对应关系图

表 4.4 柴北缘黑色岩系 TOC 含量与 V 含量数据表

样品编号	层位	岩性	TOC 含量 /%	V 含量 / (μg/g)
QD129-05	Pt_2w	硅质泥岩	0.46	215
QD129-07	Pt_2w	灰黑色泥岩	0.54	198
QD129-16	Pt_2w	黑色泥岩	0.37	202
QD129-17	Pt_2w	黑色泥岩	0.24	211
QD129-22	Pt_2w	黑色泥页岩	0.54	195
QD129-33	Pt_2w	黑色泥岩	0.84	205
QD129-37	Pt_2w	黑色泥岩	0.65	242
QD129-45	Pt_2w	黑色千枚岩	0.48	218
TJS160111	O_3tn^a	黑色泥岩	2.64	307
TJS160113	O_3tn^a	黑色泥岩	2.18	243
TJS160120	O_3tn^a	灰岩	0.47	31.1
TJS160121	O_3tn^a	黑色泥岩	4.83	256
TJS160123	O_3tn^a	黑色泥岩	0.89	237
TJS160127	O_3tn^a	灰岩条带	0.45	123
TJS160134	O_3tn^a	黑色泥岩	0.32	190
TJS160137	O_3tn^a	黑色泥岩	0.34	216
TJS160145	O_3tn^a	黑色泥岩	2.07	178
TJS160152	O_3tn^a	黑色泥岩	0.76	183
ZK2401-02	O_3tn^e	黑色泥页岩	0.64	—
ZK2401-04	O_3tn^e	黑色泥岩	0.82	259
ZK2401-06	O_3tn^e	黑色泥岩	0.38	212
ZK2401-08	O_3tn^e	黑色泥岩	0.44	190

2. 湘西地区

湘西地区龙鼻嘴剖面和三岔剖面 TOC 含量整体较高，为 0.65%~9.96%，均值为 5.80%。其中龙鼻嘴剖面 TOC 含量介于 0.65%~8.16%，均值为 3.34%；三岔剖面 TOC 含量介于 5.37%~9.96%，均值为 8.09%。龙鼻嘴剖面具有两个有机质相对匮乏层段（GZ0102~GZ0112、GZ0123~GZ0126）和一个有机质相对富集层段（GZ0114~GZ0120），其中富集层段 TOC 含量为 2.60%~8.16%，均值为 6.66%，与含矿层相对应；三岔剖面是明显的有机质相对富集层段（ZJJ0137~ZJJ0151），TOC 含量介于 5.37%~9.96%，均值为 8.09%。两个剖面有机质富集层段的 TOC 含量均达到优质烃源岩标准（图 4.3）。

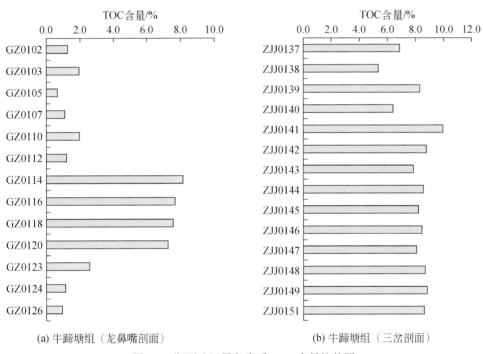

(a) 牛蹄塘组（龙鼻嘴剖面）　　　　　　　　(b) 牛蹄塘组（三岔剖面）

图 4.3　湘西地区黑色岩系 TOC 含量柱状图

湘西地区下寒武统牛蹄塘组黑色岩系 V 元素含量为 75~3398μg/g，平均为 524μg/g，明显高于地壳中 V 元素的含量。下寒武统牛蹄塘组黑色岩系有机质丰度与金属 V 元素呈明显的正相关关系。龙鼻嘴剖面有机质富集的牛蹄塘组中段，相应的 V 元素含量为 233~3398 μg/g，而有机质丰度较低的牛蹄塘组上段和下段，V 元素含量基本低于 200μg/g；三岔剖面牛蹄塘组黑色岩系中段较高的有机质丰度对应着 V 元素的富集，V 元素含量介于 228~981 μg/g，平均为 491 μg/g（表 4.5，图 4.4）。

表 4.5　湘西地区黑色岩系 TOC 含量与 V 含量数据表

样品编号	层位	岩性	TOC 含量 /%	V 含量 /（μg/g）
GZ0102	$\in_1 n$	灰色粉砂质泥岩	1.27	117
GZ0103	$\in_1 n$	深灰色泥岩含粉砂	1.95	98
GZ0105	$\in_1 n$	黑色泥岩	0.65	107
GZ0107	$\in_1 n$	灰黑色粉砂质泥岩	1.10	75
GZ0110	$\in_1 n$	灰黑色含粉砂泥岩	1.96	96
GZ0112	$\in_1 n$	深灰色泥岩	1.19	209
GZ0114	$\in_1 n$	黑色泥岩	8.16	841
GZ0116	$\in_1 n$	黑色泥岩	7.71	870
GZ0118	$\in_1 n$	黑色页岩	7.58	233
GZ0120	$\in_1 n$	黑色页岩	7.26	3398
GZ0123	$\in_1 n$	黑色页岩	2.60	106
GZ0124	$\in_1 n$	硅质岩	1.13	997
GZ0126	$\in_1 n$	硅质岩	0.94	127
ZJJ0137	$\in_1 n$	黑色页岩	6.86	981
ZJJ0138	$\in_1 n$	黑色页岩	5.37	228
ZJJ0139	$\in_1 n$	黑色页岩	8.34	948
ZJJ0140	$\in_1 n$	黑色页岩	6.40	316
ZJJ0141	$\in_1 n$	黑色页岩	9.96	914
ZJJ0142	$\in_1 n$	黑色页岩	8.80	398
ZJJ0143	$\in_1 n$	黑色页岩	7.87	310
ZJJ0144	$\in_1 n$	黑色页岩	8.60	328
ZJJ0145	$\in_1 n$	黑色页岩	8.25	425
ZJJ0146	$\in_1 n$	黑色页岩	8.49	310
ZJJ0147	$\in_1 n$	黑色页岩	8.09	239
ZJJ0148	$\in_1 n$	黑色页岩	8.70	299
ZJJ0149	$\in_1 n$	黑色页岩	8.83	421
ZJJ0151	$\in_1 n$	黑色页岩	8.64	762

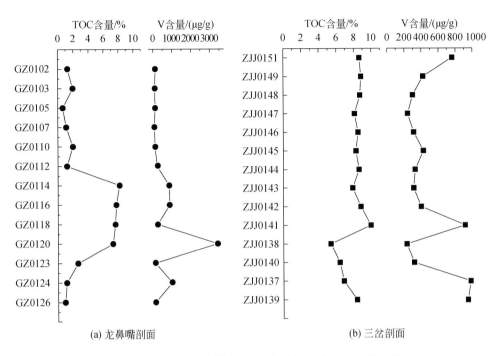

图 4.4　湘西地区黑色岩系 TOC 含量与 V 含量对应关系图

4.2.2　氯仿沥青含量

　　岩样用氯仿做溶剂在索氏抽提器连续抽提一定时间所获得的可溶有机质称为氯仿沥青或氯仿抽提物。氯仿沥青含量用氯仿沥青占岩石质量的百分数表示，也是主要的有机质丰度指标。氯仿沥青按其分子结构特征，可划分为饱和烃、芳香烃、非烃和沥青质等四个族组分，把其中的饱和烃、芳香烃合称为总烃。四个族组分在氯仿沥青中各自所占的比例，称为族组成。

　　岩石中氯仿沥青及族组分测试分析在中国石油大学（北京）油气资源与探测国家重点实验室完成，选用了柴北缘中元古界万洞沟群和上奥陶统滩间山群的 18 个样品及湘西地区龙鼻嘴剖面和三岔剖面下寒武统牛蹄塘组的 27 个样品，所用仪器为抽提器、层析柱及电子天平，测试环境为温度 22℃，相对湿度 42%。

　　柴北缘中元古界万洞沟群氯仿沥青含量介于 0.0019%~0.0049%，平均为 0.0031%；上奥陶统滩间山群 a 段氯仿沥青含量介于 0.0024%~0.0131%，平均为 0.0052%；上奥陶统滩间山群 e 段氯仿沥青含量介于 0.0027%~ 0.0068%，平均为 0.0048%（表 4.6）。

表 4.6　柴北缘黑色岩系氯仿沥青含量与族组分数据

样品编号	层位	岩性	氯仿沥青含量 /%	饱和烃含量 /%	芳香烃含量 /%	非烃含量 /%	沥青质含量 /%	饱芳比
QD129-05	Pt_2w	硅质泥岩	0.0020	26.32	15.79	23.68	34.21	1.67
QD129-07	Pt_2w	灰黑色泥岩	0.0037	20.27	17.57	32.43	29.73	1.15
QD129-16	Pt_2w	黑色泥岩	0.0019	30.00	17.50	27.50	25.00	1.71
QD129-17	Pt_2w	黑色泥岩	0.0040	26.58	10.13	16.46	46.84	2.63
QD129-22	Pt_2w	黑色泥页岩	0.0025	32.50	5.00	25.00	37.50	6.50
QD129-33	Pt_2w	黑色泥岩	0.0030	21.05	8.77	12.28	57.89	2.40
QD129-37	Pt_2w	黑色泥岩	0.0024	53.66	12.20	19.51	14.63	4.40
QD129-45	Pt_2w	黑色千枚岩	0.0049	8.33	4.17	12.50	75.00	2.00
TJS160111	O_3tn^a	黑色泥岩	0.0040	24.68	9.09	25.97	40.26	2.71
TJS160113	O_3tn^a	黑色泥岩	0.0024	28.00	18.00	40.00	14.00	1.56
TJS160120	O_3tn^a	灰岩	0.0046	18.39	4.60	8.05	68.97	4.00
TJS160121	O_3tn^a	黑色泥岩	0.0042	37.50	19.44	20.83	22.22	1.93
TJS160123	O_3tn^a	黑色泥岩	0.0083	11.94	10.45	5.22	72.39	1.14
TJS160127	O_3tn^a	灰岩条带	0.0131	3.49	4.65	3.88	87.98	0.75
TJS160134	O_3tn^a	黑色泥岩	0.0032	32.79	13.11	31.15	22.95	2.50
TJS160137	O_3tn^a	黑色泥岩	0.0057	21.70	16.98	16.04	45.28	1.28
TJS160145	O_3tn^a	黑色泥岩	0.0034	29.23	26.15	20.00	24.62	1.12
TJS160152	O_3tn^a	黑色泥岩	0.0033	19.40	10.45	13.43	56.72	1.86
ZK2401-02	O_3tn^e	黑色泥页岩	0.0049	31.40	6.98	15.12	46.51	4.5
ZK2401-04	O_3tn^e	黑色泥岩	0.0068	50.40	4.00	22.40	23.20	12.6
ZK2401-06	O_3tn^e	黑色泥岩	0.0027	45.45	11.36	25.00	18.18	4
ZK2401-08	O_3tn^e	黑色泥岩	0.0047	50.65	5.19	27.27	16.88	9.75

　　湘西地区下寒武统牛蹄塘组氯仿沥青含量整体较低，其中龙鼻嘴剖面氯仿沥青含量分布在 0.0009%~0.0128%，平均为 0.0027%；三岔剖面氯仿沥青含量介于 0.0009%~0.0134%，平均为 0.0039%（表 4.7，图 4.5）。

表 4.7　湘西地区下寒武统牛蹄塘组氯仿沥青族组分统计

样品编号	层位	岩性	氯仿沥青含量 /%	饱和烃含量 /%	芳香烃含量 /%	非烃 + 沥青质含量 /%	饱芳比
GZ0102	$\in_1 n$	灰色粉砂质泥岩	0.0019	16.22	8.11	75.68	2.00
GZ0103	$\in_1 n$	深灰色泥岩含粉砂	0.0018	3.45	6.9	89.66	0.50
GZ0105	$\in_1 n$	黑色泥岩	0.0009	31.25	25	43.75	1.25
GZ0107	$\in_1 n$	灰黑色粉砂质泥岩	0.0009	11.76	29.41	58.82	0.40
GZ0110	$\in_1 n$	灰黑色含粉砂泥岩	0.0016	14.81	3.7	81.48	4.00
GZ0112	$\in_1 n$	深灰色泥岩	0.0016	16.67	6.67	76.67	2.50
GZ0114	$\in_1 n$	黑色泥岩	0.0032	2.17	2.17	95.65	1.00
GZ0116	$\in_1 n$	黑色泥岩	0.0128	34.94	2.01	63.05	17.38
GZ0118	$\in_1 n$	黑色页岩	0.0042	20	4	76	5.00
GZ0120	$\in_1 n$	黑色页岩	0.001	45.45	9.09	45.45	5.00
GZ0123	$\in_1 n$	黑色页岩	0.0018	23.53	11.76	64.71	2.00
GZ0124	$\in_1 n$	硅质岩	0.001	22.22	22.22	55.56	1.00
GZ0126	$\in_1 n$	硅质岩	0.0026	18.18	3.64	78.18	4.99
ZJJ0137	$\in_1 n$	黑色页岩	0.0034	6.56	4.92	88.52	1.33
ZJJ0138	$\in_1 n$	黑色页岩	0.001	10.53	21.05	68.42	0.50
ZJJ0139	$\in_1 n$	黑色页岩	0.0101	18.52	3.7	77.78	5.01
ZJJ0140	$\in_1 n$	黑色页岩	0.0019	18.42	13.16	68.42	1.40
ZJJ0141	$\in_1 n$	黑色页岩	0.0015	29.63	11.11	59.26	2.67
ZJJ0142	$\in_1 n$	黑色页岩	0.0015	3.33	20	76.67	0.17
ZJJ0143	$\in_1 n$	黑色页岩	0.0013	29.17	4.17	66.67	7.00
ZJJ0144	$\in_1 n$	黑色页岩	0.0014	14.29	3.57	82.14	4.00
ZJJ0145	$\in_1 n$	黑色页岩	0.0016	9.68	9.68	80.65	1.00
ZJJ0146	$\in_1 n$	黑色页岩	0.0048	3	2	95	1.50
ZJJ0147	$\in_1 n$	黑色页岩	0.0009	5.88	29.41	64.71	0.20
ZJJ0148	$\in_1 n$	黑色页岩	0.0069	28.24	0.76	70.99	37.16
ZJJ0149	$\in_1 n$	黑色页岩	0.005	0.99	4.95	94.06	0.20
ZJJ0151	$\in_1 n$	黑色页岩	0.0134	22.18	1.5	76.32	14.79

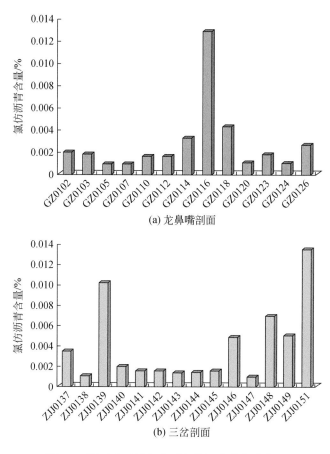

图 4.5　湘西地区黑色岩系氯仿沥青分布直方图

4.2.3　生烃潜量

　　岩石热解实验所用仪器为 OGE-Ⅱ油气评价仪，测试环境为温度 24℃，相对湿度 48%。生烃潜量是用烃源岩评价仪评价烃源岩的有机质丰度指标，S_1 表示热解温度小于 300℃的可溶烃，S_2 表示热解温度介于 300~500℃的热解烃。生烃潜量越高，有机质丰度越高。

　　柴北缘黑色岩系可溶烃（S_1）含量很低，基本均小于 0.1mg/g，热解烃（S_2）含量介于 0.01~0.14 mg/g，平均为 0.04 mg/g；生烃潜量（S_1+S_2）为 0.02~0.28mg/g，平均为 0.07 mg/g；产率指数（PI）为 0.33~0.64，平均为 0.44；氢指数（HI）极低，为 0.01~0.30 mg/g，平均为 0.07 mg/g（表 4.8，图 4.6）。

表 4.8　柴北缘黑色岩系岩石样品热解数据表

样品编号	岩性	S₁/(mg/g)	S₂/(mg/g)	S₁+S₂/(mg/g)	Tₘₐₓ/℃	TOC含量/%	PI	HI/(mg/g)
QD129-05	硅质泥岩	0.14	0.14	0.28	360	0.46	0.50	0.30
QD129-07	灰黑色泥岩	0.07	0.12	0.19	447	0.54	0.37	0.22
QD129-16	黑色泥岩	0.06	0.07	0.13	410	0.37	0.46	0.19
QD129-17	黑色泥岩	0.04	0.05	0.09	411	0.24	0.44	0.21
QD129-22	黑色泥页岩	0.02	0.04	0.06	435	0.54	0.33	0.07
QD129-33	黑色泥岩	0.02	0.04	0.06	487	0.84	0.33	0.05
QD129-37	黑色泥岩	0.02	0.03	0.05	487	0.65	0.40	0.05
QD129-45	黑色千枚岩	0.01	0.02	0.03	441	0.48	0.33	0.04
TJS160111	黑色泥岩	0.07	0.04	0.11	386	2.64	0.64	0.02
TJS160113	黑色泥岩	0.01	0.02	0.03	441	2.18	0.33	0.01
TJS160120	灰岩	0.01	0.02	0.03	468	0.47	0.33	0.04
TJS160121	黑色泥岩	0.03	0.05	0.08	404	4.83	0.38	0.01
TJS160123	黑色泥岩	0.01	0.01	0.02	519	0.89	0.50	0.01
TJS160127	灰岩条带	0.01	0.01	0.02	499	0.45	0.50	0.02
TJS160134	黑色泥岩	0.01	0.01	0.02	436	0.32	0.50	0.03
TJS160137	黑色泥岩	0.02	0.02	0.04	385	0.34	0.50	0.06
TJS160145	黑色泥岩	0.02	0.02	0.04	381	2.07	0.50	0.01
TJS160152	黑色泥岩	0.01	0.01	0.02	485	0.76	0.50	0.01
ZK2401-02	黑色泥页岩	0.01	0.02	0.03	490	0.64	0.33	0.03
ZK2401-04	黑色泥岩	0.01	0.01	0.02	478	0.82	0.50	0.01
ZK2401-06	黑色泥岩	0.01	0.01	0.02	472	0.38	0.50	0.03
ZK2401-08	黑色泥岩	0.01	0.01	0.02	393	0.44	0.50	0.02

S_1 为可溶烃；S_2 为热解烃；T_{max} 为最高热解峰温；PI=$S_1/(S_1+S_2)$；HI=S_2/TOC×100。

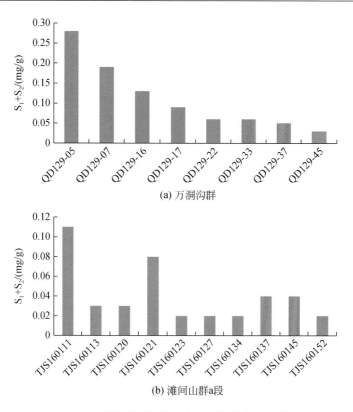

(a) 万洞沟群

(b) 滩间山群a段

图 4.6　柴北缘黑色岩系生烃潜量分布直方图

湘西地区黑色岩系可溶烃（S_1）含量很低，仅介于 0.00~0.04 mg/g，热解烃（S_2）含量介于 0.01~0.18 mg/g；生烃潜量（S_1+S_2）为 0.01~0.20mg/g，平均为 0.06 mg/g；产率指数（PI）为 0.000~0.333，平均为 0.25；氢指数（HI）极低，为 0.001~0.124 mg/g，平均仅为 0.02 mg/g（表 4.9）。其中，龙鼻嘴剖面生烃潜量（S_1+S_2）分布在 0.01~0.12 mg/g，平均为 0.06 mg/g；三岔剖面生烃潜量（S_1+S_2）分布范围为 0.03~0.20 mg/g，平均为 0.06 mg/g（图 4.7）。

表 4.9　湘西地区下寒武统牛蹄塘组黑色岩系岩石样品热解数据表

样品编号	岩性	S_1/(mg/g)	S_2/(mg/g)	S_1+S_2/(mg/g)	T_{max}/℃	TOC 含量 /%	PI	HI /(mg/g)
GZ0102	灰色粉砂质泥岩	0.01	0.02	0.03	404	1.27	0.333	0.016
GZ0103	深灰色泥岩含粉砂	0.03	0.06	0.09	507	1.95	0.333	0.031
GZ0105	黑色泥岩	0.04	0.08	0.12	416	0.65	0.333	0.124

续表

样品编号	岩性	S_1/(mg/g)	S_2/(mg/g)	S_1+S_2 /(mg/g)	T_{max} /℃	TOC 含量 /%	PI	HI / (mg/g)
GZ0107	灰黑色粉砂质泥岩	0.01	0.02	0.03	413	1.10	0.333	0.018
GZ0110	灰黑色含粉砂泥岩	0.02	0.04	0.06	526	1.96	0.333	0.020
GZ0112	深灰色泥岩	0.01	0.02	0.03	472	1.19	0.333	0.017
GZ0114	黑色泥岩	0.02	0.08	0.10	394	8.16	0.200	0.010
GZ0116	黑色泥岩	0.00	0.01	0.01	400	7.71	0.000	0.001
GZ0118	黑色页岩	0.01	0.03	0.04	448	7.58	0.250	0.004
GZ0120	黑色页岩	0.04	0.08	0.12	339	7.26	0.333	0.011
GZ0123	黑色页岩	0.01	0.02	0.03	296	2.60	0.333	0.008
GZ0124	硅质岩	0.00	0.01	0.01	303	1.13	0.000	0.009
GZ0126	硅质岩	0.04	0.06	0.10	451	0.94	0.400	0.064
ZJJ0137	黑色页岩	0.02	0.18	0.20	578	6.86	0.100	0.026
ZJJ0138	黑色页岩	0.01	0.04	0.05	600	5.37	0.200	0.007
ZJJ0139	黑色页岩	0.02	0.05	0.07	600	8.34	0.286	0.006
ZJJ0140	黑色页岩	0.01	0.03	0.04	600	6.40	0.250	0.005
ZJJ0141	黑色页岩	0.01	0.04	0.05	600	9.96	0.200	0.004
ZJJ0142	黑色页岩	0.01	0.04	0.05	600	8.80	0.200	0.005
ZJJ0143	黑色页岩	0.01	0.03	0.04	600	7.87	0.250	0.004
ZJJ0144	黑色页岩	0.01	0.03	0.04	600	8.60	0.250	0.003
ZJJ0145	黑色页岩	0.01	0.03	0.04	600	8.25	0.250	0.004
ZJJ0146	黑色页岩	0.01	0.03	0.04	600	8.49	0.250	0.004
ZJJ0147	黑色页岩	0.01	0.03	0.04	600	8.09	0.250	0.004
ZJJ0148	黑色页岩	0.02	0.04	0.06	598	8.70	0.333	0.005
ZJJ0149	黑色页岩	0.01	0.02	0.03	600	8.83	0.333	0.002
ZJJ0151	黑色页岩	0.01	0.04	0.05	595	8.64	0.200	0.005

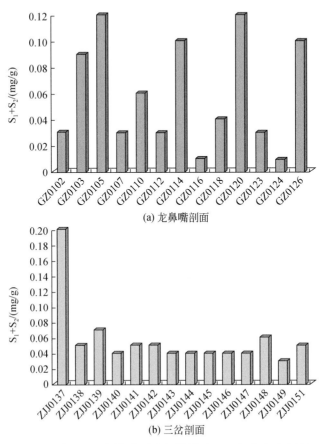

(a) 龙鼻嘴剖面

(b) 三岔剖面

图 4.7　湘西地区黑色岩系生烃潜量（S_1+S_2）分布直方图

　　根据上述分析，氯仿沥青含量和生烃潜量的评价结果与总有机碳的评价结果差异明显，柴北缘和湘西地区黑色岩系通过总有机碳评价达到好 – 优质烃源岩标准（表 4.10）。这两个地区黑色岩系露头长期受到风化侵蚀作用，且有机质热演化程度高，从而导致氯仿沥青含量和生烃潜量远低于正常标准，因此氯仿沥青含量和生烃潜量不适宜作为这两个地区高 – 过成熟烃源岩有机质丰度的评价指标。

4.3　有机质类型

　　不同类型的干酪根具有不同的生油、生气能力。Ⅰ型干酪根（腐泥型）以类脂化合物为主，高氢低氧，生油能力强。Ⅱ型干酪根（Ⅱ₁ 为腐殖腐泥型，Ⅱ₂ 为腐泥腐殖型）含氢量较高，但低于Ⅰ型，主要来源于海相的浮游生物、微生物，可生油和气。Ⅲ型干酪根（腐殖型）低氢高氧，以饱和烃很少的含氧官能团和多环芳烃为主，主要来源于陆源高等植物，生气能力强。岩石热解（Rock-Eval）参数可以判断烃源岩有机质的原始母质类型，但是由于柴北缘和湘西地区泥页岩已达到高—过成熟程度，原始有机质的组成、结构发生了一定变化，氢指数（HI）、热解峰温（T_{max}）等指标已经不能用来反映有机质类型。因此，用热解分析方法判断有机质类型的准确性降低，需要利用有机岩石学或干酪根碳同位素法进行综合分析判断。

4.3.1　氯仿沥青及其族组分

1. 柴北缘

滩间山群及相邻层段的黑色岩系有机质热演化程度高，并且遭受较强的风化作用，岩样中 C 元素大量集中，而 H 等元素严重流失，不能直接使用有机元素含量判断有机质类型。通过对相关数据与评价参数的综合分析，采用氯仿沥青族组成特征参数判别干酪根类型，相关参数按三类四分法的评价标准（表 4.10）。

表 4.10　基于氯仿沥青族组成的有机质类型判别标准

评价指标类型		Ⅰ型（腐泥型）	Ⅱ₁型（腐殖腐泥型）	Ⅱ₂型（腐泥腐殖型）	Ⅲ型（腐殖型）
氯仿沥青族组成特征	饱和烃含量 /%	60~40	40~30	30~20	<20
	饱芳比	>3	3~1.6	1.6~1	<1
	非烃 + 沥青质含量 /%	20~40	40~60	60~70	70~80
	（非烃 + 沥青质）/ 总烃	0.3~1	1~2	2~3	3~4.5

通过氯仿沥青族组分含量统计分析可知：滩间山群及相邻层段 3 组岩样均具有非烃 + 沥青质含量高，而饱和烃和芳香烃含量低的特点。各层段岩样的饱芳比均较高，其中万洞沟群岩样饱芳比均值为 2.71，而滩间山群 a 段和 e 段岩样的饱芳比均值分别为 2.01 和 7.71（图 4.8 和表 4.11）。

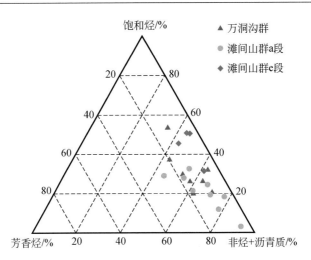

图 4.8　柴北缘黑色岩系氯仿沥青族组分相对含量三角图

表 4.11　柴北缘黑色岩系氯仿沥青族组分含量统计表

组号及参数		饱和烃含量 /%	非烃 + 沥青质含量 /%	芳香烃含量 /%
QD129 探井	最小值	20.27	34.15	5.00
	最大值	53.66	70.18	19.14
	平均值	30.98	55.72	13.30
TJS160 剖面	最小值	3.49	44.62	4.60
	最大值	32.79	91.86	26.15
	平均值	21.07	66.32	12.61
ZK2401 探井	最小值	31.40	43.18	4.00
	最大值	50.65	61.63	11.36
	平均值	44.47	48.64	6.88

　　柴北缘中元古界万洞沟群、下奥陶统滩间山群均为海相环境，原始有机质应以海相低等生物为主，非烃 + 沥青质含量偏高是有机质过高的热演化程度所致。有机质向油气及沥青转变的过程中，由于地下高温高压的作用，结构相对稳定的非烃和沥青质含量不断增加，而结构相对不稳定的饱和烃和芳香烃含量减少。结合氯仿沥青族组分相关指标，按照"相互冲突的标准从优评价"的原则，综合分

析认为柴北缘中元古界万洞沟群、下奥陶统滩间山群黑色岩系原始有机质类型以Ⅰ型和Ⅱ₁型为主。

2. 湘西地区

湘西地区下寒武统牛蹄塘组泥页岩氯仿沥青的非烃和沥青质含量较高，其中龙鼻嘴剖面非烃和沥青质的含量介于43.75%~95.65%，平均为69.59%；三岔剖面非烃和沥青质的含量介于59.26%~95.00%，平均为81.37%。湘西地区饱和烃和芳香烃的含量相对较低，其中龙鼻嘴剖面饱和烃含量介于3.45%~45.45%，平均为20.05%，芳香烃含量介于2.01%~29.41%，平均为8.45%；三岔剖面饱和烃含量介于0.99%~29.63%，平均为15.75%，芳香烃含量介于0.76%~29.41%，平均为10.02%。整体来讲，三岔剖面的非烃和沥青质含量明显高于龙鼻嘴剖面，而饱和烃和芳香烃含量稍低于龙鼻嘴剖面。

湘西地区龙鼻嘴剖面牛蹄塘组上段饱芳比介于0.50~4.00，中段饱芳比介于5.00~17.83，下段饱芳比介于1.00~4.99；三岔剖面牛蹄塘组中段饱芳比介于0.50~37.16。两个剖面的中段均为有机质和Ｖ元素富集层段，饱芳比主要分布在＞3、3~1.6的范围之内，而非有机质和Ｖ元素富集层段饱芳比分布不均匀，各个范围均有分布，有机质类型主要为Ⅰ型或Ⅱ₁型（图4.9）。

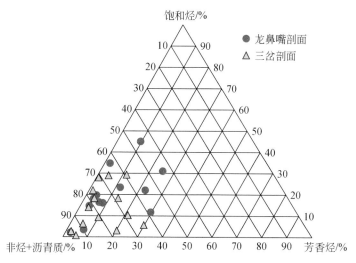

图 4.9　湘西地区牛蹄塘组黑色岩系氯仿沥青族组分相对含量三角图

4.3.2　有机质显微组分

显微组分来源于植物和动物的各种组织、器官的残余，主要有腐泥组、壳质组、镜质组、惰质组四大类，随着成熟度变化而变化，能够通过干酪根类型指数判断有机质类型。选取湘西地区龙鼻嘴剖面和三岔剖面黑色岩系的 11 块岩石样品制成光片，在莱卡 DM4500P 多功能显微镜下进行观察，结果见表 4.12。

表 4.12　湘西地区黑色岩系岩石样品显微组分鉴定数据表

样品编号	层位	岩性	a/%	b/%	c/%	d/%	KTI	有机质类型
GZ0110	$\epsilon_1 n$	灰黑色含粉砂泥岩	79	—	—	—	79	II_1
GZ0114	$\epsilon_1 n$	黑色泥岩	86	—	—	—	86	I
GZ0118	$\epsilon_1 n$	黑色页岩	94	—	—	—	94	I
GZ0123	$\epsilon_1 n$	黑色页岩	89	—	—	—	89	I
GZ0124	$\epsilon_1 n$	硅质岩	85	—	—	—	85	I
GZ0126	$\epsilon_1 n$	硅质岩	63	—	—	—	63	II_1
ZJJ0137	$\epsilon_1 n$	黑色页岩	90	—	—	—	90	I
ZJJ0140	$\epsilon_1 n$	黑色页岩	95	—	—	—	95	I
ZJJ0142	$\epsilon_1 n$	黑色页岩	88	—	—	—	88	I
ZJJ0144	$\epsilon_1 n$	黑色页岩	91	—	—	—	91	I
ZJJ0145	$\epsilon_1 n$	黑色页岩	95	—	—	—	95	I

a 为腐泥组；b 为壳质组；c 为镜质组；d 为惰质组；干酪根类型指数 KTI= $(100 \times a + 50 \times b - 75 \times c - 100 \times d)/100$；Ⅲ型有机质，KTI < 0；$\text{II}_2$ 型有机质，$0 \leqslant \text{KTI} < 40$；$\text{II}_1$ 型有机质，$40 \leqslant \text{KTI} < 80$；I 型有机质，KTI $\geqslant 80$。

鉴定结果显示，湘西地区下寒武统牛蹄塘组黑色岩系干酪根的显微组分仅有腐泥组，无壳质组、镜质组和惰质组。其中龙鼻嘴剖面腐泥组含量介于 63%~94%，平均为 82.7%；三岔剖面腐泥组含量介于 88%~95%，平均为 91.8%。根据干酪根类型指数（KTI）计算可以判断，龙鼻嘴剖面黑色岩系有机质类型为 I 型、II_1 型，三岔剖面有机质类型主要为 I 型。

4.4　有机质成熟度

镜质组反射率是最常用的衡量有机质成熟度的指标，它可以用来确定有机质的成熟度、解释沉积构造史以及研究古地温。镜质组是高等植物木质素经过生物化学降解、凝胶化作用而形成的凝胶体。在一些海相和碳酸盐岩地层中镜质组稀

少或不含镜质组，可采用沥青反射率换算等效镜质组反射率来评价烃源岩的热演
化程度。根据显微组分的分析结果，柴北缘和湘西地区黑色岩系干酪根样品中无
镜质组成分，因此无法根据实验直接测得干酪根的镜质组反射率，而只能通过测
得的沥青反射率计算等效的镜质组反射率。沥青反射率（R_b）与镜质组反射率（R_o）
的换算关系式如下（Jacob，1985）：

$$R_o=0.618R_b+0.40$$

本次研究共选用 30 块岩石样品在 308-PV 显微光度计上进行沥青反射率的测
定。实验在中国石油大学（北京）油气资源与探测国家重点实验室完成，测试条
件为温度 24℃，相对湿度 48%。

4.4.1　柴北缘

柴北缘万洞沟群黑色泥页岩的沥青反射率在 1.74%~5.09%，均值为 3.28%，
对应的等效镜质组反射率在 1.46%~3.84%，均值为 2.56%。滩间山群 a 段黑色
泥页岩的沥青反射率在 2.41%~3.39%，均值为 2.95%，对应的等效镜质组反射
率在 1.93%~2.63%，均值为 2.32%。滩间山群 e 段黑色泥页岩的沥青反射率在
2.1%~4.0%，均值为 2.88%，对应的等效镜质组反射率在 1.71%~3.07%，均值
为 2.27%（表 4.13）。柴北缘万洞沟群与滩间山群黑色泥页岩均处于高 – 过成
熟阶段。

表 4.13　柴北缘黑色岩系岩样沥青反射率和镜质组反射率

样品编号	层位	岩性	沥青反射率 R_b /%	镜质组反射率 R_o /%
QD129-05	Pt_2w	硅质泥岩	3.84	2.95
QD129-07	Pt_2w	灰黑色泥岩	3.72	2.87
QD129-17	Pt_2w	黑色泥岩	1.74	1.46
QD129-22	Pt_2w	黑色泥页岩	4.88	3.69
QD129-33	Pt_2w	黑色泥岩	5.09	3.84
QD129-37	Pt_2w	黑色泥岩	2.88	2.27
QD129-45	Pt_2w	黑色千枚岩	1.78	1.49
TJS160113	O_3m^a	黑色泥岩	2.34	1.88

续表

样品编号	层位	岩性	沥青反射率 R_b /%	镜质组反射率 R_o /%
TJS160120	O_3tn^a	灰岩	3.05	2.39
TJS160123	O_3tn^a	黑色泥岩	2.68	2.13
TJS160127	O_3tn^a	灰岩条带	2.96	2.33
TJS160134	O_3tn^a	黑色泥岩	2.85	2.25
TJS160137	O_3tn^a	黑色泥岩	3.39	2.63
TJS160145	O_3tn^a	黑色泥岩	3.33	2.59
TJS160152	O_3tn^a	黑色泥岩	2.41	1.93
ZK2401-02	O_3tn^e	黑色泥岩	2.28	1.84
ZK2401-04	O_3tn^e	黑色泥岩	4.00	3.07
ZK2401-06	O_3tn^e	黑色泥岩	2.10	1.71
ZK2401-08	O_3tn^e	黑色泥岩	3.15	2.46

4.4.2　湘西地区

湘西地区龙鼻嘴剖面下寒武统牛蹄塘组干酪根样品沥青反射率为 3.74%~4.42%，均值为 4.22%，等效镜质组反射率为 2.71%~3.40%，均值为 3.01%；而三岔剖面干酪根样品沥青反射率为 4.88%~7.09%，均值为 8.64%，等效镜质组反射率为 3.74%~4.78%，均值为 3.96%。干酪根样品的等效镜质组反射率均大于 2%，表明有机质处于过成熟阶段（表 4.14）。

表 4.14　湘西地区黑色岩系沥青反射率和镜质组反射率

样品编号	层位	岩性	沥青反射率 R_b/%	镜质组反射率 R_o/%
GZ0114	ϵ_1n	黑色泥岩	3.74	2.71
GZ0118	ϵ_1n	黑色泥岩	4.17	2.98
GZ0120	ϵ_1n	黑色页岩	4.42	3.13
GZ0123	ϵ_1n	黑色页岩	4.85	3.40
GZ0124	ϵ_1n	硅质岩	3.78	2.74

续表

样品编号	层位	岩性	沥青反射率 R_b/%	镜质组反射率 R_o/%
GZ0126	$\in_1 n$	硅质岩	4.34	3.08
ZJJ0137	$\in_1 n$	黑色页岩	5.41	3.74
ZJJ0139	$\in_1 n$	黑色页岩	6.88	4.65
ZJJ0140	$\in_1 n$	黑色页岩	7.09	4.78
ZJJ0142	$\in_1 n$	黑色页岩	4.88	3.41
ZJJ0143	$\in_1 n$	黑色页岩	5.39	3.73
ZJJ0144	$\in_1 n$	黑色页岩	5.33	3.69
ZJJ0145	$\in_1 n$	黑色页岩	5.05	3.52
ZJJ0146	$\in_1 n$	黑色页岩	5.84	4.01
ZJJ0147	$\in_1 n$	黑色页岩	6.00	4.11

4.5 生物标志化合物

生物标志化合物是有机质中具有特殊指示意义的化合物的总称，通常为饱和烃中的正构烷烃、甾烷和萜烷，以及芳香烃中的三芴、单芳甾烷和三芳甾烷等化合物，在地球化学特征、源岩评价、油源对比等系列研究中运用较多。这些生物标志化合物在特定的条件下具有一定的稳定性，并保持着某种特殊的相对含量关系，因此它们通常记录和保存着有机质的生源输入和母质类型、有机质的沉积环境、有机质的热演化程度等重要信息。

为了研究黑色岩系有机质形成环境、有机质来源、有机质成熟度等特征，对柴北缘万洞沟群和滩间山群的 22 块样品及湘西地区龙鼻嘴剖面和三岔剖面的 27 块样品进行了饱和烃和芳香烃气相色谱质谱分析，实验在中国石油大学（北京）油气资源与探测国家重点实验室进行，使用仪器为美国 Agilent 6890GC/5975iMS。

饱和烃的检测环境：温度 22℃，相对湿度 45%。检测条件：GC 条件。载气：99.999%He，流速 1mL/min。色谱柱：HP-5MS（60m×0.25mm×0.25μm）。进样口温度 300℃，不分流进样。程序升温：初温 50℃，保持 1min，以 20℃/min 升至 120℃，以 3℃/min 升至 310℃，保持 25min。MS 条件：离子化方式。EI，

70eV。数据采集方式：全扫描 / 多离子 (SCAN/SIM)。

芳香烃的检测环境：温度 24℃，相对湿度 48%。检测条件：GC 条件。载气：99.999%He，流速 1mL/min。色谱柱：HP-5MS (60m × 0.25mm × 0.25μm)。进样口温度 300℃，不分流进样。程序升温：初温 80℃，保持 1min，以 20℃/min 升至 120℃，以 3℃/min 升至 310℃，保持 25min。MS 条件：离子化方式。EI，70eV。数据采集方式：全扫描 / 多离子 (SCAN/SIM)。

4.5.1 饱和烃生物标志化合物

1. 正构烷烃

1) 柴北缘

柴北缘各岩样的正构烷烃碳数都集中分布在 $C_{15} \sim C_{30}$，但在具体的含量分布上存在差异（图 4.10）。其中，万洞沟群岩样的峰型主要为前峰 - 双峰型、前峰 - 单峰型，主峰碳数为 C_{17}、C_{18}，含量相对稳定；奇偶指数（OEP）为 0.7~1.03，平均值为 0.925；碳优势指数（CPI）为 1.06~1.26，平均值为 1.18。

滩间山群 a 段岩样的峰型为后峰 - 双峰型、后峰 - 单峰型，主峰碳数为 C_{24}、C_{25}；OEP 为 0.47~1.33，平均值为 0.98；CPI 为 0.99~1.55，平均值为 1.29。而滩间山群 e 段岩样的峰型则为前峰 - 单峰型，主峰碳数为 C_{18}，随着碳数增加，正构烷烃含量逐渐降低。同时在部分岩样检测出高碳数正构烷烃 $C_{30} \sim C_{36}$ 的存在，但数量较少；OEP 为 0.98~1.03，平均值为 1；CPI 为 1.17~1.49，平均值为 1.28（表 4.15，图 4.10）。

表 4.15　柴北缘黑色岩系饱和烃 *m/z*=85 质量色谱参数表

样品编号	主峰碳数	峰型	OEP	CPI	$(nC_{21}+nC_{22})/(nC_{28}+nC_{29})$	$\sum nC_{21}^-/\sum nC_{22}^+$
QD129-05	18	前峰 - 双峰型	0.99	1.23	3.31	1.11
QD129-07	17	前峰 - 单峰型	0.94	1.10	3.59	1.25
QD129-16	18	前峰 - 双峰型	0.97	1.19	2.68	0.99
QD129-17	18	前峰 - 单峰型	0.84	1.06	1.85	0.94
QD129-22	18	前峰 - 单峰型	1.03	1.26	4.99	1.48
QD129-33	18	前峰 - 单峰型	0.94	1.21	4.47	1.47
QD129-37	18	前峰 - 双峰型	0.70	1.20	2.14	0.96
QD129-45	18	前峰 - 双峰型	0.99	1.17	4.14	1.16

续表

样品编号	主峰碳数	峰型	OEP	CPI	$(nC_{21}+nC_{22})/(nC_{28}+nC_{29})$	$\sum nC_{21}^-/\sum nC_{22}^+$
TJS160111	25	后峰–双峰型	1.10	1.28	1.35	0.38
TJS160113	24	后峰–单峰型	0.94	1.23	44.00	0.48
TJS160120	24	后峰–单峰型	0.98	1.30	192.63	0.44
TJS160121	25	后峰–双峰型	1.06	1.33	2.36	0.52
TJS160123	24	后峰–双峰型	1.12	1.55	—	0.69
TJS160127	25	后峰–双峰型	0.47	0.99	21.48	0.56
TJS160134	25	后峰–单峰型	1.33	1.38	4.63	0.32
TJS160137	25	后峰–双峰型	1.22	1.30	1.78	0.25
TJS160145	24	后峰–双峰型	1.08	1.37	17.52	0.44
TJS160152	25	后峰–双峰型	0.54	1.13	—	0.62
ZK2401-02	18	前峰–单峰型	0.98	1.17	—	2.06
ZK2401-04	18	前峰–单峰型	1.00	1.49	56.36	2.55
ZK2401-06	18	前峰–单峰型	0.99	1.19	72.68	1.31
ZK2401-08	18	前峰–单峰型	1.03	1.26	12.96	1.23

奇偶指数 $OEP=\left[\dfrac{C_i+6C_{i+2}+C_{i+4}}{4C_{i+1}+4C_{i+3}}\right](-1)^{i+1}$，$C_{i+2}$ 为主峰碳；碳优势指数 $CPI=\dfrac{1}{2}\left[\dfrac{C_{25}+C_{27}+C_{29}+C_{31}+C_{33}}{C_{24}+C_{26}+C_{28}+C_{30}+C_{32}}+\dfrac{C_{25}+C_{27}+C_{29}+C_{31}+C_{33}}{C_{26}+C_{28}+C_{30}+C_{32}+C_{34}}\right]$。

2）湘西地区

湘西地区龙鼻嘴剖面岩石样品中抽提物的正构烷烃分布特征表现为以前峰–单峰型为主，碳数主要分布在 $nC_{15}\sim nC_{35}$，主峰碳为 nC_{17} 或 nC_{18}，OEP 为 0.81~1.92，平均值为 0.99，CPI 均大于 1。

三岔剖面样品抽提物中的正构烷烃分布特征表现为以前峰–单峰型为主，也有部分为前峰–双峰型，碳数主要分布在 $nC_{16}\sim nC_{36}$，主峰碳为 nC_{18}，OEP 为 0.70~0.96，平均值为 0.80，CPI 均大于 1（表 4.16，图 4.11）。

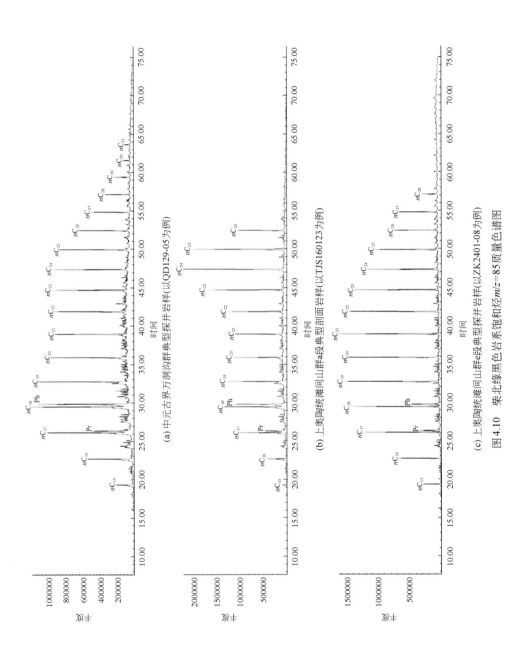

(a) 中元古界万洞沟群典型探井岩样(以QD129-05为例)

(b) 上奥陶统滩间山群a段典型剖面岩样(以TJS160123为例)

(c) 上奥陶统滩间山群e段典型探井岩样(以ZK2401-08为例)

图4.10 柴北缘黑色岩系饱和烃m/z=85质量色谱图

表 4.16 湘西地区黑色岩系饱和烃 *m/z*=85 质量色谱参数表

样品编号	主峰碳数	峰型	OEP	CPI	$(nC_{21}+nC_{22})/(nC_{28}+nC_{29})$	$\sum nC_{21}^-/\sum nC_{22}^+$
GZ0102	17	双峰型	1.92	1.65	0.51	0.66
GZ0103	18	前峰－单峰型	0.90	1.41	1.09	1.44
GZ0105	18	前峰－单峰型	0.94	1.35	1.02	1.89
GZ0107	18	前峰－单峰型	0.83	1.63	1.34	1.51
GZ0110	18	前峰－单峰型	1.03	1.37	0.80	1.42
GZ0112	18	前峰－单峰型	0.81	1.37	0.84	1.32
GZ0114	18	前峰－单峰型	0.90	2.95	12.48	1.56
GZ0116	18	双峰型	0.98	1.41	0.60	0.58
GZ0118	18	前峰－单峰型	1.02	2.02	3.71	1.82
GZ0120	18	前峰－单峰型	0.81	1.65	2.02	3.37
GZ0123	18	前峰－单峰型	0.88	1.68	3.17	1.82
GZ0124	17	前峰－单峰型	1.04	1.42	1.37	2.52
GZ0126	18	前峰－单峰型	0.85	1.34	1.84	1.46
ZJJ0137	18	前峰－单峰型	0.90	1.58	0.73	1.04
ZJJ0138	18	前峰－单峰型	0.84	1.54	0.65	1.67
ZJJ0139	18	前峰－双峰型	0.82	1.29	0.40	0.59
ZJJ0140	18	前峰－单峰型	0.95	1.76	0.79	1.61
ZJJ0141	18	前峰－单峰型	0.79	0.95	4.95	4.47
ZJJ0142	18	前峰－单峰型	0.70	1.52	1.25	1.41
ZJJ0143	18	前峰－单峰型	0.83	1.34	2.17	1.84
ZJJ0144	18	前峰－单峰型	0.79	—	—	8.79
ZJJ0145	18	前峰－双峰型	0.70	1.25	0.76	0.70
ZJJ0146	18	前峰－单峰型	0.74	1.47	0.64	0.78
ZJJ0147	18	前峰－单峰型	0.70	1.50	1.09	1.09
ZJJ0148	18	前峰－单峰型	0.96	1.76	0.56	1.01
ZJJ0149	18	前峰－双峰型	0.78	1.48	0.54	1.08
ZJJ0151	18	前峰－双峰型	0.77	2.02	0.77	0.81

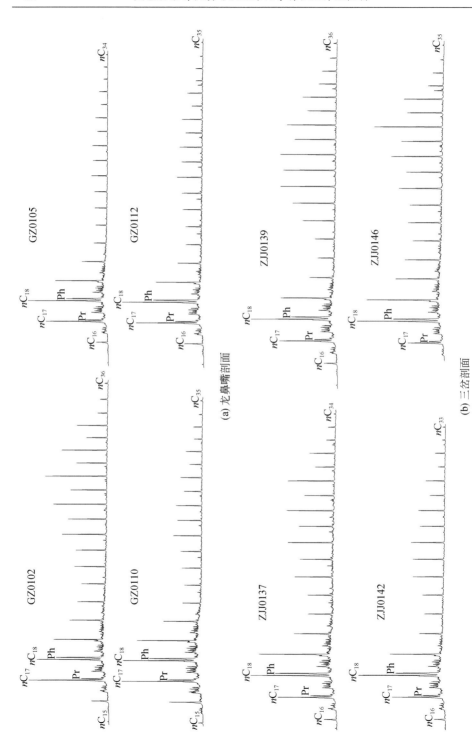

图 4.11 湘西地区黑色岩系饱和烃 $m/z=85$ 质量色谱示意图

2. 类异戊二烯烷烃

1）柴北缘

柴北缘万洞沟群岩样的 Pr/Ph 介于 0.39~1.77，平均值为 0.6，具有较强的植烷优势；Pr/nC_{17} 介于 0.61~2.02，平均值为 0.87；Pr/nC_{18} 介于 1.16~1.51，平均值为 1.33。

滩间山群 a 段岩样的 Pr/Ph 介于 0.34~0.95，平均值为 0.53，具有明显的植烷优势；Pr/nC_{17} 介于 0.58~1.11，平均值为 0.71；Pr/nC_{18} 介于 0.8~1.42，平均值为 1.14。

滩间山群 e 段岩样的 Pr/Ph 介于 0.53~0.7，平均值为 0.62，具有较强的植烷优势；Pr/nC_{17} 介于 0.42~0.6，平均值为 0.5；Pr/nC_{18} 介于 0.47~0.81，平均值为 0.67（表 4.17）。

表 4.17　柴北缘黑色岩系饱和烃 *m/z*=85 质量色谱类异戊二烯烃参数表

样品编号	岩性	层位	Pr/Ph	Pr/nC_{17}	Ph/nC_{18}
QD129-05	硅质泥岩	Pt_2w	0.41	0.76	1.48
QD129-07	灰黑色泥岩	Pt_2w	1.77	2.02	1.16
QD129-16	黑色泥岩	Pt_2w	0.39	0.66	1.27
QD129-17	黑色泥岩	Pt_2w	0.45	0.61	1.28
QD129-22	黑色泥页岩	Pt_2w	0.41	0.69	1.34
QD129-33	黑色泥岩	Pt_2w	0.39	0.61	1.20
QD129-37	黑色泥岩	Pt_2w	0.55	0.87	1.51
QD129-45	黑色千枚岩	Pt_2w	0.40	0.73	1.42
TJS160111	黑色泥岩	O_3tn^a	0.47	0.62	1.18
TJS160113	黑色泥岩	O_3tn^a	0.39	0.73	1.42
TJS160120	灰岩	O_3tn^a	0.34	0.71	1.38
TJS160121	黑色泥岩	O_3tn^a	0.89	0.58	0.80
TJS160123	黑色泥岩	O_3tn^a	0.37	0.65	1.26
TJS160127	灰岩条带	O_3tn^a	0.35	0.66	1.21
TJS160134	黑色泥岩	O_3tn^a	0.56	0.69	0.99
TJS160137	黑色泥岩	O_3tn^a	0.95	1.11	0.94
TJS160145	黑色泥岩	O_3tn^a	0.57	0.69	1.14

续表

样品编号	岩性	层位	Pr/Ph	Pr/nC_{17}	Ph/nC_{18}
TJS160152	黑色泥岩	$O_3 tn^a$	0.41	0.68	1.11
ZK2401-02	黑色泥岩	$O_3 tn^e$	0.55	0.51	0.80
ZK2401-04	黑色泥岩	$O_3 tn^e$	0.70	0.47	0.60
ZK2401-06	黑色泥岩	$O_3 tn^e$	0.53	0.60	0.81
ZK2401-08	黑色泥岩	$O_3 tn^e$	0.70	0.42	0.47

Pr- 姥鲛烷（pristine）；Ph- 植烷（phytane）；nC_{17}- 正十七烷；nC_{18}- 正十八烷。

2）湘西地区

湘西地区龙鼻嘴剖面下寒武统牛蹄塘组黑色岩系岩石样品姥植比 Pr/Ph 介于 0.47~0.76，平均值为 0.52，具有明显的植烷优势；Pr/nC_{17} 介于 0.39~0.97，平均值为 0.60；Pr/nC_{18} 介于 0.62~1.28，平均值为 1.01。

三岔剖面黑色岩系岩石样品 Pr/Ph 介于 0.28~0.54，平均值为 0.44，也具有明显的植烷优势；Pr/nC_{17} 介于 0.55~0.69，平均值为 0.62；Pr/nC_{18} 介于 0.76~1.23，平均值为 0.97（表 4.18）。

表 4.18　湘西地区黑色岩系饱和烃 m/z=85 质量色谱类异戊二烯烃参数表

样品编号	岩性	层位	Pr/Ph	Pr/nC_{17}	Ph/nC_{18}
GZ0102	灰色粉砂质泥岩	$\epsilon_1 n$	0.48	0.47	1.14
GZ0103	深灰色泥岩含粉砂	$\epsilon_1 n$	0.49	0.48	1.00
GZ0105	黑色泥岩	$\epsilon_1 n$	0.47	26.12	26.34
GZ0107	灰黑色粉砂质泥岩	$\epsilon_1 n$	0.50	0.51	0.84
GZ0110	灰黑色含粉砂泥岩	$\epsilon_1 n$	0.53	0.67	1.18
GZ0112	深灰色泥岩	$\epsilon_1 n$	0.51	0.66	1.07
GZ0114	黑色泥岩	$\epsilon_1 n$	0.49	0.73	1.28
GZ0116	黑色泥岩	$\epsilon_1 n$	0.49	0.62	1.04
TJZ0118	黑色页岩	$\epsilon_1 n$	0.49	0.39	0.62
GZ0120	黑色页岩	$\epsilon_1 n$	0.56	0.97	1.26
GZ0123	黑色页岩	$\epsilon_1 n$	0.52	0.61	1.00
GZ0124	硅质岩	$\epsilon_1 n$	0.76	0.57	0.78

续表

样品编号	岩性	层位	Pr/Ph	Pr/nC_{17}	Ph/nC_{18}
GZ0126	硅质岩	$\in_1 n$	0.48	0.57	0.93
ZJJ0137	黑色页岩	$\in_1 n$	0.40	0.62	1.14
ZJJ0138	黑色页岩	$\in_1 n$	0.54	0.61	0.92
ZJJ0139	黑色页岩	$\in_1 n$	0.45	0.69	0.97
ZJJ0140	黑色页岩	$\in_1 n$	0.46	0.65	1.23
ZJJ0141	黑色页岩	$\in_1 n$	0.51	0.64	0.93
ZJJ0142	黑色页岩	$\in_1 n$	0.42	0.67	0.95
ZJJ0143	黑色页岩	$\in_1 n$	0.51	0.68	1.01
ZJJ0144	黑色页岩	$\in_1 n$	0.47	0.66	1.01
ZJJ0145	黑色页岩	$\in_1 n$	0.45	0.55	0.76
ZJJ0146	黑色页岩	$\in_1 n$	0.28	0.61	0.93
ZJJ0147	黑色页岩	$\in_1 n$	0.36	0.58	0.94
ZJJ0148	黑色页岩	$\in_1 n$	0.51	0.59	0.96
ZJJ0149	黑色页岩	$\in_1 n$	0.43	0.58	0.88
ZJJ0151	黑色页岩	$\in_1 n$	0.35	0.61	1.01

3. 萜类化合物

1）柴北缘

柴北缘万洞沟群、滩间山群 a 段、滩间山群 e 段黑色岩系三环萜烷类碳数分布主要介于 $C_{19} \sim C_{29}$，以 C_{23} 含量最高，C_{21}、C_{23}、C_{24} 呈倒 "V" 字形分布。四环萜烷稳定性较强，具有较强的抗生物降解和热降解作用，仅检测出 C_{24}- 四环萜烷。藿烷系列碳数分布在 $C_{27} \sim C_{35}$，以 $17\alpha(H)$，$21\beta(H)$– 藿烷 ($C_{30}H$) 占优势。样品中也检测出一定含量的伽马蜡烷（图 4.12）。

藿烷是五环三萜烷中较为典型的一类生物标志化合物，随成熟度增加藿烷会发生生物构型向地质构型转变；藿烷 $\beta\beta$ 型向 $\alpha\beta$ 构型转变，以及藿烷 22R 构型向 22S 构型转变等。故常用 Ts/(Tm+Ts)、C_{30} 藿烷 $\beta\alpha/\alpha\beta$ 和 $(C_{31}+C_{32})$ 藿烷 $\alpha\beta 22S/22(S+R)$ 等指示有机质成熟度。其中 $(C_{31}+C_{32})$ 藿烷 $\alpha\beta 22S/22(S+R)$ 的值随有机质成熟度的增加不断增大直到终点值，认为其值 <0.2 为未熟有机质，介于 0.2~0.4 为低熟—成熟有机质，>0.4 为高—过成熟有机质，其值越接近终点值 0.6

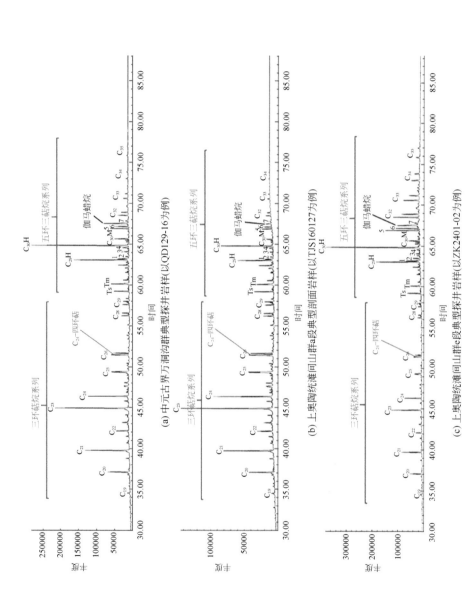

图 4.12 柴北缘黑色岩系岩样中饱和烃 $m/z=191$ 质量色谱图

1为C_{29}Ts；2为C_{30}重排藿烷；3为C_{29}降莫烷；4为奥利烷；5为C_{31}升藿烷(22S)；6为C_{31}升藿烷(22R)；7为C_{31}升莫烷(22S+22R)

则成熟度越高。

万洞沟群、滩间山群 a 段、滩间山群 e 段岩样的 Ts/(Tm+Ts) 的均值分别为 0.4、0.47 和 0.55，都接近平衡值；三组岩样的 C_{30} 藿烷 $\beta\alpha/\alpha\beta$ 平均值分别为 6.06、7.33 和 6.43，整体都较高；而三组岩样的 $(C_{31}+C_{32})$ 藿烷 $\alpha\beta22S/22(S+R)$ 平均值分别为 0.58、0.56、0.56，都接近演化终点值。因此，万洞沟群、滩间山群 a 段、滩间山群 e 段黑色岩系有机质达到高—过成熟度演化阶段，这与沥青反射率反映的结果符合（表 4.19）。

表 4.19 黑色岩系岩样中藿烷相关成熟度参数计算表

分组及参数		Ts/（Ts+Tm）	C_{30} 藿烷 $\beta\alpha/\alpha\beta$	$(C_{31}+C_{32})$ 藿烷 $\alpha\beta22S/22(S+R)$
QD129 探井岩样	最小值	0.32	5.31	0.56
	最大值	0.49	6.84	0.59
	平均值	0.40	6.06	0.58
TJS160 剖面岩样	最小值	0.41	6.86	0.51
	最大值	0.52	7.97	0.59
	平均值	0.47	7.33	0.56
ZK2401 探井岩样	最小值	0.51	6.02	0.55
	最大值	0.62	6.81	0.56
	平均值	0.55	6.43	0.56

2）湘西地区

湘西地区下寒武统牛蹄塘组黑色岩系三环萜烷类碳数分布主要介于 C_{19}~C_{29}，以 C_{23} 含量最高，C_{22} 和 C_{27} 含量最低，且 C_{25}~C_{27} 都具有双峰特征，说明包含有 S 和 R 两种异构体，C_{21}、C_{23}、C_{24} 大多呈倒 "V" 字形分布，部分呈现倒 "L" 字形分布（表 4.20，图 4.13）；四环萜烷稳定性较强，具有较强的抗生物降解和热降解作用，研究区仅检测出 C_{24}- 四环萜烷；五环三萜烷，主要有藿烷、重排藿烷系列以及非藿烷类五环三萜烷。藿烷系列碳数分布在 C_{27}~C_{35}，以 $17\alpha(H), 21\beta(H)$- 藿烷 (C_{30}) 占优势，C_{27} 和 C_{30}^+ 藿烷显示为双峰（$18\alpha(H)$ 和 $17\alpha(H)$；$22S$ 和 $22R$ 差向异构体），重排藿烷系列含量较低；此外，样品中也检测出一定含量的伽马蜡烷。

表 4.20　湘西地区黑色岩系中萜类（*m/z*=191）和甾类化合物（*m/z*=217）参数表

样品编号	萜烷类			甾烷类		
	三环萜 / 五环萜	Ts/(Ts+Tm)	伽马蜡烷 /$C_{30}H$	规则甾烷 C_{27}/%	规则甾烷 C_{28}/%	规则甾烷 C_{29}/%
GZ0102	0.36	0.45	0.22	34.45	26.37	38.2
GZ0103	0.54	0.47	0.22	36.22	26.23	37.16
GZ0105	0.9	0.48	0.23	37.17	28.57	38.26
GZ0107	0.38	0.43	0.24	33.16	25.61	39.63
GZ0110	0.59	0.45	0.22	34.18	25.4	39.16
GZ0112	0.59	0.44	0.24	34.55	27.05	38.7
GZ0114	0.3	0.44	0.24	31.5	25.21	40.96
GZ0116	0.14	0.44	0.25	28.53	23.8	43.28
GZ0118	0.34	0.47	0.18	36.3	27.46	36.81
GZ0120	0.47	0.46	0.22	35.29	26.58	37.82
GZ0123	0.52	0.45	0.2	35.81	26.84	37
GZ0124	0.71	0.48	0.23	25.24	24.67	40.74
GZ0126	0.44	0.45	0.24	36.16	27.52	37.16
ZJJ0137	0.92	0.43	0.27	36.9	28.06	35.89
ZJJ0138	0.86	0.49	0.2	36.89	27.77	36.14
ZJJ0139	0.97	0.5	0.23	39.15	28.28	34.91
ZJJ0140	1.18	0.47	0.23	36.95	27.52	35.41
ZJJ0141	0.9	0.4	0.21	36.01	29.31	36.28
ZJJ0142	0.82	0.45	0.16	38.07	27.68	36.16
ZJJ0143	1.05	0.44	0.17	42.35	29.38	31.73
ZJJ0144	0.45	0.42	0.22	33.94	27.47	39.36
ZJJ0145	0.88	0.45	0.2	36.27	28.27	36.49
ZJJ0146	0.74	0.42	0.15	37.23	29.58	34.87
ZJJ0147	0.74	0.45	0.19	39.13	29.06	35.11
ZJJ0148	0.75	0.45	0.24	35.39	28.36	37.38
ZJJ0149	0.52	0.45	0.18	35.8	28.09	37.37
ZJJ0151	0.99	0.52	0.23	37.85	27.78	35.62

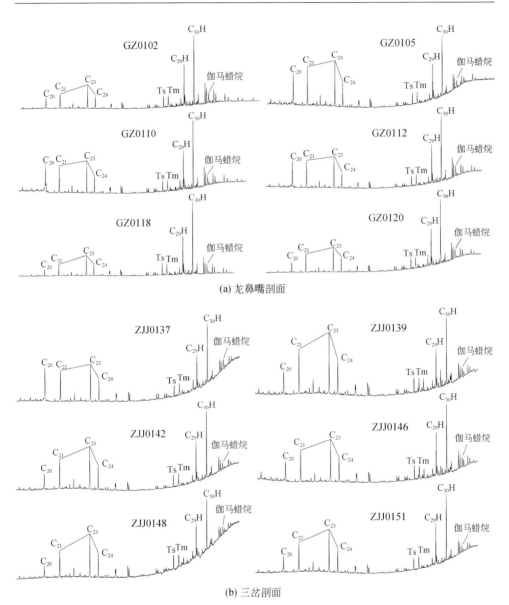

(a) 龙鼻嘴剖面

(b) 三岔剖面

图 4.13　湘西地区黑色岩系饱和烃 m/z=191 质量色谱示意图

4. 甾类化合物

甾类化合物与萜类化合物一样，是石油有机地球化学的主要研究对象。甾烷是具有三个烷基侧链的四环化合物，甾烷的类型较多，包括短侧链甾烷、C_{26} 甾烷、规则甾烷、重排甾烷、甲基甾烷等。在有机质的热演化中生物构型的甾烷会向更稳定的地质构型转化，即甾烷的 α 构型会逐渐向 β 构型转化、R 构型逐渐向 S 构型转化，最终达到一种平衡状态。因此甾烷的异构化参数可以在一定程度上反映有机质的成熟度或热演化阶段。由于 C_{29} 甾烷较 C_{27} 甾烷和 C_{28} 甾烷具有较高的热力学稳定性和较强的抗生物降解的能力，并且在质量色谱图中它们的重叠峰最少，因此通常用 C_{29} 甾烷异构化参数 C_{29} 甾烷 20S/20(S+R) 或 C_{29} 甾烷 $\beta\beta/(\alpha\alpha+\beta\beta)$ 来表示烃源岩或原油的成熟度。国内不少学者将 C_{29} 甾烷 20S/20(S+R)=0.42 作为这两个参数在有机质进入成熟阶段的起点，C_{29} 甾烷 20S/20(S+R)=0.55 作为达到平衡的终点值。

1）柴北缘

柴北缘万洞沟群、滩间山群 a 段、滩间山群 e 段岩样均检测出孕甾烷、升孕甾烷、C_{27} 重排甾烷和 C_{27}-C_{29} 规则甾烷，但各自的含量存在一定的差异，且 C_{27}-C_{29} 规则甾烷均检测出四种不同的构型。

万洞沟群岩样 C_{27} 规则甾烷含量介于 26.44%~36.28%，平均值为 32.77%；C_{28} 规则甾烷含量介于 24.7%~28.94%，平均值为 27.45%；C_{29} 规则甾烷含量介于 36.71%~44.92%，平均值为 39.78%。滩间山群 a 段样品 C_{27} 规则甾烷含量介于 42.45%~53.13%，平均值为 48.58%；C_{28} 规则甾烷含量介于 20.41%~27.02%，平均值为 25.31%；C_{29} 规则甾烷含量介于 22.29%~37.14%，平均值为 26.11%。滩间山群 e 段样品 C_{27} 规则甾烷含量介于 34.46%~38.97%，平均值为 37%；C_{28} 规则甾烷含量介于 25.07%~28.09%，平均值为 26.1%；C_{29} 规则甾烷含量介于 33.8%~40.28%，平均值为 36.9%（表 4.21）。

表 4.21　柴北缘黑色岩系饱和烃 m/z=217 质量色谱参数表

样品编号	C_{27} 规则甾烷 /%	C_{28} 规则甾烷 /%	C_{29} 规则甾烷 /%	C_{29} 甾烷 20S/20 (S+R)	C_{29} 甾烷 $\beta\beta$/ ($\alpha\alpha+\beta\beta$)
QD129-05	34.16	27.26	38.57	0.40	0.36
QD129-07	30.14	26.94	42.92	0.47	0.38
QD129-16	36.28	27.01	36.71	0.42	0.33
QD129-17	26.44	28.63	44.92	0.38	0.30
QD129-22	34.11	28.18	37.71	0.43	0.37
QD129-33	32.97	27.94	39.09	0.41	0.36
QD129-37	34.13	24.70	41.17	0.44	0.38
QD129-45	33.93	28.94	37.14	0.44	0.38
TJS160111	50.01	25.61	24.38	0.46	0.39

续表

样品编号	C$_{27}$ 规则甾烷 /%	C$_{28}$ 规则甾烷 /%	C$_{29}$ 规则甾烷 /%	C$_{29}$ 甾烷 20S/20 (S+R)	C$_{29}$ 甾烷 ββ/ (αα+ββ)
TJS160113	47.25	27.02	25.73	0.48	0.41
TJS160120	53.13	24.58	22.29	0.48	0.40
TJS160121	47.28	26.69	26.04	0.51	0.43
TJS160123	48.63	26.02	25.35	0.47	0.45
TJS160127	48.72	25.90	25.38	0.49	0.43
TJS160134	47.94	25.67	26.38	0.50	0.40
TJS160137	42.45	20.41	37.14	0.51	0.45
TJS160145	51.51	25.39	23.10	0.51	0.38
TJS160152	48.85	25.83	25.32	0.50	0.45
ZK2401-02	38.97	25.98	35.05	0.49	0.45
ZK2401-04	36.47	25.07	38.45	0.52	0.46
ZK2401-06	38.11	28.09	33.80	0.53	0.45
ZK2401-08	34.46	25.26	40.28	0.50	0.46

万洞沟群岩样和滩间山群 e 段岩样表现为 C$_{29}$≈C$_{27}$>C$_{28}$ 的分布模式，而 αααC$_{27}$、αααC$_{28}$、αααC$_{29}$ 呈不对称“V”字形分布，且存在部分岩样中 C$_{29}$ 规则甾烷含量略大于 C$_{27}$ 规则甾烷，C$_{27}$/C$_{29}$ 甾烷均值在 0.8~1.1 之间；而滩间山群 a 段岩样则表现出 C$_{27}$>C$_{29}$≈C$_{28}$ 的分布模式，其中 αααC$_{27}$、αααC$_{28}$、αααC$_{29}$ 呈“L”字形分布，且 C$_{27}$ 规则甾烷含量远大于 C$_{29}$- 规则甾烷，其 C$_{27}$/C$_{29}$ 甾烷均值在 1.9 左右（图 4.14）。

C$_{29}$ 规则甾烷具有比 C$_{27}$ 规则甾烷、C$_{28}$ 规则甾烷更高的热稳定性、抗风化及抗生物降解的能力，C$_{29}$ 规则甾烷不同构型之间的相对含量比值可以用于有机质演化程度的判别。C$_{29}$ 甾烷 20S/20(S+R) 和 C$_{29}$ 甾烷 ββ/(αα+ββ) 是常用的两个指标。由老到新三组岩样的 C$_{29}$ 甾烷 20S/20(S+R) 均值分别为 0.43、0.49 和 0.51，都已达到成熟和高—过成熟度阶段；而 C$_{29}$ 甾烷 ββ/(αα+ββ) 均值分别为 0.36、0.42 和 0.45，也达到成熟阶段。根据前人对该参数不同成熟阶段的划分标准，研究区三组岩样均达到成熟—高成熟的阶段（图 4.15）。

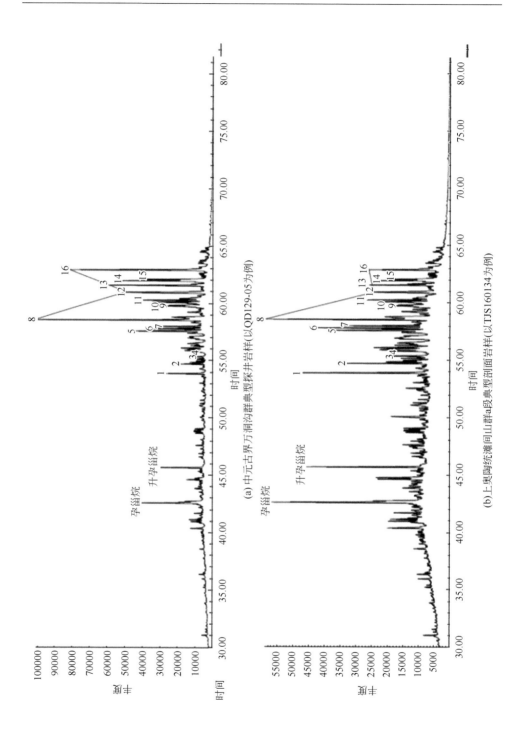

(a) 中元古界万洞沟群典型探井岩样(以QD129-05为例)

(b) 上奥陶统滩间山群a段典型剖面岩样(以TJS160134为例)

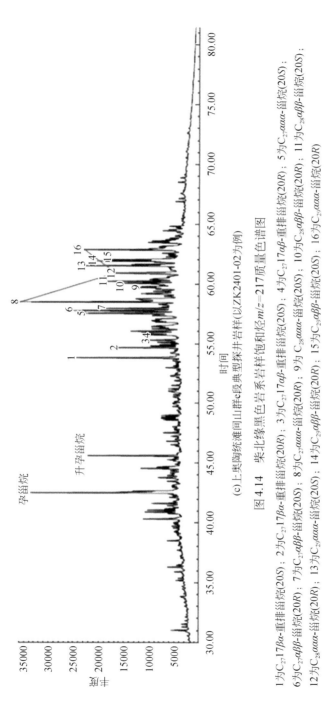

(c)上奥陶统滩间山群c段典型探井岩样(以ZK2401-02为例)

图 4.14　柴北缘黑色岩系岩样饱型探井岩样(以ZK2401-02为例)质量色谱图

1为C_{27}17$\beta\alpha$-重排甾烷(20S)；2为C_{27}17$\beta\alpha$-重排甾烷(20R)；3为C_{27}17$\alpha\beta$-重排甾烷(20S)；4为C_{27}17$\alpha\beta$-重排甾烷(20R)；5为$C_{27}\alpha\alpha\alpha$-甾烷(20S)；
6为$C_{27}\alpha\beta\beta$-甾烷(20R)；7为$C_{27}\alpha\beta\beta$-甾烷(20S)；8为$C_{27}\alpha\alpha\alpha$-甾烷(20R)；9为$C_{28}\alpha\alpha\alpha$-甾烷(20S)；10为$C_{28}\alpha\beta\beta$-甾烷(20R)；11为$C_{28}\alpha\beta\beta$-甾烷(20S)；
12为$C_{28}\alpha\alpha\alpha$-甾烷(20R)；13为$C_{29}\alpha\alpha\alpha$-甾烷(20S)；14为$C_{29}\alpha\beta\beta$-甾烷(20R)；15为$C_{29}\alpha\beta\beta$-甾烷(20S)；16为$C_{29}\alpha\alpha\alpha$-甾烷(20R)

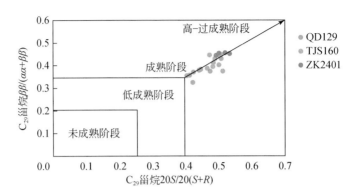

图 4.15　柴北缘黑色岩系根据甾烷参数划分成熟度图

2）湘西地区

湘西地区样品中的甾类化合物主要包括规则甾烷（C_{27}~C_{29}）、重排甾烷（C_{27}）以及少量的孕甾烷（C_{21}、C_{22}）和升孕甾烷。其中规则甾烷包含 14α(H) 和 17α(H) 两种结构异构体，龙鼻嘴剖面 C_{27} 规则甾烷含量介于 25.24%~37.17%，平均值为 33.74%；C_{29} 规则甾烷含量介于 36.81%~43.28%，平均值为 38.84%；C_{28} 规则甾烷含量较低，平均值仅为 26.26%；三岔剖面 C_{27} 规则甾烷含量介于 33.94%~42.35%，平均值为 37.28%，C_{29} 规则甾烷含量介于 31.73%~34.87%，平均值为 35.91%，C_{28} 规则甾烷的平均含量仅为 28.33%。由此可见，C_{27} 规则甾烷和 C_{29} 规则甾烷相对于 C_{28} 规则甾烷更为富集，总体呈现为 C_{27} > C_{29} > C_{28} 的分布特征，在饱和烃质量色谱图（m/z=217）中呈不对称"V"字形或"L"字形分布（表 4.22，图 4.16）。

表 4.22　湘西地区饱和烃 m/z=217 质量色谱参数表

样品编号	C_{27} 规则甾烷 /%	C_{28} 规则甾烷 /%	C_{29} 规则甾烷 /%	C_{29} 甾烷 20S/20 (S+R)	C_{29} 甾烷 $\beta\beta$/ ($\alpha\alpha+\beta\beta$)
GZ0102	34.45	26.37	38.20	0.53	0.42
GZ0103	36.22	26.23	37.16	0.52	0.41
GZ0105	37.17	28.57	38.26	0.46	0.41
GZ0107	33.16	25.61	39.63	0.54	0.44
GZ0110	34.18	25.40	39.16	0.54	0.43
GZ0112	34.55	27.05	38.70	0.46	0.42
GZ0114	31.50	25.21	40.96	0.51	0.44

样品编号	C_{27} 规则甾烷 /%	C_{28} 规则甾烷 /%	C_{29} 规则甾烷 /%	C_{29} 甾烷 20S/20 (S+R)	C_{29} 甾烷 $\beta\beta$/ ($\alpha\alpha$+$\beta\beta$)
GZ0116	28.53	23.80	43.28	0.54	0.43
GZ0118	36.30	27.46	36.81	0.51	0.41
GZ0120	35.29	26.58	37.82	0.52	0.44
GZ0123	35.81	26.84	37.00	0.54	0.43
GZ0124	25.24	24.67	40.74	0.52	0.47
GZ0126	36.16	27.52	37.16	0.49	0.42
ZJJ0137	36.90	28.06	35.89	0.47	0.41
ZJJ0138	36.89	27.77	36.14	0.45	0.42
ZJJ0139	39.15	28.28	34.91	0.45	0.41
ZJJ0140	36.95	27.52	35.41	0.42	0.40
ZJJ0141	36.01	29.31	36.28	0.44	0.39
ZJJ0142	38.07	27.68	36.16	0.41	0.41
ZJJ0143	42.35	29.38	31.73	0.45	0.40
ZJJ0144	33.94	27.47	39.36	0.41	0.34
ZJJ0145	36.27	28.27	36.49	0.42	0.40
ZJJ0146	37.23	29.58	34.87	0.43	0.41
ZJJ0147	39.13	29.06	35.11	0.43	0.44
ZJJ0148	35.39	28.36	37.38	0.42	0.43
ZJJ0149	35.80	28.09	37.37	0.43	0.43
ZJJ0151	37.85	27.78	35.62	0.44	0.44

　　龙鼻嘴剖面黑色岩系中 C_{29} 甾烷 20S/20(R+S) 介于 0.46~0.54，平均值为 0.51，C_{29} 甾烷 $\beta\beta$/($\alpha\alpha$+$\beta\beta$) 介于 0.41~0.47，平均值为 0.43；三岔剖面黑色岩系汇总 C_{29} 甾烷 20S/20(R+S) 介于 0.41~0.47，平均值为 0.43，C_{29} 甾烷 $\beta\beta$/($\alpha\alpha$+$\beta\beta$) 介于 0.34~0.44，平均值为 0.41。从图 4.17 可以看出，两者均达到成熟甚至高成熟阶段，并且接近参数的平衡终点。

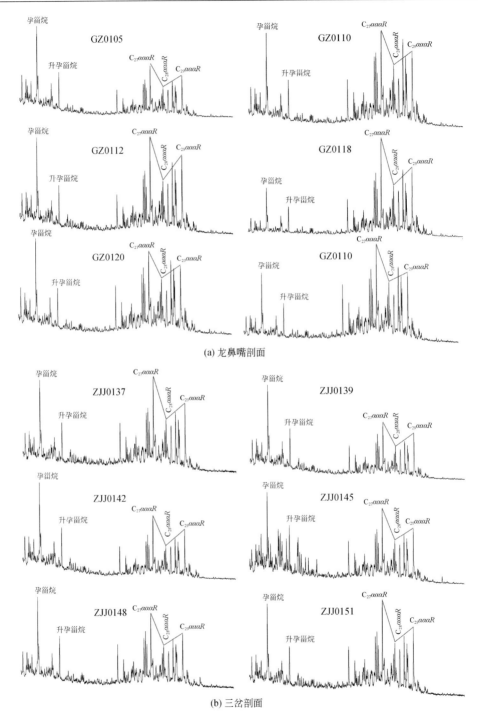

图 4.16 湘西地区黑色岩系饱和烃 *m/z*=217 质量色谱示意图

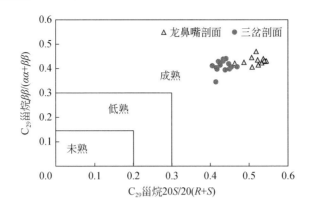

图 4.17 湘西地区黑色岩系根据甾烷参数划分成熟度图

4.5.2 芳香烃生物标志化合物

原油和沉积物中的芳香烃因具有较为稳定的芳环结构，在经历了成岩和热演化过程以后能够较好地保持生物原始母质的特征。因此，芳香烃化合物不仅可以有效地判别原油的母源类型，研究烃源岩的沉积环境，为油源对比提供可靠依据，还可以用作原油和烃源岩热演化程度的可靠指标（Radke，1988）。

芳香烃化合物及其衍生物是烃源岩抽提物和原油中的重要组成部分，由众多结构复杂的芳香烃化合物和含氮、硫、氧的杂原子化合物组成。一般烃源岩和原油中均可检测出丰富的芳香烃化合物，包括烷基苯系列的单环芳烃，萘系列和联苯系列的二环芳烃，菲系列、蒽系列和三联苯系列的三环芳烃，芘系列、苯并蒽系列和荧蒽的四环芳烃，䓛系列、苯并芘系列和苯并荧蒽系列的五环芳烃，以及杂原子化合物三芴系列。芳香烃化合物及其衍生物具有重要的地球化学信息，不同结构和不同取代基的芳香烃可以反映原始有机质来源、沉积环境、热演化程度等重要信息。与饱和烃相比芳香烃化合物具有更高的热稳定性和抗生物降解能力，所以在热演化程度较高或次生变化较严重的有机质中，芳香烃生物标志化合物可能会有更高的可靠性。

1. 芳香烃组成特征

1）柴北缘

柴北缘在各岩样抽提物中检出了烷基苯、联苯、萘、菲、氧芴（OF）、硫芴 (SF)、芴、荧蒽、芘、三芳甾烷、惹烯等系列化合物。从各系列化合物的相对含量来看，万洞沟群岩样菲的平均含量约占芳香烃的 58%；滩间山群 a 段岩样菲的含量处于相同水平，平均值约为 59%。在所有芳香烃化合物中菲系列含量最高，其次是三芴系列、联苯、芘等，总的来看，三环芳烃含量最高（图 4.18）。

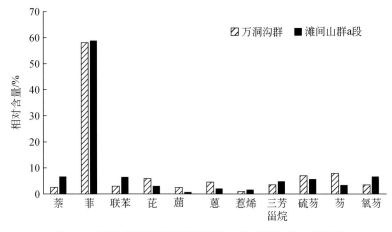

图 4.18　柴北缘黑色岩系芳香烃化合物各组分分布直方图

2）湘西地区

湘西地区龙鼻嘴剖面和三岔剖面各岩样抽提物中检出了多种芳香烃化合物，包括萘、菲、三芳甾烷、菌、联苯、芴、氧芴、硫芴、蒽、惹烯、芘等系列化合物。从各系列化合物的相对含量来看，菲系列化合物的含量较多，占比接近 50%，其中龙鼻嘴剖面菲的平均含量约占 44%，三岔剖面菲的平均含量占到 41%。芘和硫芴的含量次之，龙鼻嘴剖面芘的平均含量占到 19%，硫芴的平均含量占到 15%；而三岔剖面芘的平均含量占到 13%，硫芴为 10%；联苯的含量介于 1.5%~16.3%，平均含量为 7.0%；三芳甾烷和蒽的含量较低，均小于 8%，菌和惹烯的含量最少，两个剖面的含量均在 4% 以下（图 4.19）。

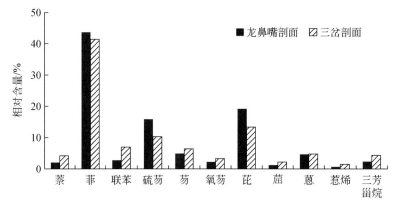

图 4.19　湘西地区黑色岩系芳香烃化合物各组分分布直方图

2. 萘系列化合物特征

萘系列化合物是烃源岩与原油芳香烃馏分中最常见的系列化合物之一，可以用烷基萘系列化合物来反映烃源岩有机质来源、热演化程度和沉积环境等方面的信息。研究表明随着热演化程度的加剧，萘的脱甲基作用也会增强，多甲基取代基的萘会向着取代基较少的萘转变。

1）柴北缘

柴北缘黑色岩系萘系列化合物从甲基萘到五甲基萘均可以检测到，其中四甲基萘占萘系列化合物的含量最高，平均含量均接近60%，三甲基萘的占比次之，平均含量在30%左右（图4.20）。

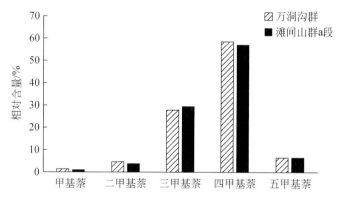

图4.20　柴北缘黑色岩系萘系列化合物相对含量分布直方图

萘系列化合物由于具有很高的热稳定性，故被广泛地用于指示高热演化阶段的有机质成熟度。包括甲基萘比（MNR）、二甲基萘比（DNR-1、DNR-2）、三甲基萘比（TNR-1到TNR-4）等参数。以上参数能够指示成熟度的机理在于随着成熟度增加，油气大分子中的α位的1-甲基萘会逐步发生甲基重排作用而转化为更稳定的β位的2-甲基萘。一般而言，随着成熟度的增加，以上参数会逐渐增高。柴北缘三组岩样的各参数均值都较为接近，表明其有机质热演化阶段差异较小（表4.23），结合相关成熟度参数可知柴北缘黑色岩系有机质均达到高—过成熟阶段。

2）湘西地区

湘西地区龙鼻嘴剖面和三岔剖面黑色岩系三甲基萘和四甲基萘含量相对较高，甲基萘和五甲基萘含量相对较低，仅在个别样品检测出了极少量的二甲基萘，呈现四甲基萘＞三甲基萘＞五甲基萘＞甲基萘＞二甲基萘的分布特征。湘西地区四甲基萘占萘系列化合物的比例最高，龙鼻嘴剖面四甲基萘平均含量占到63%，三岔剖面四甲基萘平均含量占到59%；三甲基萘的占比次之，平均含量在20%左右（图4.21）。

表 4.23　柴北缘黑色岩系萘系列化合物常见成熟度参数表

分组及参数		甲基萘比值	二甲基萘比值		三甲基萘比值			
		MNR	DNR-1	DNR-2	TNR-1	TNR-2	TNR-3	TNR-4
QD129 探井岩样	最小值	0.77	0.55	0.35	1.06	0.83	0.54	0.77
	最大值	1.38	1.35	0.84	1.88	1.11	0.62	2.15
	平均值	1.11	0.90	0.59	1.57	1.02	0.58	1.27
TJS160 剖面岩样	最小值	0.69	0.50	0.25	1.13	0.87	0.55	0.48
	最大值	1.62	1.06	0.98	1.85	1.20	0.76	1.54
	平均值	1.17	0.73	0.59	1.38	0.97	0.63	1.01
ZK2401 探井岩样	最小值	1.06	0.73	—	1.22	0.88	0.50	1.37
	最大值	1.42	1.11	—	1.92	1.16	0.58	1.77
	平均值	1.21	0.92	—	1.56	1.01	0.54	1.55

甲基萘比值：MNR=2-甲基萘/1-甲基萘。二甲基萘比值：DNR-1=2,6+2,7二甲基萘/1,3+1,7二甲基萘；DNR-2=1,2二甲基萘/1,3+1,7二甲基萘。三甲基萘比值：TNR-1=2,3,6三甲基萘/1,4,6+1,3,5三甲基萘；TNR-2=1,3,7+2,3,6三甲基萘/1,3,5+1,3,6+1,4.6三甲基萘；TNR-3=1,3,7三甲基萘/1,3,6三甲基萘；TNR4=1,2,5三甲基萘/1,3,6三甲基萘。

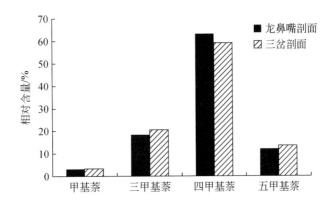

图 4.21　湘西地区黑色岩系萘系列化合物各组分分布直方图

3. 菲系列化合物特征

菲系列化合物具有和萘系列化合物相似的热力学特性，也是常用的高演化阶段有机质成熟度的指标化合物。常用参数包括甲基菲比值、甲基菲指数（MPI-1、MPI-2）以及甲基菲分馏系数（MPDF1、MPDF2）。其中，甲基菲指数在成熟度增加过程中先增大后减小，大致由 0.4 增加到 1.5 左右后，再逐步减小到 0.6 左右，需要结合其他参数共同使用。随热演化程度的逐渐增高，α 位的 9-甲基菲和 1-甲基菲向热稳定性更强的 β 位的 3-甲基菲和 2-甲基菲转化。

通过计算可知，柴北缘黑色岩系菲系列各参数在三组岩样中的值相对接近，说明彼此之间的成熟度差异较小（表 4.24）。Radke（1988）在研究过程中发现甲基菲指数与成熟度之间具有良好的相关性，并在大量数据的基础上建立了不同热演化阶段甲基菲指数和镜质组反射率之间的回归方程：

$$R_\mathrm{o}=0.6 \times (\mathrm{MPI}\text{-}1)+0.4 \quad (0.65\% \leqslant R_\mathrm{o} \leqslant 1.35\%)$$
$$R_\mathrm{o}=-0.6 \times (\mathrm{MPI}\text{-}1)+2.3 \quad (R_\mathrm{o} > 1.35\%)$$

表 4.24 柴北缘黑色岩系菲系列化合物常见成熟度参数计算表

分组及参数		甲基菲比值	甲基菲指数		甲基菲分馏系数	
		MPR	MPI-1	MPI-2	MPDF1	MPDF2
QD129 探井岩样	最小值	1.14	0.21	0.20	0.47	0.25
	最大值	2.00	0.75	0.81	0.62	0.35
	平均值	1.66	0.57	0.62	0.57	0.31
TJS160 剖面岩样	最小值	1.17	0.33	0.31	0.51	0.23
	最大值	1.60	0.72	0.74	0.55	0.31
	平均值	1.39	0.50	0.50	0.53	0.26
ZK2401 探井岩样	最小值	1.49	0.49	0.55	0.54	0.30
	最大值	1.67	0.82	0.94	0.57	0.31
	平均值	1.59	0.63	0.71	0.55	0.31

甲基菲比值：MPR=2-甲基菲/1-甲基菲。甲基菲指数：MPI-1=1.5×（3-甲基菲+2-甲基菲）/（菲+9-甲基菲+1-甲基菲）；MPI-2=（3×2-甲基菲）/（菲+9-甲基菲+1-甲基菲）。甲基菲分馏系数：MPDF1=（3-甲基菲+2-甲基菲）/（1-甲基菲+2-甲基菲+3-甲基菲+9-甲基菲）；MPDF2=（2×2-甲基菲）/（1-甲基菲+2-甲基菲+3-甲基菲+9-甲基菲）。

R_o 计算结果为：柴北缘万洞沟群岩样的 R_o 为 2.45%~2.77%，平均值为 2.56%；滩间山群 a 段岩样的 R_o 为 2.47%~2.7%，平均值为 2.6%；滩间山群 e 段岩样的 R_o 为 2.41%~2.61%，平均值为 2.52%。这表明柴北缘万洞沟群和滩间山群黑色岩系均达到过成熟阶段，高于沥青反射率计算的 R_o。

湘西龙鼻嘴剖面下寒武统牛蹄塘组岩样的 R_o 为 2.15%~2.6%，平均值为 2.37%；三岔剖面下寒武统牛蹄塘组岩样的 R_o 为 2.32%~2.54%，平均值为 2.47%。这表明湘西下寒武统牛蹄塘组黑色岩系均达到过成熟阶段，与沥青反射率计算的 R_o 相近（表 4.25）。

表 4.25　柴北缘与湘西地区黑色岩系菲系列化合物特征参数

类型	地区	柴北缘			湘西地区	
	层位	万洞沟群	滩间山群 a 段	滩间山群 e 段	龙鼻嘴剖面	三岔剖面
甲基菲指数 MPI-1	最大值	0.75	0.72	0.82	1.25	0.97
	最小值	0.21	0.33	0.49	0.50	0.60
	平均值	0.57	0.5	0.63	0.88	0.71
R_o/%	最大值	2.77	2.7	2.61	2.6	2.54
	最小值	2.45	2.47	2.41	2.15	2.32
	平均值	2.56	2.6	2.52	2.37	2.47

4.三芴系列化合物特征

三芴系列化合物是芳香烃生物标志化合物中研究最多的化合物之一，是芳香烃中芴系列（F）、氧芴（OF，二苯并呋喃系列）和硫芴（SF，二苯并噻吩）系列三种杂原子化合物系列的总称。它们之间的相对含量或比值，被认为与有机质的沉积和保存环境关系紧密，能够较好地指示有机质形成时处于氧化或还原条件。丰富的含硫芳香烃一般可作为膏盐及海相碳酸盐岩沉积环境的特征产物。在正常还原环境中芴系列较为丰富，在强还原环境中则以硫芴 (SF) 占优势，在弱氧化和弱还原的环境中氧芴 (OF) 含量可能较高。陆相淡水—微咸水湖相烃源岩中芴（F）含量较高，沼泽相煤中氧芴（OF）含量较高，盐湖相和海相烃源岩中硫芴（SF）含量较高。李水福等（2008）认为三芴系列相对组成变化不太适用于氧化和还原的过渡环境，并提出采用 $\sum$ SF/$\sum$ (F+SF) 系列和 $\sum$ OF/$\sum$ (F+OF) 系列关系来区分过渡环境的烃源岩及原油。

1）柴北缘

柴北缘黑色岩系三芴系列化合物相对含量三角图显示：万洞沟群岩样中芴 >

硫芴 > 氧芴，表明该时期处于相对还原的沉积环境；滩间山群 a 段岩样分布较分散，以硫芴 > 氧芴 > 芴为主，少量表现为氧芴 > 硫芴 > 芴，表明该时期处于还原、弱氧化沉积环境；滩间山群 e 段岩样表现为氧芴 > 硫芴≈芴，表明该时期处于弱氧化沉积环境（图 4.22）。

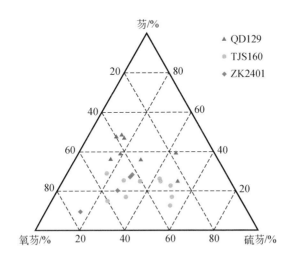

图 4.22 柴北缘黑色岩系三芴系列化合物相对含量三角图

硫芴（SF，二苯并噻吩）大量形成于富含低价硫（S^{2-}）且处于强还原的水体环境。通过对大量不同沉积环境烃源岩所含二苯并噻吩系列化合物含量的统计分析发现：4- 甲基二苯并噻吩 / 二苯并噻吩的比值可有效判别沉积相，海相环境中其值 >1.2，湖相环境中其值 <1。经计算可知：柴北缘万洞沟群岩样的 4- 甲基二苯并噻吩 / 二苯并噻吩均值为 1.48，滩间山群 a 段为 1.13，滩间山群 e 段为 1.02，表明万洞沟群为海相沉积环境，滩间山群可能为海相向陆相过渡的沉积环境。

为了更加详细划分不同的沉积环境，在三芴系列化合物相对含量三角图的基础上提出 SF/（SF+F）和 OF/（OF+F）关系图对沉积环境特征做更详细的分析。另外硫芴系列 / 氧芴系列与 Pr/Ph 可以有效划分沉积环境的氧化还原特征。

万洞沟群岩样中硫芴和芴含量相对氧芴含量更高，表现出还原性沉积特征；而滩间山群 a 段和滩间山群 e 段岩样中既有硫芴含量占优势，也存在氧芴含量占优势的样品，表现为弱氧化—还原环境之间变化的特征。结合沉积构造演化过程，推测从万洞沟群到滩间山群 e 段柴北缘由半深海环境逐步向陆相演化（图 4.23、图 4.24）。

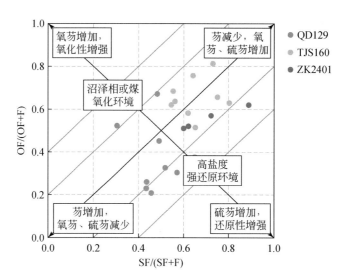

图 4.23　柴北缘黑色岩系 SF/（SF+F）和 OF/（OF+F）关系图

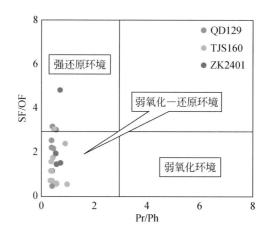

图 4.24　柴北缘黑色岩系 SF/OF 与 Pr/Ph 关系图

2）湘西地区

根据黑色岩系三芴系列化合物相对含量三角图可知，湘西地区三芴系列化合物含量整体表现为 SF>OF>F。龙鼻嘴剖面样品三芴系列化合物硫芴平均含量为 55%，氧芴和芴的平均含量分别为 30% 和 15%；三岔剖面硫芴的平均含量为 52%，氧芴和芴的平均含量分别为 31% 和 17%，说明两个剖面黑色岩系有机质形成于较高盐度的强还原环境中（图 4.25）。据三芴系列∑ SF/∑（F+SF）-∑ OF/∑（F+OF）交汇图，湘西地区黑色岩系沉积于较高盐度的还原环境中（图 4.26）。

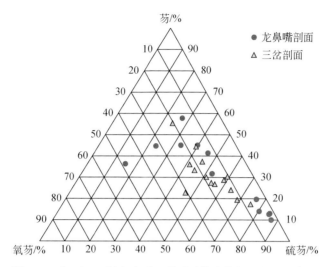

图 4.25 湘西地区黑色岩系三芴系列化合物相对含量三角图

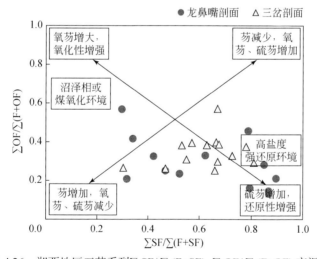

图 4.26 湘西地区三芴系列∑ SF/∑ (F+SF)-∑ OF/∑ (F+OF) 交汇图

4.6 小 结

（1）柴北缘中元古界万洞沟群与上奥陶统滩间山群及湘西地区下寒武统牛蹄塘组黑色岩系热演化程度高，C 元素高度富集，而 H、O 元素大量散失，有机元素组成整体表现为 $\omega(C) > \omega(H) > \omega(O)$，以高碳含量为特征。

（2）湘西地区黑色岩系中有机质丰度明显高于柴北缘黑色岩系。柴北缘滩间山群 a 段岩样 TOC 含量平均值为 1.49%，多属于一般烃源岩。湘西地区牛蹄塘组黑色岩系 TOC 含量平均值为 5.80，有机质富集层段的 TOC 含量均达到优质烃源岩标准。

（3）柴北缘万洞沟群与滩间山群和湘西地区牛蹄塘组黑色岩系氯仿沥青含量均较低，族组分中非烃和沥青质占绝对优势。两个地区黑色岩系有机质类型主要为 I 型、II$_1$ 型。柴北缘黑色泥页岩处于高 – 过成熟阶段，湘西地区处于过成熟阶段。

（4）柴北缘万洞沟群与滩间山群和湘西地区牛蹄塘组黑色岩系饱和烃分布特征基本一致，主峰碳为 C$_{17}$ 或 C$_{18}$，正构烷烃均以低碳数化合物为主，类异戊间二烯烷烃中植烷占优势，三环萜烷类以 C$_{23}$ 含量最高，五环萜烷中有一定含量的伽马蜡烷，C$_{27}$ 规则甾烷占优势。

（5）芳香烃生物标志化合物的三芴系列含量显示：柴北缘万洞沟群为相对还原的海相沉积环境，滩间山群可能为弱氧化弱还原的海相向陆相过渡的沉积环境，湘西地区牛蹄塘组黑色岩系沉积于较高盐度的还原环境中。

第 5 章　黑色岩系无机地球化学特征

地球化学元素是地球沉积信息的良好载体，沉积岩中不同的元素含量和比值能够代表不同的沉积环境，因此可利用元素的这些特征来探讨沉积岩形成的古环境（赵振华等，2017）。本次研究主要通过选取典型剖面的黑色岩系样品，对柴北缘滩间山群与万洞沟群、湘西地区龙鼻嘴剖面和三岔剖面的 18 块、27块露头和钻孔样品进行了 X 衍射、主量元素、微量元素和稀土元素等相关分析测试，探讨了柴北缘和湘西地区黑色岩系的矿物组成及各类元素含量等无机地球化学特征。

5.1　矿物组成特征

对柴北缘和湘西地区的露头、钻井岩心等岩石样品进行 X 衍射分析，实验在中国石油大学（北京）粉晶 X 衍射实验室进行，仪器型号为 Bruker D2 PHASER X 射线衍射仪，取新鲜样品，用玛瑙研钵研磨至 300 目粗细的粉末，用小药匙盛至干净的样品盘中心，用干净的玻璃片压盖，使样品表面平整，尽量保证一次压盖平整，多次填充会影响实验结果。然后将装好的样品放入设置好步长和角度的测试仪器中进行测试。过程中每个样品研磨后用无水乙醇对实验操作工具进行擦拭，防止样品出现交叉污染，影响实验结果。

5.1.1　柴北缘

通过对柴北缘岩样的 X 衍射全岩定量分析可知：黑色岩系主要矿物组分为石英和黏土矿物，但相对含量有一定差异（表 5.1）。

表 5.1　柴北缘黑色岩系全岩 X 衍射分析数据表（%）

样品编号	石英	斜长石	方解石	白云石	石膏	黄铁矿	黏土矿物
QD129-05	37.6	—	—	—	—	—	62.4
QD129-07	35.5	—	—	12.1	—	—	52.4
QD129-16	43.0	—	—	—	—	—	57
QD129-17	35.5	—	—	—	—	—	64.5

续表

样品编号	石英	斜长石	方解石	白云石	石膏	黄铁矿	黏土矿物
QD129-22	30.2	—	—	—	—	—	69.8
QD129-24	44.7	3.8	—	—	—	—	51.5
QD129-33	38.3	—	—	—	—	—	61.7
QD129-35	21.9	8.2	2.8	3.9	—	—	63.2
QD129-37	42.6	—	—	—	—	—	57.4
QD129-45	47.0	—	—	—	—	—	53.0
TJS160101	52.5	3.1	7.5	5.1	—	—	31.8
TJS160102	54.2	4.2	6.6	5.5	—	—	29.5
TJS160108	52.1	2.3	6.6	—	12.8	—	26.2
TJS160111	60.7	—	—	—	—	—	39.3
TJS160112	60.1	5.6	—	—	—	5.9	28.4
TJS160113	53.3	—	—	—	—	—	46.7
TJS160114	50.2	5.7	—	—	—	8.1	36.0
TJS160117	36.8	30.3	—	—	—	—	32.9
TJS160119	36.5	34.8	—	—	—	—	28.7
TJS160120	6.7	—	93.3	—	—	—	0.0
TJS160121	36.2	—	—	—	31.4	—	32.4
TJS160122	50.3	—	—	—	—	4.7	45.0
TJS160123	52.3	—	—	—	—	—	47.7
TJS160124	51.1	—	—	—	—	5.1	43.8
TJS160127	36.0	—	—	41.4	—	—	22.6
TJS160133	43.1	—	—	8.0	5.4	—	43.5
TJS160134	42.8	—	—	8.4	4.9	—	43.9
TJS160137	36.4	—	—	—	9.4	—	54.2
TJS160138	37.1	5.3	—	—	8.0	—	49.6
TJS160139	39.4	4.6	28.7	—	1.3	—	26.0
TJS160142	42.0	—	—	—	37.0	—	21.0

续表

样品编号	石英	斜长石	方解石	白云石	石膏	黄铁矿	黏土矿物
TJS160145	44.4	—	—	—	28.4	—	27.2
TJS160146	43.5	—	—	—	28.1	—	28.4
TJS160151	45.2	—	—	—	—	—	54.8
TJS160152	46.5	—	—	—	—	—	53.5
ZK2401-01	41.5	3.7				7.1	47.7
ZK2401-02	43.2			20.1			36.7
ZK2401-03	44.6	6.3				5.1	44.0
ZK2401-04	45.0	—	—	—	0.9		49.5
ZK2401-05	48.7	3.4				2.3	45.6
ZK2401-06	42.9	—					57.1
ZK2401-07	53.4						46.6
ZK2401-08	58.0	—	—	—	—	—	42.0

万洞沟群样品的石英含量为 21.9%~47.0%，平均值为 37.63%；黏土矿物含量为 51.5%~69.8%，平均值为 59.29%，其余矿物含量极少（图 5.1）。

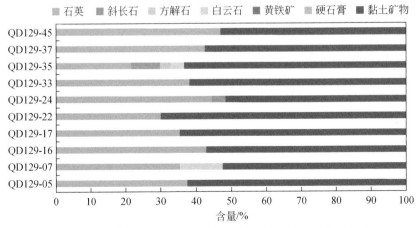

图 5.1　柴北缘万洞沟群黑色岩系岩样中矿物组成及含量分布图

滩间山群 a 段岩样黑色泥页岩中石英含量为 36.0%~60.7%，平均值为 47.72%，另外有含量不等的斜长石、方解石、白云石、硬石膏和黄铁矿等组分，组分含量多的可达40%左右，少的则不足5%。滩间山群a段存在方解石含量>90%的碳酸盐岩样品。多个样品检测出较高含量的黄铁矿，含量为5%~10%，表明该沉积时期主要为适宜黄铁矿反应沉淀的还原环境（图5.2）。

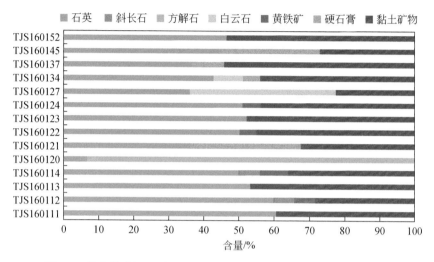

图5.2 柴北缘滩间山群a段黑色岩系岩样中矿物组成及含量分布图

滩间山群e段与a段矿物组成及含量相近，石英和黏土矿物含量分别为41.5%~58%和36.7%~57.1%，平均值分别为47.16%和46.15%，另外有含量不等的斜长石、白云石、硬石膏和黄铁矿等（图5.3）。

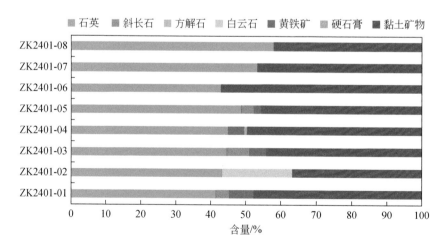

图5.3 柴北缘滩间山群e段黑色岩系岩样中矿物组成及含量分布图

5.1.2 湘西地区

露头样品全岩 X 衍射的测试结果表明：湘西地区龙鼻嘴剖面和三岔剖面下寒武统牛蹄塘组黑色岩系的主要矿物为石英和黏土矿物，黄铁矿次之，含有方解石及重晶石等，黏土矿物含量变化较大，在少量样品中检测出白云石（表 5.2）。

表 5.2 湘西地区黑色岩系全岩 X 衍射分析数据表（%）

样品编号	石英	斜长石	方解石	菱铁矿	黄铁矿	重晶石	石膏	白云石	黏土矿物
GZ0102	55.6	—	—	—	15.1	5.3	—	—	23.99
GZ0103	62.2	—	—	—	5.9	—	—	—	31.95
GZ0105	59.0	—	—	—	10.1	—	—	—	30.88
GZ0107	63.6	6.7	3.4	—	5.1	—	7.9	—	13.33
GZ0110	60.8	—	—	—	7.9	—	—	—	31.31
GZ0112	60.4	—	—	—	4.6	—	—	—	34.96
GZ0114	68.8	—	—	—	7.9	—	—	—	23.27
GZ0116	65.4	—	—	—	5.2	7.6	—	—	21.80
GZ0118	64.6	—	—	—	10.3	4.7	—	—	20.37
GZ0120	57.5	—	—	—	2.9	3.4	—	—	36.24
GZ0123	40.1	3.6	—	—	6.3	—	—	6.3	43.74
GZ0124	57.3	—	—	—	6.7	—	—	—	35.96
GZ0126	85.2	—	—	—	—	—	—	5.6	9.18
ZJJ0137	22.5	—	—	—	10.3	—	—	7.8	59.43
ZJJ0138	53.2	—	3.7	—	—	—	—	—	43.08
ZJJ0139	60.0	—	—	—	7.3	—	—	—	32.73
ZJJ0140	49.9	—	—	—	10.4	—	—	6.5	33.16
ZJJ0141	69.0	—	—	—	—	13.9	—	—	17.10
ZJJ0142	68.0	—	—	—	—	—	—	—	32.04

续表

样品编号	石英	斜长石	方解石	菱铁矿	黄铁矿	重晶石	石膏	白云石	黏土矿物
ZJJ0143	60.4	—	—	—	—	—	—	—	39.63
ZJJ0144	64.6	—	—	—	5.3	—	—	—	30.09
ZJJ0145	68.0	—	—	—	—	—	—	—	31.99
ZJJ0146	70.0	—	—	—	—	—	—	—	30.05
ZJJ0147	68.9	—	—	—	—	—	—	—	31.13
ZJJ0148	69.3	—	—	—	7.2	—	—	—	23.50
ZJJ0149	67.2	—	—	—	—	—	—	—	32.83
ZJJ0151	75.8	—	—	—	—	—	—	—	24.24

　　龙鼻嘴剖面黑色岩系的矿物组成主要为石英、黏土矿物及黄铁矿，含少量重晶石。其中石英含量介于 40.1%~85.2%，平均值为 61.6%，黏土矿物含量介于 9.18%~43.74%，平均值为 27.46%，黄铁矿含量介于 2.9%~15.1%，其余矿物含量相对较少（图 5.4）。

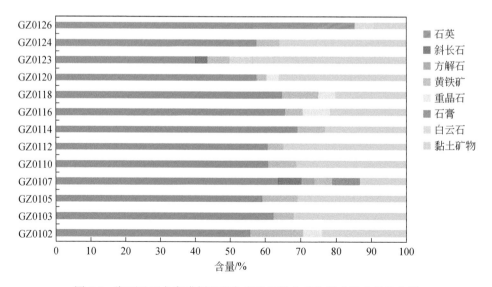

图 5.4　湘西地区龙鼻嘴剖面黑色岩系岩样中矿物组成及含量分布图

　　三岔剖面黑色岩系矿物组成主要包括石英和黏土矿物，含有少量黄铁矿和白云石。其中石英矿物含量为 22.5%~75.8%，平均值为 61.9%，黏土矿物含量为 17.10%~59.43%，平均值为 32.93%，黄铁矿含量为 5.3%~10.4%，黄铁矿含量比龙鼻嘴剖面低（图 5.5）。

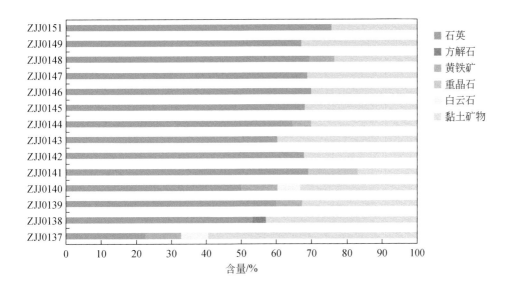

图 5.5　湘西地区三岔剖面黑色岩系岩样中矿物组成及含量分布图

5.2　主量元素特征

　　主量元素是指在任何岩石中都占绝对多量的元素，实际上是地壳以及岩石圈地幔中丰度最高的一些元素，一般重量大于 0.1%，通常包括 Si、Al、Fe、Mg、Ca、Na、K、Mn、Ti、P 这 10 个元素。在绝大多数岩石中，这些元素的氧化物的总和约为 100%。如果岩石中含有较多的含水矿物，如角闪石、云母，特别是蚀变强烈的岩石（含有大量的碳酸盐矿物和黏土矿物），则主量元素氧化物总和会低于 99%，这时就用烧失量（LOI）表示。黑色岩系主量元素的检测在中国石油大学（北京）油气资源与探测国家重点实验室进行，检测主要仪器为 AB104L，AL104，AxiosmAX X 射线荧光光谱仪和电子天平，检测条件为温度 23℃，相对湿度 31%。

5.2.1　柴北缘

　　柴北缘黑色岩系主量元素含量的大致比例和变化趋势基本接近，SiO_2 含量普遍较高，Al₂O₃含量次之（表 5.3）。个别组分之间的含量仍有较大差异（表 5.4），元素含量的差异对分析沉积母质来源以及沉积环境的变化具有重要价值。

表 5.3　柴北缘黑色岩系主量元素含量（%）

样品编号	SiO₂	Al₂O₃	Fe₂O₃	MgO	CaO	Na₂O	K₂O	MnO	TiO₂	P₂O₅	FeO
QD129-07	53.63	19.28	6.94	1.89	3.66	0.418	4.57	0.081	0.463	0.197	5.48
QD129-16	60.36	21.65	6.58	1.59	1.27	0.454	4.83	0.073	0.463	0.362	4.86
QD129-17	53.64	22.05	6.84	1.71	2.61	0.454	5.11	0.098	0.529	0.175	4.8
QD129-22	56.99	20.99	8.95	2.18	0.542	0.344	4.27	0.034	0.467	0.19	7.06
QD129-33	56.52	20.87	6.23	1.71	1.57	0.484	4.85	0.078	0.595	0.185	4.73
QD129-37	55.52	20.75	7.17	1.46	2.28	0.337	4.69	0.073	0.782	0.159	5.13
QD129-45	54.31	19.56	7.89	1.56	3.02	0.447	4.51	0.153	0.822	0.158	3.28
TJS160111	50.13	18.77	9.45	1.61	1.89	0.574	5.28	0.033	1.29	0.186	0.31
TJS160113	58.4	17.23	4.55	1.17	0.506	1.3	4.95	0.012	1.45	0.248	0.12
TJS160120	5.93	0.665	0.27	0.642	51.05	0.094	0.148	0.006	0.036	0.088	0.17
TJS160121	40.7	15.38	9.83	0.565	3.42	1.56	3.52	0.008	1.56	0.306	0.25
TJS160123	57.99	20.91	6.92	0.901	0.614	1.01	4.6	0.109	0.575	0.182	0.79
TJS160127	41.44	10.64	6.27	6.22	11.28	0.459	2.95	0.077	0.568	0.229	2.61
TJS160134	52.29	15.89	5.36	4.08	5.17	0.91	4.25	0.084	0.9	0.191	2.38
TJS160137	51.33	17.05	6.78	2.83	4.05	0.685	4.3	0.042	0.901	0.207	2.41
TJS160145	48.15	11.37	4.4	0.452	6.32	0.622	3.33	0.004	1.38	0.056	0.65
TJS160152	59.71	20.12	7.13	1.49	0.383	0.515	4.45	0.029	0.85	0.206	2.59
ZK2401-02	54.15	15.39	7.6	1.76	4.93	0.442	3.88	0.115	0.74	0.12	5.78
ZK2401-04	57.49	22.14	4.72	0.654	0.635	0.817	5.58	0.015	0.444	0.164	2.34
ZK2401-06	57.55	21.52	7.7	0.603	0.605	0.68	5.06	0.153	0.603	0.06	0.8
ZK2401-08	57.46	18.61	9.82	0.55	1.74	0.523	4.51	0.217	0.355	0.065	0.56

表 5.4　柴北缘黑色岩系岩样中主量元素类型及相对含量表（%）

分组及元素类型		SiO₂	Al₂O₃	Fe₂O₃	MgO	CaO	Na₂O	K₂O	MnO	TiO₂	P₂O₅	FeO
QD129 探井 岩样	最小值	53.63	19.28	6.23	1.46	0.542	0.337	4.27	0.034	0.463	0.158	3.28
	最大值	60.36	22.05	8.95	2.18	3.66	0.484	5.11	0.153	0.822	0.362	7.06
	平均值	55.85	20.74	7.23	1.73	2.14	0.42	4.69	0.08	0.59	0.20	5.05
TJS160 剖面 岩样	最小值	5.93	0.665	0.27	0.452	0.383	0.094	0.148	0.004	0.036	0.056	0.12
	最大值	59.71	20.91	9.83	6.22	51.05	1.56	5.28	0.109	1.56	0.306	2.61
	平均值	46.61	14.83	6.10	2.0	8.47	0.77	3.78	0.04	0.95	0.19	1.23
ZK2401 探井 岩样	最小值	54.15	15.39	4.72	0.55	0.605	0.442	3.88	0.015	0.355	0.06	0.56
	最大值	57.55	22.14	9.82	1.76	4.93	0.817	5.58	0.217	0.74	0.164	5.78
	平均值	56.66	19.42	7.46	0.89	1.98	0.62	4.76	0.13	0.54	0.10	2.37

　　万洞沟群 SiO₂ 含量介于 53.63%~60.36%，平均为 55.85%，Al₂O₃ 含量介于 19.28%~22.05%，平均为 20.74%；Fe₂O₃ 和 FeO 含量分别为 6.23%~8.95% 和 3.28%~7.06%，平均分别为 7.23% 和 5.05%；CaO 含量为 0.54%~3.66%，平均为 2.14%；K₂O 含量为 4.27%~5.11%，平均为 4.69%；MgO 含量为 1.46%~2.18%，平均为 1.73%。其余元素含量均不超过 1%，TiO₂ 含量介于 0.463%~0.822%，平均为 0.59%；MnO 含量较低，平均含量为 0.08%；Na₂O 含量为 0.337%~0.484%，平均为 0.42%；P₂O₅ 含量介于 0.158%~0.362%，平均为 0.20%（图 5.6）。

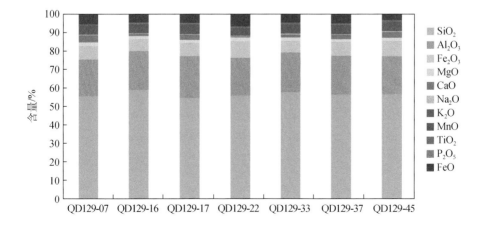

图 5.6　柴北缘地区万洞沟群黑色岩系主量元素分布

滩间山群 a 段 SiO_2 含量为 5.93%~59.71%，平均为 46.61%；Al_2O_3 含量为 0.665%~20.91%，平均为 14.83%；Fe_2O_3 含量为 0.27%~9.83%，平均为 6.10%；CaO 含量为 0.383%~51.05%，平均为 8.47%；FeO 含量为 0.12%~2.61%，平均为 1.23%。K_2O 含量为 0.148%~5.28%，平均为 3.78%；MgO 含量为 0.452%~6.22%，平均为 2.0%。其余主量元素含量均小于 1%，TiO_2 含量为 0.036%~1.56%，平均为 0.95%；P_2O_5 含量为 0.056%~0.306%，平均为 0.19%（图 5.7）。主量元素含量变化存在较大的波动，如 CaO 的含量最大值为 51.05%，最小值为 0.383%，存在 133 倍的差距；而 TiO 含量最大值为 1.56%，最小值为 0.036%，相差 43 倍。

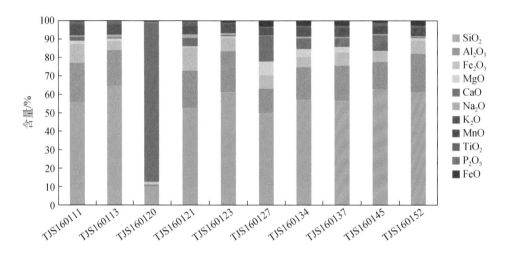

图 5.7　柴北缘地区滩间山群 a 段黑色岩系主量元素分布

烧失量反映了岩样中可燃组分的含量，通常是有机质不同热演化程度的烃类产物。各岩样中的含量存在较大的起伏变化，但整体含量较高，表明在沉积时期的原始有机质含量较高，且受到油气运移作用的影响，使得部分层段的含量出现显著增高，这种现象在滩间山群 a 段最为明显，该段的烧失量均值达到 12.02%，个别岩样中可达 20% 左右。整体而言，滩间山群 a 段的原始有机质丰度相较于万洞沟群和滩间山群 e 段更高，且运移保存的碳沥青含量也更多。

对比地壳中各元素的平均丰度发现：部分样品中出现 Fe_2O_3、K_2O 或者 CaO 等含量远高于地壳平均含量的现象，这些是与生物生长繁殖活动密切相关的元素，表明在黑色岩系沉积时期有机质来源丰富，存在某些短时期内的生物快速大量繁盛的情况，推测可能是火山喷发的丰富矿物质引起浮游藻类等急剧增加导致。

5.2.2　湘西地区

　　湘西地区下寒武统牛蹄塘组黑色岩系中的 SiO_2 含量普遍较高，Al_2O_3 含量次之（表 5.5、表 5.6）。龙鼻嘴剖面 SiO_2 含量为 46.06%~92.22%，平均为 69.50%，GZ0126 硅质岩样品的 SiO_2 含量高达 92.22%；Al_2O_3 含量变化范围较大，介于 0.205%~16.13%，平均为 9.25%；Fe_2O_3 和 FeO 含量分别为 0.156%~6.38% 和 0.12%~2.27%，平均含量分别为 2.89% 和 1.21%；CaO 含量为 0.098%~8.24%，平均为 1.28%；K_2O 含量为 0.045%~3.45%，平均为 2.10%。其余元素含量均不超过 1%，TiO_2 含量为 0.093%~1.21%，平均为 0.57%；MnO 含量较低，部分样品含量低于 0.004%；MgO 含量为 0.197%~1.77%，平均为 0.88%；Na_2O 含量为 0.121%~2.11%，平均为 0.93%；P_2O_5 含量为 0.02%~0.751%，平均为 0.18%（图 5.8）。

表 5.5　湘西地区下寒武统牛蹄塘组黑色岩系主量元素含量（%）

样品编号	SiO_2	Al_2O_3	Fe_2O_3	MgO	CaO	Na_2O	K_2O	MnO	TiO_2	P_2O_5	FeO
GZ0102	65.61	14.87	6.38	1.77	0.104	1.06	3.01	0.015	0.555	0.082	2.24
GZ0103	71.15	12.94	3.92	1.69	0.098	1.27	2.52	0.012	0.476	0.06	2.27
GZ0105	68.02	16.13	3.49	1.56	0.14	1.12	3.33	0.027	0.552	0.039	1.63
GZ0107	71.57	12.66	4.29	1.51	0.368	2.11	2.16	0.017	0.744	0.183	1.9
GZ0110	70.79	14.55	1.78	1.03	0.135	1.43	3.45	0.004	0.676	0.07	0.57
GZ0112	70.44	15.04	2.17	0.997	0.167	0.904	3.42	0.004	0.64	0.062	0.87
GZ0114	78.83	4	1.73	0.197	0.334	0.327	1.04	< 0.004	0.249	0.118	0.96
GZ0116	69.4	7.32	3.06	0.314	0.55	0.891	1.96	< 0.004	0.523	0.215	1.18
GZ0118	69.63	7.29	3.18	0.251	0.789	1.03	1.85	< 0.004	0.508	0.149	1.4
GZ0120	64.46	8.64	3.51	0.627	1.01	1.39	2.22	0.008	0.566	0.136	0.98
GZ0123	46.06	0.205	0.156	0.205	8.24	0.137	0.045	< 0.004	1.21	0.02	0.12
GZ0124	65.34	4.87	2.07	1.09	3.76	0.263	1.77	< 0.004	0.587	0.751	0.58
GZ0126	92.22	1.72	1.86	0.244	0.938	0.121	0.544	0.011	0.093	0.438	1.04
ZJJ0137	24.47	3.35	1.2	0.467	30.88	0.118	1.04	< 0.004	0.121	22.88	0.6
ZJJ0138	56.22	9.4	5.45	3.86	4.82	0.563	3.41	0.05	0.387	0.184	0.89
ZJJ0139	63.97	9.46	4.42	1.13	0.408	0.081	3.76	0.006	0.441	0.121	0.59
ZJJ0140	53.94	8.49	4.91	4.33	5.53	0.214	3.21	0.042	0.379	0.146	0.74
ZJJ0141	73	6.11	2.45	0.543	0.245	0.278	2.19	0.006	0.258	0.142	0.8
ZJJ0142	70.96	5.61	4.42	0.839	0.835	0.346	2.06	0.026	0.233	0.13	1.16

续表

样品编号	SiO$_2$	Al$_2$O$_3$	Fe$_2$O$_3$	MgO	CaO	Na$_2$O	K$_2$O	MnO	TiO$_2$	P$_2$O$_5$	FeO
ZJJ0143	66.37	7.42	5.2	1.32	1.35	0.478	2.76	0.03	0.326	0.166	1.57
ZJJ0144	69.61	6.33	4.09	1.04	1.27	0.448	2.34	0.018	0.288	0.216	1.19
ZJJ0145	71.01	6.59	4.55	0.498	0.267	0.413	2.42	0.013	0.287	0.237	1.01
ZJJ0146	72.95	6.16	4	0.498	0.184	0.398	2.07	0.009	0.268	0.14	0.74
ZJJ0147	73.87	6.41	3.44	0.497	0.182	0.438	2.16	0.009	0.279	0.159	0.83
ZJJ0148	74.3	6.61	2.25	0.54	0.081	0.323	2.6	0.004	0.323	0.047	1.12
ZJJ0149	69.17	7.91	4	0.692	0.079	0.397	2.96	0.004	0.352	0.076	0.59
ZJJ0151	78.76	5.95	0.742	0.56	0.084	0.134	2.09	< 0.004	0.274	0.035	0.66

表 5.6 湘西地区黑色岩系主量元素测试数据表（%）

主量元素	SiO$_2$	Al$_2$O$_3$	Fe$_2$O$_3$	MgO
龙鼻嘴	$\dfrac{46.06\sim92.22}{69.50(13)}$	$\dfrac{0.205\sim16.13}{9.25(13)}$	$\dfrac{0.156\sim6.38}{2.89(13)}$	$\dfrac{0.197\sim1.77}{0.88(13)}$
三岔	$\dfrac{24.47\sim78.76}{65.61(14)}$	$\dfrac{3.35\sim9.46}{6.84(14)}$	$\dfrac{0.742\sim5.45}{3.65(14)}$	$\dfrac{0.467\sim4.33}{1.20(14)}$

主量元素	CaO	Na$_2$O	K$_2$O	MnO
龙鼻嘴	$\dfrac{0.098\sim8.24}{1.28(13)}$	$\dfrac{0.121\sim2.11}{0.93(13)}$	$\dfrac{0.045\sim3.45}{2.10(13)}$	$\dfrac{<0.004\sim0.027}{0.01(13)}$
三岔	$\dfrac{0.079\sim30.88}{3.30(14)}$	$\dfrac{0.081\sim0.563}{0.33(14)}$	$\dfrac{1.04\sim3.76}{2.51(14)}$	$\dfrac{<0.004\sim0.042}{0.02(14)}$

主量元素	TiO$_2$	P$_2$O$_5$	FeO	烧失量
龙鼻嘴	$\dfrac{0.093\sim1.21}{0.57(13)}$	$\dfrac{0.02\sim0.751}{0.18(13)}$	$\dfrac{0.12\sim2.27}{1.21(13)}$	$\dfrac{1.8\sim15.13}{8.32(13)}$
三岔	$\dfrac{0.121\sim0.441}{0.30(14)}$	$\dfrac{0.035\sim22.88}{1.76(14)}$	$\dfrac{0.59\sim1.57}{0.89(14)}$	$\dfrac{11.33\sim16.32}{13.71(14)}$

* $\dfrac{\text{最小值} \sim \text{最大值}}{\text{平均值（样品数量）}}$。

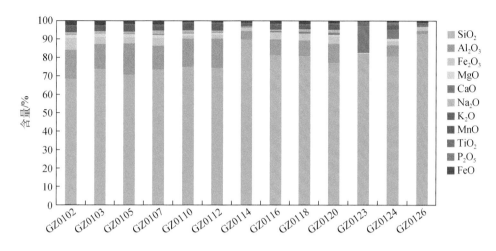

图 5.8　湘西地区龙鼻嘴剖面黑色岩系主量元素分布

三岔剖面 SiO_2 含量为 24.47%~78.76%，平均为 65.61%；Al_2O_3 含量较龙鼻嘴剖面较低，为 3.35%~9.46%，平均为 6.84%；Fe_2O_3 含量为 0.742%~5.45%，平均为 3.65%；CaO 含量为 0.079%~30.88%，平均为 3.30%，其中 ZJJ0137 样品达到了 30.88%，可能与岩石中的白云石矿物有关。其余主量元素含量均小于 1%，TiO_2 含量为 0.121%~0.441%，平均为 0.30%；FeO 含量为 0.59%~1.57%，平均为 0.89%；P_2O_5 含量为 0.035%~22.88%，平均为 1.76%，其中 ZJJ0137 磷质结核样品 P_2O_5 含量达到 22.88%（图 5.9）。

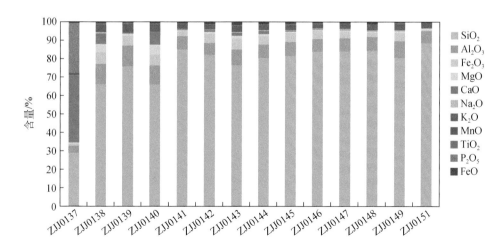

图 5.9　湘西地区三岔剖面黑色岩系主量元素分布

5.3 微量元素特征

在地质领域中,习惯上将岩石和沉积物中含量低于 1% 或 0.1% 的元素,以及在矿床中含量很低不具独立开采价值的伴生元素统称为微量元素。微量元素的总质量占地壳的 0.126%,丰度最低可小于 0.001μg/g。

在地壳的各种分异作用中,微量元素对环境的变化比常量元素更敏感。微量元素在沉积岩层中的含量和分配受地质历史时期环境的影响,如氧化还原性质、酸碱度、压力和温度等因素,它们的地球化学行为也受有关性质相近的常量元素支配。因此,某种微量元素与性质相近似元素的含量比值,可以反映其成岩成矿物理化学条件差异,可以用来确定研究区的地质演化过程和形成阶段,还可用于定量推算成岩成矿作用的温度、压力、物质浓度、酸碱度和氧化还原条件等,是恢复古环境的重要手段之一。

黑色岩系中微量元素的测试在中国石油大学(北京)油气资源与探测国家重点实验室进行,检测仪器为 NexION300D 等离子体质谱仪,检测条件为温度 21℃,相对湿度 32%。通过电感耦合等离子体 – 质谱法(ICP-MS)对 Li、Be、Sc、V、Cr、Co、Ni 等元素进行测量。

5.3.1 柴北缘

对柴北缘万洞沟群和滩间山群岩样分别进行化学分析,共计检测出 44 种常见微量元素。微量元素含量有多有少,部分元素的含量可超过 100μg/g,如 V、Cr、Zn、Sr、Ba 等;也有部分元素含量不足 1μg/g,如 Cd、Ho、Tm、Lu、Re 等;但更多元素含量还是分布在 1~100μg/g。不同元素在地壳中的含量是不同的,既存在部分元素含量相较于地壳平均含量呈现负异常特征,如 Cr、Ni 和 Cu 等元素;也存在部分元素含量相较于地壳平均含量呈现正异常特征的情况,如 V、Zn 和 Ba 等元素(表 5.7)。岩样中各微量元素含量及其与地壳平均含量对比如下。

1. 含量≤ 1μg/g 的微量元素

Cd、Tm、Re、Bi、Lu、In、Ho 的含量< 1μg/g。其中 Cd、Tm、Re、Bi 4 种元素相较于地壳平均含量显示正异常,柴北缘均值 / 陆壳均值为 1.60~133.33;而 Lu、In、Ho 3 种元素显示出负异常,柴北缘均值 / 陆壳均值为 0.51~0.83(表 5.8)。

表 5.7　柴北缘黑色岩系部分微量元素含量表（μg/g）

样品编号	V	Cr	Co	Ni	Cu	Zn	Ga	Rb	Sr	Mo	Cd	In	Sb	Cs	Ba	Sc	Tl	Pb	Bi	Th	U
QD129-05	215	140	14.7	42.7	22.3	141	28.3	200	68.5	1.46	0.11	0.108	0.421	8.83	563	22.3	1.27	14.8	0.396	15.9	7.36
QD129-07	198	178	19.5	48.1	56.5	149	25.7	173	146	2.8	0.39	0.105	1.07	8.2	530	19.7	1.14	74.1	0.907	13.8	4.47
QD129-16	202	148	13.2	38.7	36.2	86.1	27.8	195	47.4	5.18	0.04	0.106	0.479	10.2	465	21.8	1.24	26	0.276	15.5	5.52
QD129-17	211	158	12.3	29.8	49.7	110	30	198	61.1	1.63	0.185	0.137	0.571	10.6	489	23.7	1.34	148	1.97	15.9	5.95
QD129-22	195	125	11.2	39.6	28.1	211	27.7	179	43.7	1.54	0.311	0.091	0.404	9.07	453	21	1.15	14.4	0.195	14.1	4.49
QD129-33	205	124	13	35.3	23.4	83.9	27.4	194	83.4	2.99	0.036	0.111	0.699	9.65	594	20.6	1.36	11.7	0.493	18	3.2
QD129-37	242	133	13.3	59.5	24.3	99.4	25.9	175	68.2	0.95	0.048	0.104	0.896	7.93	587	20.4	1.4	6.62	0.287	16.5	4.73
QD129-45	218	123	15.4	45.8	30.4	85.5	25.1	160	82.4	1.71	0.05	0.09	1.06	7.58	894	19	1.22	8.24	0.174	13.2	2.56
TJSI60111	307	148	19.3	48.3	51.5	195	27.7	226	318	8.4	0.696	0.136	5.51	14.9	445	34.7	1.79	23.9	0.62	12.6	4.9
TJSI60113	243	133	2.63	9.99	15.3	60.2	24.4	192	298	4.97	0.074	0.09	4.41	16.1	484	25.5	1.73	25.6	0.655	9.86	6.97
TJSI60121	256	164	8.54	28.5	36.8	89.6	22.4	129	259	13.7	0.044	0.066	4.4	27.9	638	18.5	1.15	52.2	0.432	13.9	7.74
TJSI60123	237	127	19.3	57.3	67.9	109	27.3	181	147	2.42	0.086	0.108	0.218	9.57	551	17.8	1.29	22.3	0.34	14.4	4.11
TJSI60127	123	149	16.1	59.3	51.6	254	13.8	89.4	190	6.56	1.5	0.072	2.58	6.46	366	13.6	0.606	41.6	0.384	8.41	1.84
TJSI60134	190	116	11	34.1	31.6	138	20	127	251	2.36	0.182	0.079	0.318	5.29	569	19.7	0.918	13.8	0.441	12.1	2.39
TJSI60137	216	129	18.1	51.9	48	170	23.4	148	422	2.97	0.081	0.106	0.269	6.48	637	20.4	1.11	12.4	0.193	13.7	4.51
TJSI60145	178	143	1.17	6.1	11.7	37.6	17.8	134	167	5.03	0.031	0.053	1.82	11.8	765	18.4	1.3	33.6	0.352	7.97	2.39
TJSI60152	183	134	15.7	43.8	49.5	106	27.4	179	73.8	2.09	0.025	0.105	0.748	8.74	446	21.8	1.09	11.8	0.476	17.1	3.07
ZK2401-02	167	76.9	15.5	64.5	73.1	118	19.7	141	172	2.92	0.441	0.092	2.44	9.14	419	18.2	1.25	14.4	0.275	12.2	3.01
ZK2401-04	259	165	14.8	44.8	52.3	84.4	29.8	214	222	4.39	0.2	0.105	2.24	13.1	1181	22.8	1.83	59.7	0.255	17.5	5.33
ZK2401-06	212	128	15.7	78.9	55.4	138	28.3	181	159	0.49	0.614	0.123	2.99	10.1	497	22.2	1.54	25.3	0.52	17.5	3.85
ZK2401-08	190	124	15.4	47.7	47.3	157	24.7	174	152	0.347	1.35	0.104	1.58	9.6	556	20	1.36	26.1	0.472	14.9	6.66

表 5.8　柴北缘黑色岩系岩样微量元素（≤1μg/g）及地壳相应元素含量对比表

元素种类		Cd	Tm	Re	Bi	Lu	In	Ho
柴北缘实验测量值/（μg/g）	最小值	0.025	0.31	<0.002	0.174	0.34	0.053	0.54
	最大值	1.5	0.67	0.008	1.97	0.603	0.137	1.41
	平均值	0.31	0.48	0.0043	0.48	0.46	0.10	0.98
大陆地壳平均值/（μg/g）		0.14	0.3	0.00038	0.0036	0.9	0.12	1.4
大洋地壳平均值/（μg/g）		0.19	0.2	0.00068	0.0067	0.6	0.25	1.1
柴北缘均值/陆壳均值		2.21	1.60	11.32	133.33	0.51	0.83	0.70

2. 含量为 1~10μg/g 的微量元素

Be、Mo、Sb、Tl、U、Sm、Eu、Gd、Tb、Dy、Er、Yb 等 12 种元素含量为 1~10μg/g。其中 Be、Mo、Sb、Tl、U 5 种元素显示明显正异常，柴北缘均值/陆壳均值为 2.09~3.34；另有 Sm、Eu、Dy、Yb 4 种元素含量略高于陆壳平均丰度，柴北缘均值/陆壳均值约等于 1.1；Gd、Tb、Er 3 种元素含量则略低于陆壳平均丰度，柴北缘均值/陆壳均值约等于 0.9（表 5.9）。

表 5.9　柴北缘黑色岩系岩样微量元素（1~10μg/g）及地壳相应元素含量对比表

元素种类		Be	Mo	Sb	Tl	U	Sm	Eu	Gd	Tb	Dy	Er	Yb
柴北缘实验测量值/（μg/g）	最小值	1.36	0.35	0.22	0.606	1.84	4.99	0.90	3.66	0.58	2.79	1.62	2.1
	最大值	4.26	13.7	5.51	1.83	7.74	12	1.97	8.85	1.42	7.15	3.99	4.19
	平均值	3.13	3.57	1.67	1.29	4.53	8.96	1.51	6.97	1.11	5.23	2.80	3.11
大陆地壳平均值/（μg/g）		1.5	1.2	0.5	0.6	2	7.4	1.2	7.4	1.2	4.6	3	3
大洋地壳平均值/（μg/g）		0.4	1.7	1	0.2	0.51	5.4	1	5.4	0.8	2.3	2.1	2.1
柴北缘均值/陆壳均值		2.09	3.00	3.34	2.15	2.27	1.21	1.26	0.94	0.93	1.14	0.93	1.04

3. 含量为 10~100μg/g 的微量元素

Cs、Ce、Pr、Nd、W、Pb、Th、Li、Sc、Co、Ni、Cu、Ga、Y 等 14 种微量元素含量为 10~100μg/g。其中 Cs、Ce、Pr、Nd、W、Pb、Th 7 种元素显示出正异常，柴北缘均值/陆壳均值为 1.71~7.03；Li、Sc、Ga、Y 4 种元素含量略高于陆壳平均丰度，柴北缘均值/陆壳均值约等于 1.2；而 Co、Ni、Cu 3 种元素显示负异常，又以 Ni 的负异常最强，柴北缘均值/陆壳均值仅为 0.23（表 5.10）。

表 5.10　黑色岩系岩样微量元素（10~100μg/g）及地壳相应元素含量对比表

元素种类		Cs	Ce	Pr	Nd	W	Pb	Th
柴北缘实验测量值 / （μg/g）	最小值	5.29	52	6.85	27.7	1.06	6.62	7.97
	最大值	27.9	129	16.1	63.3	16.4	148	18
	平均值	10.54	96.3	12.1	47.9	4.60	31.74	14.05
大陆地壳平均值 / （μg/g）		1.5	51	6.3	28	1.1	13	6.5
大洋地壳平均值 / （μg/g）		1	10	4.3	21	1	8.9	3.1
柴北缘均值 / 陆壳均值		7.03	1.89	1.92	1.71	4.18	2.44	2.16
元素种类		Li	Sc	Co	Ni	Cu	Ga	Y
柴北缘实验测量值 / （μg/g）	最小值	7.36	13.6	1.17	6.1	11.7	13.8	15.8
	最大值	58.4	34.7	19.5	78.9	73.1	30	40
	平均值	26.2	21.05	13.61	43.56	41.09	24.98	27.7
大陆地壳平均值 / （μg/g）		23	17	20	190	54	18	25
大洋地壳平均值 / （μg/g）		15	23	44	84	100	19	22
柴北缘均值 / 陆壳均值		1.14	1.24	0.68	0.23	0.76	1.39	1.11

4. 含量 ≥ 100μg/g 的微量元素

V、Cr、Zn、Rb、Sr、Ba 共 6 种元素含量 ≥ 100μg/g，是微量元素中的主要组成部分。其中，V、Zn、Rb、Ba 4 种元素显示出正异常，柴北缘均值 / 陆壳均值为 1.44~1.96，是潜在的微量元素矿产，如在柴北缘地区发育有较好的铅锌矿；而 Cr 和 Sr 都显示较强的负异常，柴北缘均值 / 陆壳均值都在 0.5 以下（表 5.11）。

表 5.11　黑色岩系岩样微量元素（≥ 100μg/g）及地壳相应元素含量对比表

元素种类		V	Cr	Zn	Rb	Sr	Ba
柴北缘实验测量值 / （μg/g）	最小值	123	76.9	37.6	89.4	43.7	366
	最大值	307	178	254	226	422	1181
	平均值	211.76	136.47	124.89	170.92	163.40	577.57
大陆地壳平均值 / （μg/g）		120	350	85	87	480	400
大洋地壳平均值 / （μg/g）		190	102	130	44	490	320
柴北缘均值 / 陆壳均值		1.76	0.39	1.47	1.96	0.34	1.44

根据柴北缘黑色岩系中微量元素测试结果，可以看出不同元素在地壳中的含量是不同的。分别将其与微量元素大陆地壳值（CCV）和美国泥盆纪俄亥俄页岩（SDO-1）微量元素含量均值进行对比。万洞沟群黑色岩系微量元素含量与大

陆地壳值（CCV）相比（图 5.10），V、Cr、Zn、Ga、Rb、W、Pb、Bi、Th、U 等元素含量相对较高，Ni、Cu、Sr、Cd 等元素相对亏损，其他元素接近大陆地壳值（CCV）或略高；与美国泥盆纪俄亥俄页岩（SDO-1）微量元素含量均值相比（图 5.11），总体显示 V、Cr、Zn、Ga、Rb、Th 等元素富集，Ni、Cu、Mo、Cd、In、Tl、Bi、U 等元素亏损。滩间山群微量元素分析结果与大陆地壳值（CCV）相比（图 5.12），V、Pb、Th、U 等元素相对较高，Ni、Cu、Sr 等元素相对亏损，其他元素接近大陆地壳值（CCV）；与美国泥盆纪俄亥俄页岩

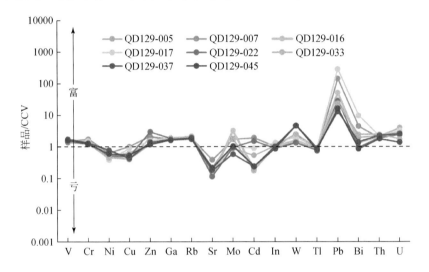

图 5.10　柴北缘万洞沟群黑色岩系大陆地壳值（CCV）标准化图

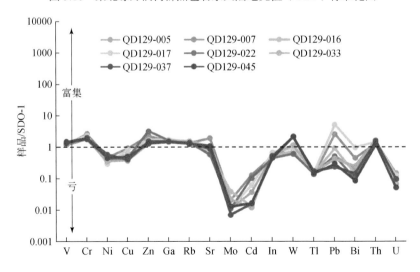

图 5.11　柴北缘万洞沟群黑色岩系美国泥盆纪俄亥俄页岩（SDO-1）标准化图

（SDO-1）微量元素含量均值相比（图 5.13），总体显示 V、Cr、Sr 等元素富集，Ni、Cu、Mo、Cd、In、Tl、Bi、U 等元素亏损。

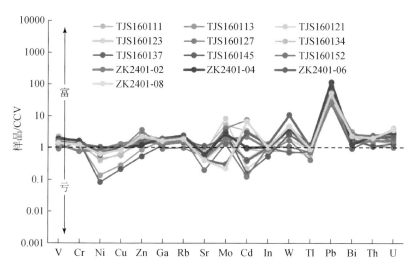

图 5.12　柴北缘滩间山群黑色岩系大陆地壳值（CCV）标准化图

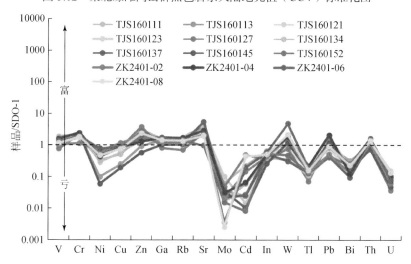

图 5.13　柴北缘滩间山群黑色岩系美国泥盆纪俄亥俄页岩（SDO-1）标准化图

5.3.2　湘西地区

湘西地区黑色岩系样品中微量元素以 V、Cr、Zn、Rb、Sr、Ba、Zr 为主，含量多超过 100μg/g；而含量极低的元素包括 Cd、Ho、Tm、Lu、Re、Bi 等，含量均小于 1μg/g（表 5.12、表 5.13）。

表 5.12　湘西地区黑色岩系部分微量元素含量表（μg/g）

样品编号	V	Co	Cr	Ni	Cu	Zn	Ga	Rb	Sr	Mo	Cd	In	Sb	Cs	Ba	Sc	Tl	Pb	Bi	Th	U
GZ0105	107	25.8	91.9	51.3	52.4	58.8	22.3	157	48.2	7.16	0.196	0.082	0.613	8.98	2698	16.7	1.04	23	0.625	14.5	6.39
GZ0107	74.6	10.2	57.6	37.4	26.8	38.8	15.2	82.9	63.1	6.2	0.094	0.052	0.694	5.23	1423	10.8	0.693	16.6	0.236	15.1	4.61
GZ0110	96.2	2.2	80.9	9.36	22.5	35.4	22.2	149	47.6	23	0.098	0.089	0.96	9.86	3268	16.6	1	29.8	0.913	14.7	9.59
GZ0112	209	4.1	83.7	20.6	25.7	26.8	21.8	145	45.6	23.4	0.114	0.079	1.7	10.5	4053	16.1	1.78	25.5	0.491	12.9	8.68
GZ0114	841	1.66	57.3	60.7	43.5	53.6	7.53	33.3	88.5	71.8	1.05	0.029	4.65	2.09	14737	3.24	3	12.9	0.131	3.09	39.1
GZ0116	870	3.54	69	78.6	36.2	45.6	11.7	59.4	103	92.3	0.311	0.032	7.19	3.28	21390	7.69	2.81	23.9	0.245	6.45	30.6
GZ0118	233	8.77	55.6	151	49.3	106	8.39	50.3	106	84.6	1.83	0.014	4.49	2.33	19287	7.86	2.59	21.7	0.175	5.76	62.7
GZ0120	3398	14.3	144	265	99.8	1506	15.9	76.5	115	66.8	22.3	0.07	8.63	5.71	14441	13.7	2.94	29.3	0.243	7.57	61.4
GZ0123	106	1.82	25.5	24.4	68.7	334	0.775	1.98	2429	9.11	4.25	0.005	1.65	0.491	213906	0.906	0.241	6	0.042	0.54	17.9
GZ0124	997	4.56	1001	59.6	179	204	5.85	44.8	1380	21.4	7.27	0.012	44.1	2.63	70289	6.34	1.68	30.1	0.442	6.58	25.4
GZ0126	127	1.75	104	17.4	17	35.6	2.38	14.6	92.5	7.19	0.602	0.004	3.15	0.948	2849	1.2	0.407	6.81	0.086	1.82	4.45
ZJJ0137	981	2.39	529	125	102	215	5.94	31.1	643	223	13.1	0.012	4.35	3.97	5208	4.83	1.93	40.2	0.093	2.06	449
ZJJ0138	228	21.4	61.2	89.1	81	114	12.2	86	54.4	65.9	6.66	0.039	2.05	8.28	1133	10.3	2.65	23.4	0.364	6.6	38.8
ZJJ0139	948	14.5	107	212	87.6	57.1	16	113	48.9	330	0.861	0.029	11.3	9.02	2622	9.7	8.37	58.6	0.714	6.61	78.1

续表

样品编号	V	Co	Cr	Ni	Cu	Zn	Ga	Rb	Sr	Mo	Cd	In	Sb	Cs	Ba	Sc	Tl	Pb	Bi	Th	U
ZJJ0140	316	23.3	66.7	129	90.1	112	12.5	85.6	109	109	4.86	0.039	2.84	8.12	5340	10.5	3.8	27.1	0.368	6.72	52.5
ZJJ0141	914	13.9	66.9	206	75.3	101	8.91	58.9	25.6	102	3.17	0.025	5.59	5.15	883	7.01	2.95	21.5	0.344	5.09	39.4
ZJJ0142	398	19.3	46.4	136	77.1	127	8.44	53.5	34.4	107	2.23	0.029	5.51	4.25	863	6.54	3.65	28.4	0.367	4.66	53
ZJJ0143	310	30.5	59.1	125	102	164	11.5	73.9	45.5	153	3.75	0.042	2.98	6.12	1000	9.36	4.2	34.5	0.506	6.75	70.6
ZJJ0144	328	22.9	52.6	109	88.1	120	10	64	42.2	118	2.7	0.028	2.51	4.96	893	7.68	5.33	29.8	0.478	5.98	56
ZJJ0145	425	20.8	54.5	152	96.6	59.9	9.81	62.8	27.8	139	2.52	0.028	4.05	4.76	876	7.78	6.57	34.2	0.482	6.24	61
ZJJ0146	310	18.3	49.5	127	91.5	26.8	9.87	55.5	24.6	138	0.773	0.024	2.77	4.37	727	7.31	5.23	29.9	0.406	5.5	62.2
ZJJ0147	239	17.6	47.5	83	84.8	29.1	9.74	58	26.7	118	1.14	0.033	1.72	4.54	815	7.56	4.72	27.2	0.413	5.65	58.6
ZJJ0148	299	3.98	54.3	42.2	25.2	15.6	10.9	70.1	28.8	121	0.211	0.024	2.52	5.09	1125	6.01	2.41	34.2	0.485	5.8	32.1
ZJJ0149	421	10.8	66.7	90.2	76.6	19.6	14	84.2	22.8	194	0.325	0.021	4.64	5.94	1194	8.05	4.73	39.4	0.562	5.75	50.9
ZJJ0151	762	0.887	57.8	57.4	11.7	9.66	10.2	60.1	27.3	130	0.118	0.018	6.25	5.18	976	5.61	1.81	24	0.397	3.76	27.9

表 5.13　湘西地区黑色岩系微量元素含量（μg/g）

元素	Li	Be	Sc	Co	Nb
龙鼻嘴	3.91~34.60 / 16.60(11)	0.115~3.22 / 2.04(11)	0.906~16.70 / 9.19(11)	1.66~25.80 / 7.15(11)	0.39~14.50 / 8.42(11)
三岔	17.20~59.70 / 28.58(14)	1.71~3.18 / 2.25(14)	4.83~10.50 / 7.73(14)	0.887~30.50 / 15.75(14)	3.24~10.20 / 6.51(14)

元素	Ta	Y	V	Cr	Ni
龙鼻嘴	0.039~1.02 / 0.58(11)	13.80~115.0 / 39.32(11)	74.6~3398 / 641.71(11)	25.50~1001 / 160.95(11)	9.36~265 / 70.49(11)
三岔	0.185~0.706 / 0.45(14)	16.70~182.0 / 41.32(14)	228~981 / 491.36(14)	46.40~529.0 / 94.23(14)	42.2~212 / 120.21(14)

元素	Cu	Zn	Sr	Mo	Cd
龙鼻嘴	17~179 / 56.45(11)	26.8~1506 / 222.24(11)	45.60~2429 / 410.77(11)	6.2~92.3 / 37.54(11)	0.094~22.3 / 3.47(11)
三岔	11.70~102 / 77.83(14)	9.66~215 / 83.63(14)	22.80~643 / 82.93(14)	65.9~330 / 146.28(14)	0.118~13.1 / 3.03(14)

元素	In	Sb	Cs	Re	Tl
龙鼻嘴	0.004~0.089 / 0.043(11)	0.613~44.1 / 7.075(11)	0.491~10.50 / 4.731(11)	0.002~0.125 / 0.045(11)	0.241~3 / 1.65(11)
三岔	0.012~0.042 / 0.028(14)	1.72~11.3 / 4.22(14)	3.97~9.02 / 5.696(14)	0.007~0.132 / 0.045(14)	1.81~8.37 / 4.17(14)

元素	Pb	Bi	Th	U	Zr
龙鼻嘴	6~30.1 / 20.51(11)	0.042~0.913 / 0.330(11)	0.54~15.1 / 8.09(11)	4.45~62.7 / 24.62(11)	6.87~97.60 / 80.98(11)
三岔	21.5~58.6 / 32.31(14)	0.093~0.714 / 0.427(14)	2.06~6.75 / 5.51(14)	27.9~449 / 80.72(14)	25.60~99.90 / 64.69(14)

元素	Hf	Ga	Rb	Ba	W
龙鼻嘴	0.193~5.07 / 2.51(11)	0.775~22.3 / 12.18(11)	1.98~157 / 74.07(11)	1423~213906 / 33485.55(11)	0.274~1.96 / 1.32(11)
三岔	0.723~2.69 / 1.81(14)	5.94~16 / 10.72(14)	31.1~113 / 68.34(14)	727~5340 / 1689.64(14)	1.12~8.02 / 2.85(14)

* $\dfrac{最小值～最大值}{平均值（样品数量）}$。

　　龙鼻嘴剖面 V 元素含量介于 74.6~3398 μg/g，平均为 641.71 μg/g，V 元素含量变化较大，有机质丰度高的样品 V 元素含量也较高；Ni 元素含量介于 9.36~265 μg/g，平均为 70.49 μg/g；Mo 元素含量为 6.2~92.3 μg/g，平均为 37.54 μg/g。

　　三岔剖面 V 元素含量介于 228~981 μg/g，平均为 491.36 μg/g，有机质丰度和 V 元素含量均较高；Ni 元素含量介于 42.2~212 μg/g，平均为 120.21 μg/g；Mo 元素含量为 65.9~330 μg/g，平均为 146.28 μg/g。由此可见，有机质丰度较高的三岔剖面 V、Ni、Mo 等金属元素的含量相对有机质丰度较低的龙鼻嘴剖面更为富集。

　　与微量元素大陆地壳值（CCV）和美国泥盆纪俄亥俄页岩微量元素含量均值（SDO-1）进行对比分析，湘西地区微量元素与大陆地壳值相比均表现出 V、Mo、Cd、Tl、U 等元素相对富集以及 Ga、Rb、In 等元素相对亏损；与美国泥盆纪俄亥俄页岩（SDO-1）相比均表现出 V、Cr、Sr 等元素富集以及 In、Bi 等元素相对亏损。

　　龙鼻嘴剖面微量元素含量相对于大陆地壳值，V、Mo、Cd、Tl、U 等元素相对富集，其中 V 富集 0.55~25.17 倍，Mo 富集 3.88~57.69 倍，Cd 富集 0.47~111.50 倍，Tl 富集 0.48~6.00 倍，U 富集 2.47~34.83 倍。Ga、Rb、In、W 等元素相对亏损，其他元素与大陆地壳值相对接近 [图 5.14（a）]。

　　三岔剖面微量元素含量相对于大陆地壳值，V、Ni、Mo、Cd、Cs、W、Tl、Pb、Bi、U 等元素相对富集，其中 V 富集 1.77~7.27 倍，Ni 富集 0.56~2.83 倍，Mo 富集 41.19~206.25 倍，Cd 富集 0.59~65.50 倍，Tl 富集 3.62~16.74 倍，Pb 富集 1.65~4.51 倍，U 富集 15.50~249.44 倍。Ga、Rb、Sr、In、Th 等元素相对亏损，其他元素与大陆地壳值接近 [图 5.14（b）]。

　　龙鼻嘴剖面黑色岩系相对于美国泥盆纪俄亥俄页岩，V、Cr、Zn、Sr、Pb、

Th 等元素相对富集，其中 V 的富集程度最高，介于 0.47~21.24 倍。Mo、In、Tl、Bi 等元素相对亏损 [图 5.15（a）]。

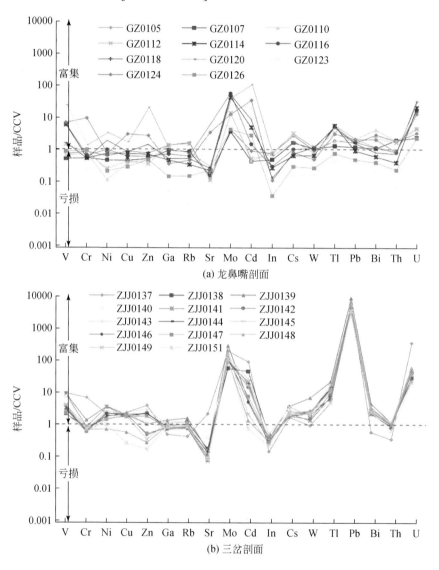

(a) 龙鼻嘴剖面

(b) 三岔剖面

图 5.14 湘西地区黑色岩系大陆地壳值（CCV）标准化图

湘西三岔剖面黑色岩系中 V、Cr、Sr 等元素相对富集，以 V 元素的富集程度最高，达到 1.43~6.13 倍。Ga、Rb、In、Bi 等元素相对亏损，其余元素与北美页岩平均值较为接近 [图 5.15（b）]。

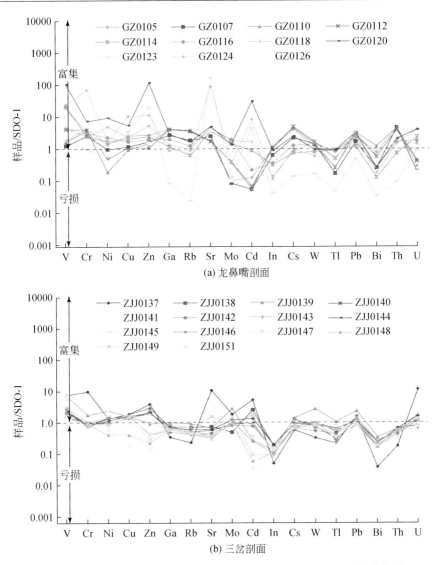

图 5.15　湘西地区黑色岩系美国泥盆纪俄亥俄页岩（SDO-1）标准化图

5.4　稀土元素特征

稀土元素的化学特性相对稳定，在风化、搬运、沉积过程中其组分及含量的变化都较小，沉积物中稀土元素含量以及分布模式等信息能有效保留源区母岩的相关特性。因此，沉积岩中的稀土元素特征被广泛用于追踪沉积母质来源、岩石类型判别以及古环境恢复等方面的工作。

稀土元素有多种分类方法，在地质学中，有两种方法较为常见。第一种是将稀土元素分为轻稀土元素（LREE）和重稀土元素（HREE），其中轻稀土元素包括 La、Ce、Pr、Nd、Sm 和 Eu，重稀土元素包括 Gd、Tb、Dy、Ho、Er、Tm、Yb、Lu 和 Y。另外一种分类是将稀土元素（REY）划分为三类：轻稀土元素（LREY），包括 La、Ce、Pr、Nd 和 Sm；中稀土元素（MREY），包括 Eu、Gd、Tb、Dy 和 Y；重稀土元素（HREY），包括 Ho、Er、Tm、Yb 和 Lu。本次采用稀土元素的二分法进行稀土元素分布模式的讨论。

稀土元素的特征主要通过稀土元素分布模式图及其地球化学参数来反映。稀土元素的分布模式图可以直观地反映稀土元素地球化学特征，一般是将稀土元素数值参照某一标准值标准化后再做其分布模式图，常用球粒陨石、北美页岩或上地壳稀土元素平均值将稀土元素标准化。轻重稀土元素比值（LREE/HREE）在一定程度上反映了稀土元素的分异程度，在同一类岩石中，LREE/HREE 值较大则反映轻、重稀土元素分异明显，轻稀土元素相对富集，重稀土元素相对亏损。经球粒陨石标准化的比值 $(La)_{cn}/(Yb)_{cn}$、$(La)_{cn}/(Sm)_{cn}$、$(Gd)_{cn}/(Yb)_{cn}$ 也能反映稀土元素的分异程度，$(La)_{cn}/(Yb)_{cn}$ 反映轻重稀土元素的分异程度；$(La)_{cn}/(Sm)_{cn}$ 反映轻稀土元素的富集程度，该值越大，轻稀土元素越富集；$(Gd)_{cn}/(Yb)_{cn}$ 反映重稀土元素的富集程度，该值越小，重稀土元素越富集。

5.4.1　柴北缘

通过对柴北缘黑色岩系共计 21 份样品的稀土元素进行测定，并对相关数据进行分析，得到稀土元素特征参数值（表 5.14）。万洞沟群岩样中稀土元素总含量介于 221.55~312.98μg/g，均值为 261.77μg/g，而 ∑LREE/∑HREE 介于 8.83~13.92，均值为 10.78；滩间山群 a 段岩样中稀土元素总含量介于 137.28~270.23μg/g，均值为 203.59μg/g，而 ∑LREE/∑HREE 介于 7.46~13.98，均值为 9.63；滩间山群 e 段岩样中稀土元素总含量在介于 197.469~298.64μg/g，均值为 259.93μg/g，而 ∑LREE/∑HREE 介于 9.56~12.43，均值为 10.86。三组岩样中稀土元素含量整体较高，明显都具有重稀土元素相对亏损而轻稀土元素相对富集的特征。

柴北缘万洞沟群、滩间山群 a 段和滩间山群 e 段岩样中稀土元素经球粒陨石标准化处理后均表现出极为相近的分布模式。轻重稀土元素分异明显，具有明显的上地壳物源特征。其中轻稀土元素含量较高,但从 La 到 Eu 含量变化较大，表现为右倾形，反映轻稀土分异的 $(La/Sm)_N$ 在三组岩样中均较高，表明轻稀土元素分异程度较高；重稀土元素含量相对较低，但从 Gd 到 Lu 的含量相对均衡，表现为平缓形，反映重稀土元素之间分异程度的 $(Gd/Yb)_N$ 在三组岩样

表 5.14　柴北缘样品中稀土元素组成及相关特征参数

样品编号	ΣLREE/(μg/g)	ΣHREE/(μg/g)	ΣLREE/ΣHREE	δEu	δCe	(La/Sm)$_N$	(Gd/Yb)$_N$
QD129-05	267.09	21.72	12.30	0.59	0.93	3.50	2.52
QD129-07	217.36	24.63	8.83	0.58	0.94	3.34	1.67
QD129-16	229.84	23.70	9.70	0.52	0.94	3.26	1.95
QD129-17	251.84	18.09	13.92	0.53	0.94	3.58	2.71
QD129-22	200.83	20.72	9.69	0.60	0.93	3.44	1.74
QD129-33	289.87	23.11	12.54	0.58	0.94	3.54	2.52
QD129-37	243.30	27.55	8.83	0.57	0.95	3.54	1.62
QD129-45	214.05	20.46	10.46	0.60	0.94	3.61	1.94
TJS160111	183.40	21.34	8.59	0.66	0.92	3.60	1.58
TJS160113	140.02	18.06	7.75	0.68	0.94	3.60	1.21
TJS160121	236.13	16.89	13.98	0.56	0.92	5.24	1.25
TJS160123	222.86	21.39	10.42	0.55	0.95	3.39	1.89
TJS160127	121.04	16.24	7.46	0.54	0.90	3.22	1.44
TJS160134	175.76	18.24	9.63	0.57	0.93	3.40	1.79
TJS160137	204.62	22.63	9.04	0.61	0.96	3.44	1.64
TJS160145	131.53	11.94	11.02	0.65	0.93	4.02	1.41
TJS160152	242.55	27.68	8.76	0.58	0.95	3.38	1.60
ZK2401-02	178.77	18.699	9.56	0.58	0.94	3.51	1.74
ZK2401-04	274.50	24.14	11.37	0.59	0.94	3.57	2.17
ZK2401-06	269.06	21.65	12.43	0.61	0.94	3.49	2.08
ZK2401-08	230.06	22.84	10.07	0.58	0.92	3.46	1.89

注：ΣLREE 为轻稀土元素和 La、Ce、Pr、Nd、Sm、Eu；ΣHREE 为重稀土元素和 Gd、Tb、Dy、Ho、Er、Tm、Yb、Lu；δEu=Eu$_N$/(Sm$_N$*Gd$_N$)$^{0.5}$；δCe=Ce$_N$/(La$_N$*Pr$_N$)$^{0.5}$；N 代表用 W. V. Boynton 推荐的球粒陨石稀土元素丰度值进行标准化处理。

中相对较低，表明重稀土元素分异程度较低。在轻重稀土接触处 Eu 元素出现
"凹"点。这表明柴北缘三组岩样的沉积母质来源相对稳定，可能具有较强的
同源性（图 5.16）。上地壳内重稀土含量较稳定，同时富含轻稀土元素，稀土
元素的分异作用使下地壳中 Eu 元素富集，而上地壳缺失（Shao et al., 2001;
许中杰等，2013）。

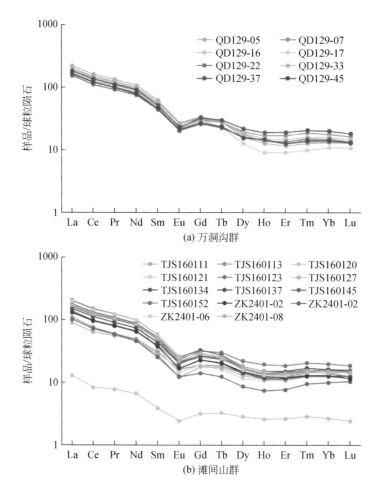

图 5.16　柴北缘黑色岩系球粒陨石标准化 REE 分布模式图

　　相比北美页岩，球粒陨石轻稀土富集程度较大，导致了稀土元素两种标准
化分布模式图的差异（李苗春，2014）。对现代热卤水及沉积物的研究表明（李
胜荣和高振敏，1995；高怀忠等，1999；丁振举等，2000），海相热液沉积物与
正常海水沉积物在稀土特征上存在明显的差别：海相热液沉积物稀土总量较低，

经北美页岩标准化后，Ce 常具有明显负异常，Eu 为正异常或无异常，ΣLREE/ΣHREE 较小，北美页岩标准化曲线接近于水平或左倾；正常海水沉积物稀土总量较高，Ce 可见正异常，ΣLREE/ΣHREE 较大，北美页岩标准化曲线明显右倾。柴北缘黑色岩系稀土元素北美页岩标准化曲线近乎呈现水平状或略微右倾，具有微弱 Ce 负异常，轻重稀土元素分异不明显，反映沉积时期受到热液活动的影响（图 5.17）。

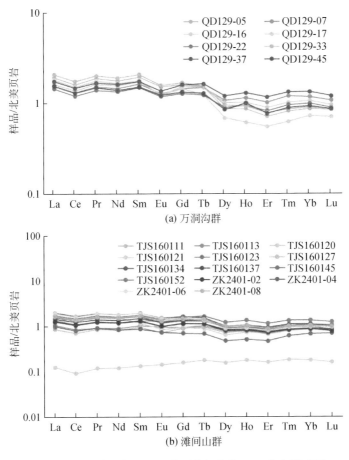

图 5.17　柴北缘黑色岩系北美页岩标准化 REE 分布模式图

　　La/Sm 值也常用于划分沉积岩成因类型，研究发现不同来源的玄武岩中该参数值存在较大差异：地幔热柱或异常型，La/Sm>1；过渡型，La/Sm≈1；正常型，La/Sm < 1。研究区三组岩样中 La/Sm 值均较大，万洞沟群岩样中该值介于3.26~3.61，均值为 3.48；滩间山群 a 段岩样介于 3.22~5.24，均值为 3.70；滩间

山群 e 段岩样介于 3.46~3.57，均值为 3.51，均处于地幔热柱或异常型之中，表明研究区黑色岩系形成受到岩浆或者热液活动带来的地幔物质影响较大。

δEu 为 Eu 元素的异常系数，是物源示踪的参数。一般而言，酸性岩浆岩（花岗岩等）多表现出 Eu 负异常特征，δEu < 0.9；而在中性－基性岩浆岩（安山岩、玄武岩等）多表现出 Eu 正异常特征。万洞沟群岩样中该值介于 0.52~0.6，均值为 0.57；滩间山群 a 段岩样中该值介于 0.54~0.68，均值为 0.6；滩间山群 e 段岩样中该值介于 0.58~0.61，均值为 0.59，且在稀土元素球粒陨石标准化分布模式图的 Eu 元素处表现为"凹"型，均表现出明显的负异常，表明柴北缘的母质来源可能为酸性－中性岩浆岩。

δCe 为 Ce 元素的异常系数，是反映沉积环境中氧化还原特征的参数。一般而言，δCe>1 为正异常，代表还原环境；δCe 介于 0.9~1 为正常，代表弱氧化－弱还原环境；δCe < 0.9 为负异常，代表氧化环境。其中万洞沟群岩样中该值介于 0.93~0.95，均值为 0.94；滩间山群 a 段岩样中该值介于 0.9~0.96，均值为 0.93；滩间山群 e 段岩样中该值介于 0.92~0.94，均值为 0.935。表明研究区黑色岩系的沉积环境应该介于弱还原－弱氧化环境。

Bhatia 和 Crook（1986）在研究不同构造环境中杂砂岩的稀土元素分布情况后，总结出了典型环境的杂砂岩稀土元素特征值（表 5.15）。对比三组岩样中的稀土元素参数值可以推测：柴北缘万洞沟群、滩间山群 a 段和滩间山群 e 段沉积母质生成环境应为活动大陆边缘－被动大陆边缘。

表 5.15 不同构造背景下杂砂岩稀土元素特征值及研究区相关参数对比

构造背景	源区类型	La/(μg/g)	Ce/(μg/g)	ΣREE/(μg/g)	La$_N$/Yb$_N$	ΣLREE/ΣHREE	Eu/Eu*
大洋岛弧	未切割的岩浆弧	8 ± 1.7	19 ± 3.7	58 ± 10	2.8 ± 0.9	3.8 ± 0.9	1.04 ± 0.11
大陆岛弧	切割的岩浆弧	27 ± 4.5	59 ± 8.2	146 ± 20	7.5 ± 2.5	7.7 ± 1.7	0.79 ± 0.13
活动大陆边缘	基地隆起	37	78	186	8.5	9.1	0.6
被动大陆边缘	克拉通内构造高地	39	85	210	10.8	8.5	0.56
柴北缘地区	QD129 岩样	55.45	105.98	261.77	12.48	10.78	0.186
	TJS160 岩样	43.2	81.67	203.59	9.46	9.63	0.195
	ZK2401 岩样	59.93	114	259.93	12.88	10.86	0.191

注：Eu/Eu* 反映 Eu 元素的异常情况，Eu* 表示标准化处理后的 Eu 元素值，Eu/Eu*>1 为正异常，Eu/Eu* < 1 为负异常，反映不同的沉积环境。

5.4.2　湘西地区

　　根据稀土元素测试结果及其参数特征（表 5.16、表 5.17），湘西地区整体稀土元素总量（$\sum$REE）偏低，为 44.86~280.61μg/g，平均值为 130.16μg/g。湘西地区 La/Yb 介于 2.78~15.97，表明黑色岩系稀土元素分异明显，轻稀土元素相对富集，重稀土元素相对亏损。其中龙鼻嘴剖面砂泥岩中稀土元素总量（$\sum$REE）相对较高，为 44.86~280.61μg/g，平均值为 141.6μg/g；三岔剖面中稀土总量（$\sum$REE）相对较低，为 80.49~241.09μg/g，平均值为 114.88μg/g。龙鼻嘴剖面轻稀土含量（$\sum$LREE）较高，介于 38.53~216.52μg/g，平均值为 121.54μg/g，重稀土含量（$\sum$HREE）较低，为 6.33~64.09μg/g，平均值为 20.06μg/g，$\sum$LREE/$\sum$HREE 为 1.68~10.21，平均值为 6.99；三岔剖面轻稀土含量（$\sum$LREE）相对较低，介于 68.2~186.41μg/g，平均值为 97.29μg/g，重稀土含量（$\sum$HREE）相对较低，为 8.04~54.68μg/g，平均值为 17.59μg/g，$\sum$LREE/$\sum$HREE 介于 3.41~9.67，平均值为 6.19。

表 5.16　湘西地区稀土元素北美页岩标准化参数表（μg/g）

样品编号	$\sum$REE	$\sum$LREE	$\sum$HREE	$\sum$LREE/$\sum$HREE	δEu	δCe	样品编号	$\sum$REE	$\sum$LREE	$\sum$HREE	$\sum$LREE/$\sum$HREE	δEu	δCe
GZ0102	167.25	148.56	18.69	7.95	0.99	0.83	ZJJ0137	241.09	186.41	54.68	3.41	1.39	0.46
GZ0103	131.79	119.07	12.72	9.36	1.05	0.82	ZJJ0138	121.53	101.86	19.67	5.18	0.96	0.89
GZ0105	168.1	153.11	14.99	10.21	1.01	0.83	ZJJ0139	147.85	129.5	18.35	7.06	0.88	0.78
GZ0107	185.97	168.66	17.31	9.75	0.89	0.88	ZJJ0140	117.92	100.97	16.95	5.96	1.25	0.89
GZ0110	205.78	185.65	20.13	9.22	1.07	0.84	ZJJ0141	83.05	69.49	13.56	5.13	0.98	0.84
GZ0112	177.8	157.24	20.56	7.65	1.09	0.84	ZJJ0142	80.49	68.2	12.29	5.55	1.09	0.88
GZ0114	44.86	38.53	6.33	6.09	3.93	0.71	ZJJ0143	102.52	87.15	15.37	5.67	0.97	0.9
GZ0116	116.71	106.1	10.61	10	2.8	0.78	ZJJ0144	116.65	99.7	16.95	5.88	0.93	0.94
GZ0118	104.49	90.86	13.63	6.66	2.62	0.82	ZJJ0145	120.22	100.16	20.06	4.99	0.89	0.9
GZ0120	124.68	102.85	21.83	4.71	1.73	0.7	ZJJ0146	96.94	82.29	14.65	5.62	0.94	0.9
GZ0123	79.67	49.97	29.7	1.68	1.61	0.34	ZJJ0147	97.93	83.47	14.46	5.77	0.95	0.93
GZ0124	280.61	216.52	64.09	3.38	1.53	0.49	ZJJ0148	98.43	88.93	9.5	9.36	0.89	0.91
GZ0126	53.13	42.92	10.21	4.2	1.35	0.6	ZJJ0149	97.89	86.2	11.69	7.37	0.93	0.89
							ZJJ0151	85.82	77.78	8.04	9.67	1	0.85

表 5.17 湘西地区黑色岩系中稀土元素含量及相关参数（μg/g）

元素/参数	La	Ce	Pr	Nd
龙鼻嘴	10.9~57.5 30.84(13)	10.2~83.1 49.55(13)	1.94~14.4 6.80(13)	7.71~61.4 27.19(13)
三岔	16.5~60.9 25.05(14)	30.2~55.8 42.06(14)	3.52~10.9 5.08(14)	13.6~47.5 20.34(14)

元素/参数	Sm	Eu	Gd	Tb
龙鼻嘴	1.59~13.5 5.40(13)	0.611~4.92 1.76(13)	1.52~14.8 5.19(13)	0.261~2.77 0.91(13)
三岔	1.83~9.06 3.83(14)	0.406~3.25 0.94(14)	1.72~11.6 3.99(14)	0.292~2.2 0.75(14)

元素/参数	Dy	Ho	Er	Tm
龙鼻嘴	1.55~17.50 5.26(13)	0.359~3.68 1.10(13)	1.05~10.9 3.18(13)	0.188~1.86 0.55(13)
三岔	1.84~14.7 4.65(14)	0.443~3.58 1.05(14)	1.41~10.3 3.01(14)	0.274~1.67 0.53(14)

元素/参数	Yb	Lu	∑REE	∑LREE
龙鼻嘴	1.24~11 3.40(13)	0.162~1.58 0.48(13)	44.86~280.61 141.60(13)	38.53~216.52 121.54(13)
三岔	1.79~9.35 3.16(14)	0.272~1.28 0.46(14)	80.49~241.09 114.88(14)	68.20~186.41 97.29(14)

元素/参数	∑HREE	∑LREE/∑HREE	δEu	δCe
龙鼻嘴	6.33~64.09 20.06(13)	1.68~10.21 6.99(13)	0.88~3.92 1.66(13)	0.34~0.88 0.73(13)
三岔	8.04~54.68 17.59(14)	3.41~9.67 6.19(14)	0.88~1.37 1.00(14)	0.46~0.93 0.85(14)

* $\dfrac{最小值 \sim 最大值}{平均值(样品数量)}$；$\sum LREE/\sum HREE=(La+Ce+Pr+Nd+Sm+Eu)/(Gd+Tb+Dy+Ho+Er+Tm+Yb+Lu)$；$\delta Eu=Eu_{cn}/[(Sm_{cn}+Gd_{cn})^{1/2}]$；$\delta Ce=Ce_{cn}/[(La_{cn}+Pr_{cn})^{1/2}]$，下标 cn 表示球粒陨石标准化值。

　　以球粒陨石标准值和北美页岩标准值对湘西地区黑色岩系样品进行标准化。在球粒陨石标准化下（图 5.18），两个剖面轻稀土元素段（La~Eu 段）配分曲线均较陡、斜率较大，整体表现为"右倾"的曲线分布特征，轻稀土元素段有较大的斜率，说明轻稀土元素之间分异程度较高，重稀土元素段（Gd~Lu 段）较为平缓，分异作用不是很明显，整体上，轻稀土元素表现为相对富集，重稀土元素表现为相对亏损。龙鼻嘴剖面和三岔剖面在 Eu 处具有不同的分布特征，其中龙鼻嘴剖面呈"V"字形或倒"V"字形，表明该剖面样品部分呈现 Eu 负异常，部分呈现Eu 正异常，而三岔剖面呈现"V"字形，表现为明显的负异常。

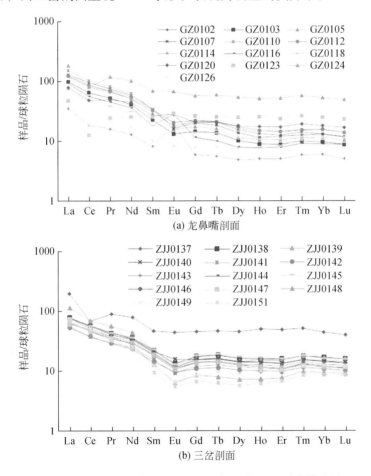

图 5.18　湘西地区黑色岩系球粒陨石标准化 REE 分布模式图

　　在北美页岩标准化下（图 5.19），龙鼻嘴剖面 REE 分布曲线较为平缓，接近于水平分布，在 Ce 处呈现明显的"V"字形，Ce 具有负异常，在 Eu 处呈现明显的倒"V"字形，Eu 具有正异常；三岔剖面 REE 分布曲线具有微弱的左倾分布特征，表现为重稀土元素相对富集，轻稀土元素相对亏损，轻、重稀土元素分异相对于龙鼻嘴剖面来说均不明显，Eu 未见明显异常，Ce 具有较弱的负异常。

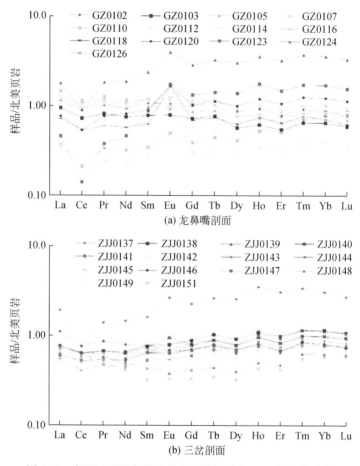

图 5.19 湘西地区黑色岩系北美页岩标准化 REE 分布模式图

湘西地区黑色岩系稀土元素北美页岩标准化的曲线近乎呈现水平状或微微左倾，具有明显的 Ce 负异常，重稀土元素较轻稀土元素略微富集，也表现出热液沉积的特点。

5.5 小   结

（1）柴北缘中元古界万洞沟群及上奥陶统滩间山群与湘西地区下寒武统牛

蹄塘组黑色岩系矿物组成以石英和黏土矿物为主，其他矿物含量较低。

（2）柴北缘与湘西地区黑色岩系主量元素含量特征相似，SiO_2 和 Al_2O_3 含量最多，其他元素含量相对较低。

（3）柴北缘与湘西地区微量元素表现出不同分布特征，柴北缘地区以 V、Mo、U 等元素相对富集，Sr、Cd 等元素相对亏损，湘西地区 V、Cr 等元素相对富集，Rb、In 等元素相对亏损。总体上，两个地区黑色岩系中的 V 元素均比较丰富。

（4）稀土元素就球粒陨石标准化而言，柴北缘与湘西地区 REE 配分曲线整体均表现为右倾的曲线分布特征，轻稀土元素段有较大的斜率，重稀土元素段较为平缓，轻稀土元素相对富集，重稀土元素相对亏损，在 Eu 处均呈现 Eu 负异常，在 Ce 处均未见明显的 Ce 异常；而就北美页岩标准化而言，两个地区的 REE 配分曲线相对平缓，未呈现较大斜率，说明两个地区的稀土元素特征与北美页岩相似。

（5）稀土元素分布模式显示柴北缘和湘西地区黑色岩系沉积过程均受到热液活动影响。

第6章 有机质与钒矿物质来源及沉积环境

本章根据黑色岩系有机地球化学与无机地球化学分析结果，对柴北缘和湘西地区黑色岩系有机质、钒矿等来源以及沉积环境进行分析。认为两个地区黑色岩系有机质的来源主要是藻类等低等水生生物。柴北缘中元古界万洞沟群和上奥陶统滩间山群黑色岩系沉积时为活动大陆边缘，以生物及正常海水沉积为主，但也受到热液活动影响。湘西地区下寒武统牛蹄塘组黑色岩系形成于被动大陆边缘环境，受到较为强烈的热液影响，海底热液将钒等金属物质挟带上来，为金属元素提供了初始物质来源。缺氧还原的滞留水体环境是控制两个地区黑色岩系有机质富集的主要因素。

6.1 有机质来源

黑色岩系的总有机碳（TOC）含量通常接近或大于 1.0%，富含有机质，反映其与地质历史时期的生物活动密切相关，如何确定黑色岩系有机质来源是需要重点探讨的问题。由于柴北缘和湘西地区黑色岩系地层时代较老，深埋作用使其热演化程度很高，为沉积有机质组分鉴定和来源示踪带来了困难。地层中的生物标志化合物来源于地史时期生物体，生物亲缘关系越近，其生物化学组成差异就越小，这些信息即使经历漫长的地质作用改造，仍有部分信息保存在生物标志化合物中，故生物标志化合物能在一定程度上反映作为其母质来源的生物类群特征。除了利用生物标志化合物外，本次研究还借鉴了前人对研究区的古生物研究成果，为有机质母质来源提供更加直接的证据。

6.1.1 正构烷烃

正构烷烃的碳数分布特征是一个经典的有机地球化学标志，不仅能反映母质输入的差异，而且还能体现沉积环境特征。一般认为，低碳数正构烷烃（nC_{15}、nC_{17}、nC_{19}）与低等浮游生物、藻类及细菌生物有关，如绿藻 nC_{17} 占优势，褐藻 nC_{15} 占优势（Clark and Blumer,1967）。高碳数正构烷烃（nC_{25}、nC_{27}、nC_{29}）则与高等植物有关（易发成等，2005）。盛国英等（1981）研究发现，不仅低碳数正构烷烃奇碳优势可以反映有机质的微生物输入，低碳数正构烷烃偶碳优势也可能反映原始有机碳母质中来自某些微生物所特有的偶碳正构烷烃优势。偶碳优势还可能与某些特定的地质环境有密切关系，如高盐度、强还原条件（张廷山等，2015）。

正构烷烃轻重烃比 $\sum nC_{21}^{-}/\sum nC_{22}^{+}$、$(nC_{21}+nC_{22})/(nC_{28}+nC_{29})$ 也能反映有机质来源。当 $\sum nC_{21}^{-}/\sum nC_{22}^{+} > 1$ 或 $(nC_{21}+nC_{22})/(nC_{28}+nC_{29}) > 1$ 时，表示正构烷烃主要由低碳数烃组成，反映原始沉积有机质主要来源于低等水生生物；当 $\sum nC_{21}^{-}/\sum nC_{22}^{+} < 1$ 或 $(nC_{21}+nC_{22})/(nC_{28}+nC_{29}) < 1$ 时，表示高碳数烃占优势，有机质以高等植物的输入为主。但需要注意的是，有机质的热演化程度也会对正构烷烃分布造成一定的影响，一般而言随着热演化程度变高，高碳数烃会发生裂解向低碳数烃转化，使得 $\sum nC_{21}^{-}/\sum nC_{22}^{+}$ 值增加，主峰碳会向低碳数偏移。因此，利用正构烷烃分布特征来判定有机输入时应与其他判别有机质来源的参数相结合。

柴北缘万洞沟群岩样正构烷烃的 $\sum nC_{21}^{-}/\sum nC_{22}^{+}$ 介于 0.94~1.48，平均为 1.17；$(nC_{21}+nC_{22})/(nC_{28}+nC_{29})$ 为 1.85~4.99，平均为 3.4。滩间山群 a 段岩样正构烷烃的 $\sum nC_{21}^{-}/\sum nC_{22}^{+}$ 为 0.25~0.69，平均为 0.47；$(nC_{21}+nC_{22})/(nC_{28}+nC_{29})$ 为 1.35~192.63，平均为 35.72。滩间山群 e 段岩样正构烷烃的 $\sum nC_{21}^{-}/\sum nC_{22}^{+}$ 为 1.23~2.55，平均为 1.79；$(nC_{21}+nC_{22})/(nC_{28}+nC_{29})$ 为 12.96~72.68，平均为 47.33。总体说明柴北缘滩间山群与万洞沟群的有机质输入以低等生物为主。

湘西地区龙鼻嘴剖面岩石样品正构烷烃的 $\sum nC_{21}^{-}/\sum nC_{22}^{+}$ 介于 0.58~3.37，平均为 1.64；$(nC_{21}+nC_{22})/(nC_{28}+nC_{29})$ 为 0.51~3.71，平均为 1.52。三岔剖面岩石样品正构烷烃的 $\sum nC_{21}^{-}/\sum nC_{22}^{+}$ 为 0.59~4.47，平均为 1.39；$(nC_{21}+nC_{22})/(nC_{28}+nC_{29})$ 为 0.40~4.95，平均为 1.18。说明低碳数烃组分比高碳数烃组分占优势，湘西地区下寒武统牛蹄塘组有机质来源主要为菌藻类低等水生生物。

6.1.2　类异戊二烯烷烃

烃源岩和原油中含量最多、分布最广的类异戊二烯烃是 iC_{19} 的姥鲛烷与 iC_{20} 的植烷。姥鲛烷（Pr）和植烷（Ph）最主要的来源是光合生物的叶绿素 a、细菌叶绿素 a 和 b 的植基侧链以及古细菌细胞膜；角鲨烯作为多环萜类、甾类和胡萝卜素的前驱物而广泛地存在于生命体中，沉积有机质中的角鲨烯主要来源古细菌的输入（Peters and Moldowan，1993；张廷山等，2015）。因此，在样品中检出这些类异戊二烯烃物质，可以作为有机质起源于藻类、光合细菌和古菌类微生物的有力证据。

一般认为在成岩作用阶段早期，植物叶绿素上的植基侧链在微生物作用下形成植醇，若此时的环境为强还原环境，则植醇加氢形成二氢植醇，二氢植醇经过脱水、加氢形成植烷；如果沉积环境为弱氧化环境，则植醇被氧化为植烷酸，植烷酸脱羧、加氢形成姥鲛烷。因此，Pr/Ph 值可以作为判断原始沉积环境氧化—还原条件及介质盐度的有效参数。如傅家谟等（1991）认为 Pr/Ph ＜ 1 指示沉积环境为还原环境；Peters 和 Moldowan（1993）认为低 Pr/Ph 值（Pr/Ph ＜ 0.6）指示沉积环境为缺氧的而且通常是超盐环境，而当 Pr/Ph>3 时指示弱氧化—氧化条件下的陆源有机质的输入。

通常情况下，可以利用 Pr/nC_{17} 与 Ph/nC_{18} 的交会图来判断有机质的来源（图 6.1）。柴北缘黑色岩系 3 组岩样基本都落在海相或盐湖相区域，有机质类型为 I 型、II 型，但还原性强弱存在一定程度的差异。柴北缘万洞沟群和滩间山群 a 段样品点分布相近，具有较高的植烷优势，表明沉积环境更偏向还原环境；而滩间山群 e 段的植烷优势减弱，沉积环境逐步向弱氧化过渡，样品点较为接近混合相，可能是构造抬升使水体变浅或沉积环境逐步向陆相过渡所致。湘西地区黑色岩系样品点都落在海相或盐湖相区域，有机质类型为 I 型、II 型，有机质主要来源于能进行光合作用的低等水生生物或古细菌（图 6.2）。

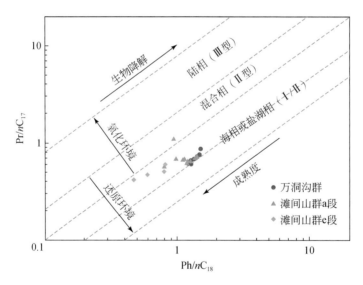

图 6.1　柴北缘黑色岩系 Pr/nC_{17} 与 Ph/nC_{18} 交会图

6.1.3　萜类化合物

三环萜烷主要来自细菌和藻类脂肪体，藿烷主要源于原核生物（Peters and Moldowan,1993）。因此，三环萜烷和属五环三萜类化合物的藿烷，其碳数分布特点可以反映有机质来源（史继扬等，1991）。三环类异戊二烯醇存在于低等生

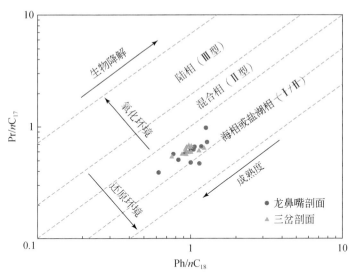

图 6.2　湘西地区黑色岩系 Pr/nC_{17} 与 Ph/nC_{18} 交会图

物的细胞膜中，在有机质演化过程中可以经过脱羟基作用形成三环萜烷，五环三萜类化合物经过热裂解作用也可形成部分的三环萜烷。在古老地层中，当长链三环萜烷与藿烷大量出现且三环萜烷中 C_{21}、C_{23}、C_{24} 呈倒 "V" 字形分布时，表明有机质来自细菌和蓝绿藻等低等生物（付修根等，2005；杨平等，2012）。

　　柴北缘万洞沟群和滩间山群黑色岩系样品的藿烷类以 C_{30} 占优势，$C_{27}+C_{29}$ $< C_{31}^+$，反映出具有低等水生生物输入的特点。C_{21}、C_{23}、C_{24} 三环萜烷呈倒 "V" 字形分布（图 4.12），表明这两个层段的原始有机质均来源于一些菌藻类的低等生物，也有学者指出这种特征也与咸水环境有关（杨平等，2012）。湘西地区牛蹄塘组样品中三环萜烷中 C_{21}、C_{23}、C_{24} 呈倒 "V" 字形分布或倒 "L" 字形分布（图 4.13），表明有机质来源于细菌和蓝绿藻等低等生物。

　　通常在淡水环境中形成的三环萜烷相对丰度较低，Σ 三环萜烷 /Σ 藿烷较小，而在咸化环境中三环萜烷丰度相对较高，Σ 三环萜烷 /Σ 藿烷较大，可以达到 0.5，甚至 1 以上。柴北缘滩间山群 a 段、e 段及万洞沟群岩样的 Σ 三环萜烷 /Σ 藿烷均值分别为 0.61、1.61 和 0.34，表明万洞沟群和滩间山群 a 段的沉积环境偏向咸水环境，而滩间山群 e 段的沉积环境偏向微咸水 – 淡水环境。

　　伽马蜡烷是一类重要的五环三萜类化合物，由低等生物的某些化学成分演化而来，而高等陆生生物不大可能为伽马蜡烷提供物源。柴北缘万洞沟群和滩间山群及湘西牛蹄塘组黑色岩系检测出一定丰度的伽马蜡烷，也从另一个角度显示其有机质来源为低等生物。

6.1.4　甾类化合物

甾烷化合物的 C_{27}、C_{28}、C_{29} 规则甾烷的分布形态或相对含量常用来指示有机质的生物来源。通常情况下，C_{27} 规则甾烷主要来源于细菌或低等浮游生物，而 C_{29} 规则甾烷主要来源于高等陆源植物。对于早古生代和前寒武纪海相油气，来自浅海环境母源的 C_{27} 规则甾烷 /C_{29} 规则甾烷 > 1，来自河口或者远岸深水环境母源的 C_{27} 规则甾烷 /C_{29} 规则甾烷 < 1，而来自半深水环境母源的 C_{27} 规则甾烷 /C_{29} 规则甾烷 ≈ 1。

柴北缘万洞沟群岩样中规则甾烷相对含量总体表现为 C_{27} > C_{29} > C_{28}，而滩间山群 a 段岩样中规则甾烷相对含量总体表现为 C_{27} > C_{28} > C_{29}，虽然两者在规则甾烷的相对含量上有所区别，但均具有代表低等生物来源的 C_{27} 占优势的特点（图 4.14）。

湘西地区龙鼻嘴剖面黑色岩系中规则甾烷表现为 C_{29} > C_{27} > C_{28} 的分布特征，反映出原始沉积有机质母质来源为高等植物与低等生物；三岔剖面黑色岩系中表现为 C_{27} > C_{29} > C_{28} 的分布特征，说明原始沉积有机质母质主要来源于低等生物（图 4.16）。

结合 C_{27}-C_{28}-C_{29} 规则甾烷三角图（图 6.3）来看，柴北缘万洞沟群黑色岩系有机质为混合源，滩间山群黑色岩系主要来源为浮游植物。湘西地区黑色岩系有机质为混合源，既可能有藻类及其他低等浮游生物的输入，也可能受陆源输入的影响（图 6.4）。但是，最早的高等植物裸蕨类在晚志留世才出现并在泥盆纪开始繁盛，因此晚奥陶世之前沉积的有机质中不会出现陆生高等植物输入的显著特征。造成 C_{29} 规则甾烷含量高于 C_{27} 规则甾烷的原因可能是 C_{27} 规则甾烷的热稳定性和抗生物降解能力低于 C_{29} 规则甾烷。

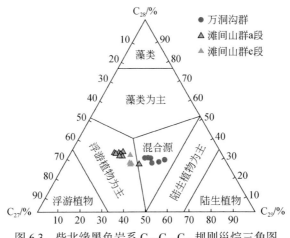

图 6.3　柴北缘黑色岩系 C_{27}-C_{28}-C_{29} 规则甾烷三角图

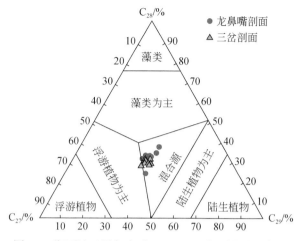

图 6.4　湘西地区黑色岩系 C_{27}-C_{28}-C_{29} 规则甾烷三角图

6.1.5　原始有机质

通过对生物标志化合物的研究，基本明确了柴北缘和湘西地区黑色岩系有机质主要来源于菌藻类等低等生物。学者在湘西地区黑色岩系中发现了大量的藻类等微生物，在扫描电镜下可以直接看到部分生物体结构（李苗春，2014；张廷山等，2015）。

藻类体在湘西地区下寒武统黑色岩系中最主要也最常见，类型十分丰富。根据形态和母源特征，藻类体可分为层状藻类体、结构藻类体 I 和结构藻类体 II，前两类母源主要为浮游藻类，结构藻类体 II 主要为底栖藻类。

层状藻类体在反射光下能见到较清晰的有机质纹层，呈淡黄色 – 棕黑褐色不等的反射色，顺层分布（图 6.5a）；在透射光下也能见到类似的藻纹层，呈黑色（图 6.5b，c）；在高倍显微镜下呈短细条纹单体的集合状态。

结构藻类体 I 的形态多样，有的呈光面球状（图 6.5d~i）、糙面或表面凸起球状（图 6.5j）、光面椭球状（图 6.5k，l）、糙面椭球状（图 6.5m）、多孔球状（图 6.5n）、多孔椭球状（图 6.5k~o）、棒状、中空柱状（图 6.5p）、棉絮状（图 6.5q）、不规则状（图 6.5r）等众多形态，在反射光下能见到部分内部平滑均一，呈淡黄色反射色，边缘平整或者呈锯齿状，而且有的边缘分布着颗粒状黄铁矿（图 6.5g），还有一类内部不均一，呈杂乱浸染状分布（图 6.5s）；在透射光下见到的球状、椭球状藻类体也不是单一种类的，有的内部被硅质、钙质充填，有的能见到内部呈层圈状结构（图 6.5t）。由于成熟度高，经历了较复杂的后期作用改造，藻类体的原始结构无法辨认，因此难以鉴定具体的藻类。但是根据生物进化史和前人对研究区黑色岩系中古生物的研究，推断这些藻类体的原始母源生物主要是浮游

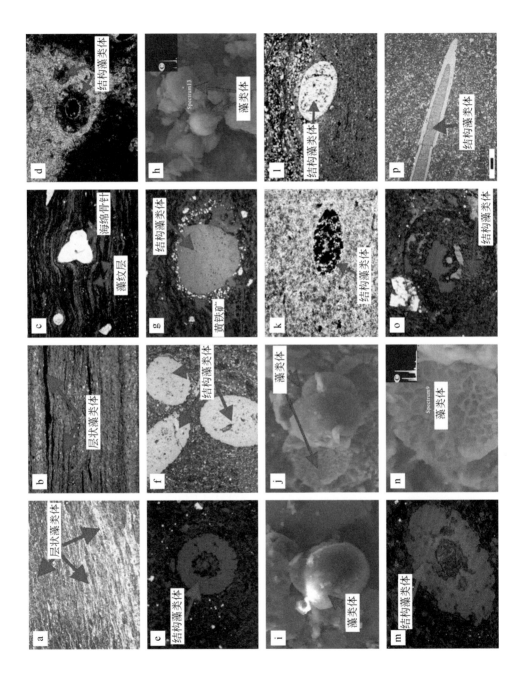

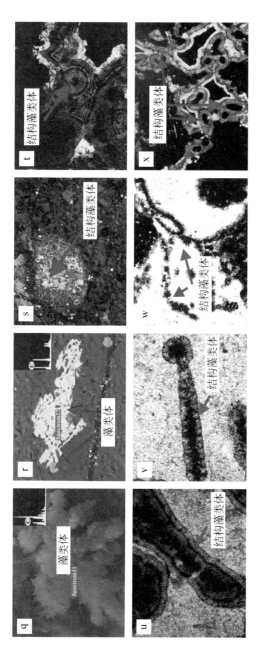

图6.5　湘西三岔地区牛蹄塘组藻类体显微照片（李苗春，2014）

a. 层状藻类体、牛蹄塘组、反射光；b. 层状藻类体、牛蹄塘组、透射光单偏光；c. 海绵骨针、藻纹层、牛蹄塘组、透射光单偏光；d. 结构藻类体、透射光单偏光；e. 结构藻类体、牛蹄塘组、透射光单偏光；f. 结构藻类体、牛蹄塘组、反射光；g. 结构藻类体、牛蹄塘组、反射光；h. 结构藻类体、牛蹄塘组、扫描电镜；j. 结构藻类体、牛蹄塘组、扫描电镜；k. 结构藻类体、牛蹄塘组、透射光单偏光；l. 结构藻类体、牛蹄塘组、透射光单偏光；m. 结构藻类体、牛蹄塘组、透射光单偏光；n. 结构藻类体、牛蹄塘组、反射光；o. 结构藻类体、牛蹄塘组、扫描电镜；p. 结构藻类体、牛蹄塘组、反射光；q. 结构藻类体、牛蹄塘组、扫描电镜；r. 结构藻类体、牛蹄塘组、反射光；s. 结构藻类体、牛蹄塘组、透射光单偏光；t. 结构藻类体、牛蹄塘组、反射光；u. 结构藻类体、牛蹄塘组、透射光单偏光；v. 结构藻类体、牛蹄塘组、透射光单偏光；w. 结构藻类体、牛蹄塘组、透射光单偏光；x. 结构藻类体、牛蹄塘组、透射光单偏光单细胞藻类。

结构藻类体Ⅱ主要来源于较大型的水生藻类或底栖宏观藻类，主要有多核体和多细胞集合体两类。图 6.5u 为多核体，内部结构表现为许多横膈膜，外有胶鞘，具有蓝绿藻的特征。图 6.5v 显示细胞结构有分异。图 6.5w 是多细胞集合体，呈串珠状相连，可能为较大型水生藻类。图 6.5x 是藻类集合体，一类为管带状藻类蜿蜒曲折分布，管内无隔壁，管体分 3 个部分，外层为较透明的亮层，向内变化为较暗的丝状体以及颜色介于亮层和丝状体之间呈棕褐色的内层，相互缠绕成无特定形态，如在中间部位有凹口的椭球体、圆形、心形等。

6.2　钒矿物质来源

黑色岩系中钒、镍、钼等金属元素的来源，一直是学者争论的焦点。华南下寒武统富集多金属矿并具有开采价值，而关于其金属富集原因，早期的观点认为与地外物质来源有关，后来这种可能性被基本排除（李胜荣和高振敏，1995）。近年来争论的焦点主要集中在两种截然不同的假说上：①海水成因说，即认为这些金属元素的超常富集是在还原环境中，在沉积速率极低的条件下，直接从海水中沉淀而来，即金属元素来源于海水（Mao et al.,2002）；②热液成因说，即认为这些金属元素的超常富集与海底热液喷流沉积作用有关，因为海底热液流体活动区富集微量元素，如 Ti、Fe、Co、Mo、Ag、Cr、P、Pb、Cu、Zn、Ni、V 等（张宝民等，2007），部分金属元素可能是由海底热液提供的。

据统计，大陆地壳中 V 元素的平均含量为 80μg/g（Shaw et al.，1967；Condie，1993；Gao et al.，1998；Taylor and Mclennan，1995；Rudnick and Gao，2003）。而碳沥青中钒的含量明显偏高。在自然界中，钒是一种多价元素，在不同矿物中有不同的价态，即使相同矿物在不同地质条件下，钒的价态也有所不同。根据介质不同，V 以 V^{2+}、V^{3+}、V^{4+} 或 V^{5+} 离子形式存在于矿物中，一般原生矿以 V^{3+} 和 V^{4+} 为主，次生矿或氧化矿以 V^{4+} 或 V^{5+} 为主。V 的化学迁移性很强，可以在矿物、水、大气、土壤及生物体所构成的环境圈内迁移（曾英等，2004）。海水中的元素，绝大部分以微量、痕量或超痕量形式存在，而海洋生物圈中重金属的浓度，要比水圈中高得多。古海洋中微量元素的富集，直接或间接地与生物生命活动有关。前已述及 V 与 TOC 呈现明显的相关性，与沉积环境的氧化还原性也密切联系。在 TOC 含量较高的层段，即还原性较强的环境下，钒富集程度也较高，而还原性的沉积环境是有机质赋存的有利场所，因此推测钒的富集可能与原始海洋中的生物有关。现代洋底热液喷流沉积成矿作用及其伴随的热液活动为研究矿床的形成提供了重要的启示。众多研究表明，海底的强烈拉张，其周缘活动带不断活动，盆地内部深大断裂间歇性活动，使火山热卤水和大洋深部热卤水上涌，其所形成的环境同样有利于金属元素与有机质的富集。据此，利用黑色岩系中主量元素与微量元素的特征对柴北缘及湘西地区黑色岩系中的成矿物质来源进行分析。

6.2.1　Ba 及 Sb 判别

热液沉积物相对于非热液沉积物在微量元素的富集方面占有明显的优势。其中，Ba、Sb 的富集构成热液沉积作用的最主要标志，可作为识别热液沉积作用的重要指标（李胜荣，1994）。柴北缘万洞沟群与滩间山群 a 段、e 段黑色岩系中 Ba、Sb 的含量稍高于地壳平均丰度，反映出较弱的热液沉积作用特征。湘西地区牛蹄塘组黑色岩系中 Ba、Sb 的含量明显高于地壳平均丰度，反映出较强的热液沉积作用特征（表 6.1）。

表 6.1　柴北缘与湘西地区黑色岩系中 Ba 及 Sb 含量（μg/g）

元素种类		Ba	Sb
柴北缘	万洞沟群	571.88	0.7
	滩间山群	497.26	2.1
湘西地区	牛蹄塘组（龙鼻嘴剖面）	15984.09	7.1
	牛蹄塘组（三岔剖面）	1689.65	4.2
大陆地壳平均值		400	0.5
大洋地壳平均值		320	1.0

6.2.2　U/Th、Co/Zn 判别

在 U/Th 关系方面，正常沉积岩 U/Th < 1.0，热液沉积岩 U/Th > 1.0。同时，Toth（1980）认为 Co/Zn 可作为区分热液来源和正常自生来源的敏感指标，热液成因的 Co/Zn 比较低，平均为 0.15，而其他铁锰结壳或结核一般在 2.5 左右。

柴北缘万洞沟群与滩间山群 a 段、e 段黑色岩系 U/Th 均小于 1.0，其中，万洞沟群 U/Th 平均为 0.31，滩间山群 a 段 U/Th 平均为 0.55，滩间山群 e 段 U/Th 平均为 0.30。万洞沟群 Co/Zn 平均为 0.13，滩间山群 a 段 Co/Zn 平均为 0.09，滩间山群 e 段平均为 0.13。这两个参数显示出不同的结果。因此，还需结合其他参数共同来确定柴北缘黑色岩系形成时期有没有热液的参与。

湘西地区牛蹄塘组黑色岩系中 U/Th 除龙鼻嘴剖面上部小于 1.0 之外，其余

均大于 1.0，显示在牛蹄塘组沉积时期有热液参与。湘西地区龙鼻嘴剖面 Co/Zn
为 0.01~0.44，平均值为 0.11；三岔剖面 Co/Zn 为 0.01~0.68，平均值为 0.28；总
体来讲，湘西地区 Co/Zn 值均较低，平均值更接近于 0.15，推测湘西地区黑色岩
系的形成受到较强烈的热液活动的影响（表 6.2）。

表 6.2　研究区黑色岩系 U/Th 及 Co/Zn 值

湘西地区					柴北缘				
剖面	序号	样品编号	U/Th	Co/Zn	地层	序号	样品编号	U/Th	Co/Zn
龙鼻嘴剖面	1	GZ0105	0.44	0.44	万洞沟群	1	QD129-05	0.46	0.10
	2	GZ0107	0.31	0.26		2	QD129-07	0.32	0.13
	3	GZ0110	0.65	0.06		3	QD129-16	0.36	0.15
	4	GZ0112	0.67	0.15		4	QD129-17	0.37	0.11
	5	GZ0114	12.65	0.03		5	QD129-22	0.32	0.05
	6	GZ0116	4.74	0.08		6	QD129-33	0.18	0.15
	7	GZ0118	10.89	0.08		7	QD129-37	0.29	0.13
	8	GZ0120	8.11	0.01		8	QD129-45	0.19	0.18
	9	GZ0123	33.15	0.01	滩间山群 a 段	9	TJS160111	0.39	0.10
	10	GZ0124	3.86	0.02		10	TJS160113	0.71	0.04
	11	GZ0126	2.45	0.05		11	TJS160120	2.37	0.07
三岔剖面	12	ZJJ0137	217.96	0.01		12	TJS160121	0.56	0.10
	13	ZJJ0138	5.88	0.19		13	TJS160123	0.29	0.18
	14	ZJJ0139	11.82	0.25		14	TJS160127	0.22	0.06
	15	ZJJ0140	7.81	0.21		15	TJS160134	0.20	0.08
	16	ZJJ0141	7.74	0.14		16	TJS160137	0.33	0.11
	17	ZJJ0142	11.37	0.15		17	TJS160145	0.30	0.03
	18	ZJJ0143	10.46	0.19		18	TJS160152	0.18	0.15
	19	ZJJ0144	9.36	0.19	滩间山群 e 段	19	ZK2401-02	0.25	0.13
	20	ZJJ0145	9.78	0.35		20	ZK2401-04	0.30	0.18
	21	ZJJ0146	11.31	0.68		21	ZK2401-06	0.22	0.11
	22	ZJJ0147	10.37	0.60		22	ZK2401-08	0.45	0.10
	23	ZJJ0148	5.53	0.26					
	24	ZJJ0149	8.85	0.55					
	25	ZJJ0151	7.42	0.09					

　　Cronan（1980）认为 Co 主要是水成来源，而 Ni、Zn 为原生热液来源。Zn-Ni-Co 三角图可以用来识别黑色岩系是否具有热液成因，海底热液沉积物主要在 Ni、Zn 含量较高的区域，而水成沉积物主要在 Co 含量较高的区域。柴北缘万洞沟群与滩间山群部分样品在热液沉积区，表明沉积时受热液影响 [图 6.6（a）]。湘西地区牛蹄塘组黑色岩系样品大部分在热液沉积区，显示热液参与并影响了沉积过程。湘西地区部分样品没有在热液沉积区，可能也表明了多重因素对沉积的影响 [图 6.7（a）]。

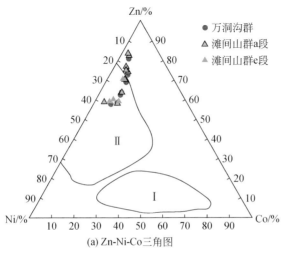

(a) Zn-Ni-Co三角图

Ⅰ. 水成沉积物；　Ⅱ. 热液沉积物

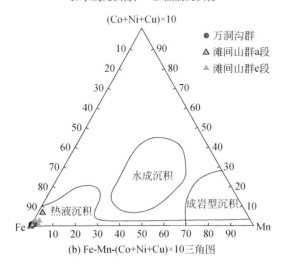

(b) Fe-Mn-(Co+Ni+Cu)×10三角图

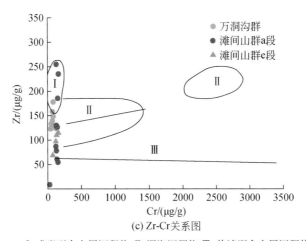

(c) Zr-Cr关系图

Ⅰ. 成岩型含金属沉积物; Ⅱ. 深海沉积物; Ⅲ. 热液型含金属沉积物

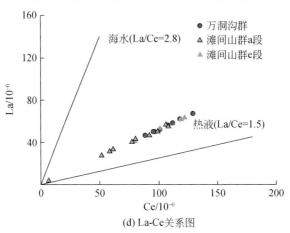

(d) La-Ce关系图

图 6.6　柴北缘黑色岩系综合图版

6.2.3　其他判别指标

Fe、Mn、Zn、Cu、Co 和 Ni 等元素可指示富金属沉积物的成因。一般来讲，水成沉积物的 Mn/Fe 值一般在 1 左右，早期沉淀物可能具有更低的比值。Cu、Co 和 Ni 在水成沉积物中比热液沉积物要富集得多。（Fe-Mn-Cu+Co+Ni）×10 三角图可以用来表示热液和水成沉积物分布特征。根据此图解 [图 6.6（b）、图 6.7 （b）] 可以看出，柴北缘与湘西地区黑色岩系均受到了热液的作用。

深海沉积物和成岩含金属沉积物中 Cr 主要源自陆源碎屑物质，一般情况下 Cr 与其他元素如 K、Mg、Ti、Rb、Zr 具有很重要的相关性。而在热液活动过程中，部分 Cr 伴随其他陆源元素迁移到热液中沉淀富集，其与 K、Mg、Ti、Rb、Zr 的相关性不明显。根据 Cr-Zr 相关图 [图 6.6（c）、图 6.7（c）] 显示，柴北缘与湘西地区黑色岩系样品中 Cr 和 Zr 之间均没有明显的相关性，说明两个地区的沉积受到了热液的影响。

　　热液结壳或古代海水的 La/Ce 为 2.8；Fe-Mn 热液成因的沉积物中具有低的 La/Ce 值（0.25），而海水中 La/Ce 通常大于 1。因此海相沉积物中的低 La/Ce 值反映沉积物受到热液的影响。湘西地区龙鼻嘴剖面和三岔剖面 La/Ce 平均值分别为 0.69 和 0.58，La/Ce 均小于 1[图 6.7（d）]。因此，柴北缘与湘西地区的黑色岩系均受到了热液的影响。

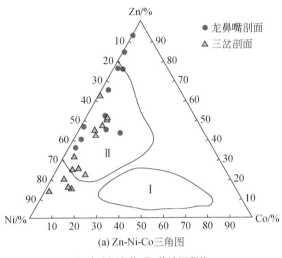

(a) Zn-Ni-Co三角图

Ⅰ. 水成沉积物；Ⅱ. 热液沉积物

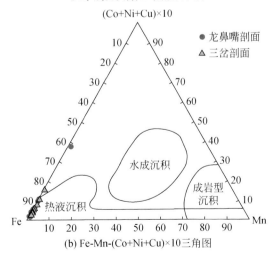

(b) Fe-Mn-(Co+Ni+Cu)×10三角图

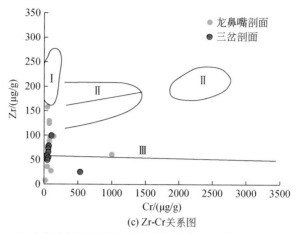

(c) Zr-Cr关系图

Ⅰ.成岩型含金属沉积物;Ⅱ.深海沉积物;Ⅲ.热液型含金属沉积物

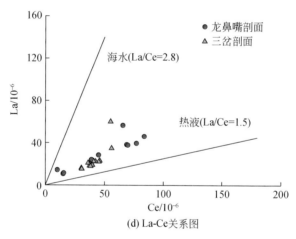

(d) La-Ce关系图

图 6.7　湘西地区黑色岩系综合图版

　　综上所述，柴北缘万洞沟群和滩间山群黑色岩系的地球化学特征显示沉积过程以生物及正常海水沉积为主，但也受到微量热液的影响，而湘西地区下寒武统牛蹄塘组黑色岩系受到较为强烈的热液影响。

6.3　沉积环境

　　黑色岩系具有独特的形成环境，是地史上多次出现的时限沉积相，反映环境变化中的突变及环境事件，它是地球内部和外部因素，甚至地外因素相互作用的产物（叶杰和范德廉，2000）。黑色岩系矿床的形成除了与沉积岩型矿床中常见的海水、热液成矿作用有关外，还可能与生物有机质及其相关的特定地质事件有关（如大洋缺氧、生物演化等）。黑色岩系矿床的形成可能受到海水、热液、生物有机质的复杂影响，因此成矿既有独特性，也有复杂性（施春华等，2013）。沉积岩中记录着源区物质成分、构造环境等丰富而重要的信息。岩石地球化学元素具有精确示踪和高分辨率的独特性。稀土元素具有稳定的特性，使其受风化、成岩及变质作用的影响不明显。这些特征成为指示沉积物源岩、物源组成、恢复和重建（古）沉积环境和判断盆地构造背景的重要指标（许中杰等，2013）。

前人已对湘西地区寒武纪沉积环境及演变进行了广泛且深入的研究，恢复了当时的岩相古地理（吴朝东等，1999；陈兰，2006；李娟等，2013；李斌等，2016），而对柴达木盆地奥陶纪构造背景及沉积环境研究相对较少。本书第 5 章通过主量元素、微量元素与稀土元素分析，认为柴北缘和湘西地区黑色岩系具有多种物源和多沉积成因，成矿元素大部分是在沉积作用时期聚集沉淀的，沉积物与成矿元素有陆源、生物来源、海盆内源、海底火山及热液沉积等来源。黑色岩系形成于特殊的和具有时限性的沉积环境中，地质事件与黑色岩系的形成关系非常密切，黑色岩系发育的局限盆地应是水体封闭且相对滞留的还原环境，呈饥饿性沉积方式。以前人研究为基础，通过元素地球化学古盐度、古氧化还原环境、古气候等指标对岩石所记录的形成环境进行详细研究，重建柴达木盆地北缘晚奥陶世和湘西地区早寒武世的古构造背景与古沉积环境。

6.3.1　物源区构造属性

不同类型的沉积盆地有不同的沉积物物源类型，而沉积盆地的不同类型则是由不同类型的构造背景控制着。构造环境通过对古地理环境的控制而控制着沉积区岩石的化学组成，因而碎屑岩石的组分可以反映其沉积期的构造沉积背景。盆地中的碎屑沉积岩是物源区隆升剥蚀的产物，包含了沉积盆地构造环境等信息，不同沉积物具有各自独特的地球化学特征，是认识盆地形成的构造背景及构造演化的直接证据（许中杰等，2013）。因此，分析沉积岩地球化学特征是识别板块构造背景的重要方法和途径，沉积岩中的主量元素、微量元素（尤其是那些相对稳定的）在研究盆地构造背景时是十分有效的（Bhatia and Crook,1986）。

沉积岩中主、微量元素能够较好地反映物源区构造背景。Bhatia 和 Crook（1986）在统计大洋岛弧（OIA）、大陆岛弧（CIA）、活动大陆边缘（ACM）和被动大陆边缘（PCM）的构造背景砂岩岩石地球化学资料基础上，对上述 4 种典型构造背景下砂岩的平均化学成分和判别标志进行了总结，设计了 K_2O/Na_2O-SiO_2、K_2O/Na_2O-SiO_2/Al_2O_3 等碎屑岩构造背景判别图解。Bhatia 和 Crook（1986）设计了构造背景判别图解 F_1-F_2，其中：

$F_1=-0.0447SiO_2-0.972TiO_2+0.008Al_2O_3-0.267Fe_2O_3+0.208FeO-3.082MnO+7.5$
　　$1P_2O_5-0.032K_2O+0.195CaO+0.719Na_2O+0.14MgO+0.303$;

$F_2=-0.421SiO_2+1.988TiO_2-0.526Al_2O_3-0.551Fe_2O_3-1.61FeO+2.72MnO+$
　　$7.244P_2O_5-1.84K_2O-0.907CaO-0.177Na_2O+0.881MgO+43.57$。

　　将研究区岩样投入 K_2O/Na_2O-SiO_2 判别图版 [图 6.8（a）] 中，可以看到：柴北缘万洞沟群岩样集中分布在被动大陆边缘，滩间山群岩样集中分布在活动大陆边缘，仅个别岩样出现在被动大陆边缘区域。这与在 F_1-F_2 判别图版中基本相似，即万洞沟群形成于被动大陆边缘的构造环境，而滩间山群形成于活动大陆边缘的构造背景下。这表明从元古宙到古生代，柴北缘的构造环境发生了巨大转变。

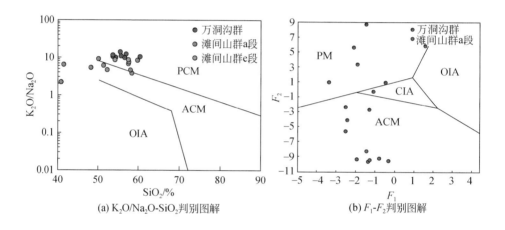

图 6.8　柴北缘万洞沟群、滩间山群构造背景判别图版

　　而湘西地区岩样在 K_2O/Na_2O-SiO_2 判别图解及 F_1-F_2 判别图版（图 6.9）中则表现出明显不一样的特点，龙鼻嘴剖面和三岔剖面岩样均落在被动大陆边缘的范围内，说明湘西地区黑色岩系主要形成于被动大陆边缘构造环境。

　　稀土元素分布模式可用来指示物源。$\sum LREE/\sum HREE$ 值低，无 Eu 异常，则母岩可能为基性岩石；$\sum LREE/\sum HREE$ 值高，有 Eu 异常，则母岩多为硅质岩；Eu 的负异常指示源区是以花岗质岩石为主，而且通常不相容元素比相容元素更富集（如高 LREE 和高 Th/Sc 值）表明源区为长英质岩石组分，风化作用强（赵红格和刘池洋，2003；王丹等，2008；朱筱敏等，2015）。

　　利用球粒陨石 REE 数据对柴北缘上奥陶统滩间山群、中元古界万洞沟群及湘西地区下寒武统牛蹄塘组黑色岩系的岩石样品进行标准化，做出稀土元素（REE）分布模式图。可以看出，柴北缘地区万洞沟群、滩间山群岩石的轻稀土

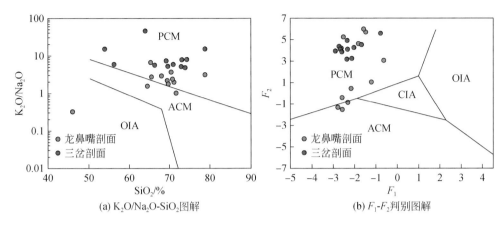

(a) K₂O/Na₂O-SiO₂图解　　　　　　　　(b) F₁-F₂判别图解

图 6.9　湘西地区牛蹄塘组构造背景判别图版

元素相对富集，重稀土元素相对亏损，显示了大陆边缘沉积特征，母岩可能以花岗岩为主（图 5.15）。湘西地区牛蹄塘组黑色岩系同样具有轻稀土元素富集，重稀土元素亏损的特点，但个别样品为 Eu 异常，表明湘西地区除了来源于正常花岗质地壳，还可能受硅质母岩的影响（图 5.17）。

6.3.2　古气候

　　古气候条件通过影响水生和陆生生物的生长，为盆地烃源岩的形成提供足够的原地水生生物或者异地陆源有机质。同时，气候影响降水量、湖流、水体分层和沉积充填，而且盐度的变化某种程度上也受到气候的控制。在构造稳定的情况下，气候一般是控制盆地沉积过程的根本因素（张林晔，2008；贾艳艳等，2015）。近年来以米兰柯维奇旋回为代表的高频旋回地层学也已经证明在构造背景稳定的前提下，气候旋回是控制盆地沉积过程的根本因素。因此，研究沉积盆地的古气候演变特征对判断优质烃源岩具有重要意义。

　　元素地球化学分析是古气候判别的方法之一，不同气候条件下形成的沉积物中，金属元素含量会有所不同。Sr 含量和 Sr/Cu 值对气候具有灵敏的指示，Sr 含量低指示潮湿的气候，Sr 含量高指示干旱气候。因此，常用 Sr/Cu 值来研究古气候环境，一般情况下，温暖湿润气候为 1 < Sr/Cu < 5，干燥炎热气候为 Sr/Cu > 5。Rb 和 Sr 元素反映岩石抗风化能力的差异，在湿润气候条件下，Sr 元素进入沉积物的丰度增大，导致 Rb/Sr 减小；在干旱气候条件下，Sr 元素进入沉积物的丰度减小，使得 Rb/Sr 增大。

本次研究的数据分析表明（表 6.3，图 6.10、图 6.11），柴北缘万洞沟群与滩间山群 a 段、e 段岩石样品的 Sr/Cu 平均值分别为 2.35、7.89 和 3.17，Rb/Sr 值较小，反映万洞沟群沉积时期为温暖潮湿气候条件，滩间山群 a 段沉积时的古气候以干燥的环境为主，而在 e 段沉积时期逐渐转为温暖潮湿的气候。湘西地区除

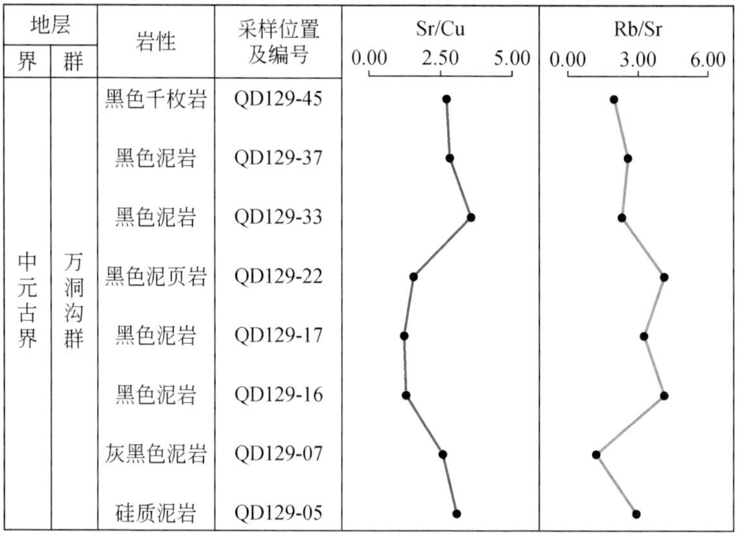

地层		岩性	采样位置及编号	Sr/Cu (0.00 2.50 5.00)	Rb/Sr (0.00 3.00 6.00)
界	群				
中元古界	万洞沟群	黑色千枚岩	QD129-45		
		黑色泥岩	QD129-37		
		黑色泥岩	QD129-33		
		黑色泥页岩	QD129-22		
		黑色泥岩	QD129-17		
		黑色泥岩	QD129-16		
		灰黑色泥岩	QD129-07		
		硅质泥岩	QD129-05		

(a) 万洞沟群

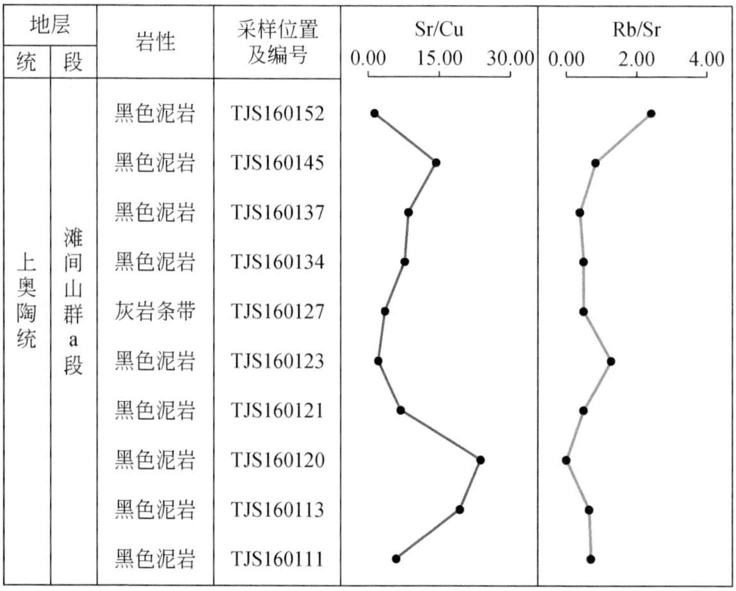

地层		岩性	采样位置及编号	Sr/Cu (0.00 15.00 30.00)	Rb/Sr (0.00 2.00 4.00)
统	段				
上奥陶统	滩间山群a段	黑色泥岩	TJS160152		
		黑色泥岩	TJS160145		
		黑色泥岩	TJS160137		
		黑色泥岩	TJS160134		
		灰岩条带	TJS160127		
		黑色泥岩	TJS160123		
		黑色泥岩	TJS160121		
		黑色泥岩	TJS160120		
		黑色泥岩	TJS160113		
		黑色泥岩	TJS160111		

(b) 滩间山群a段

图 6.10 柴北缘黑色岩系沉积期古气候判别指标

表6.3　柴北缘和湘西地区古气候参数指标

湘西地区					柴北缘				
剖面	序号	样品编号	Sr/Cu	Rb/Sr	地层	序号	样品编号	Sr/Cu	Rb/Sr
龙鼻嘴剖面	1	GZ0105	0.92	3.26	万洞沟群	1	QD129-05	3.07	2.92
	2	GZ0107	2.35	1.31		2	QD129-07	2.58	1.18
	3	GZ0110	2.12	3.13		3	QD129-16	1.31	4.11
	4	GZ0112	1.77	3.18		4	QD129-17	1.23	3.24
	5	GZ0114	2.03	0.38		5	QD129-22	1.56	4.10
	6	GZ0116	2.85	0.58		6	QD129-33	3.56	2.33
	7	GZ0118	2.15	0.47		7	QD129-37	2.81	2.57
	8	GZ0120	1.15	0.67		8	QD129-45	2.71	1.94
	9	GZ0123	35.36	0.00	滩间山群a段	9	TJS160111	6.17	0.71
	10	GZ0124	7.71	0.03		10	TJS160113	19.48	0.64
	11	GZ0126	5.44	0.16		11	TJS160120	418.42	0.01
三岔剖面	12	ZJJ0137	6.30	0.05		12	TJS160121	7.04	0.50
	13	ZJJ0138	0.67	1.58		13	TJS160123	2.16	1.23
	14	ZJJ0139	0.56	2.31		14	TJS160127	3.68	0.47
	15	ZJJ0140	1.21	0.79		15	TJS160134	7.94	0.51
	16	ZJJ0141	0.34	2.30		16	TJS160137	8.79	0.35
	17	ZJJ0142	0.45	1.56		17	TJS160145	14.27	0.80
	18	ZJJ0143	0.45	1.62		18	TJS160152	1.49	2.43
	19	ZJJ0144	0.48	1.52	滩间山群e段	19	ZK2401-02	2.35	0.82
	20	ZJJ0145	0.29	2.26		20	ZK2401-04	4.24	0.96
	21	ZJJ0146	0.27	2.26		21	ZK2401-06	2.87	1.14
	22	ZJJ0147	0.31	2.17		22	ZK2401-08	3.21	1.14
	23	ZJJ0148	1.14	2.43					
	24	ZJJ0149	0.30	3.69					
	25	ZJJ0151	2.33	2.20					

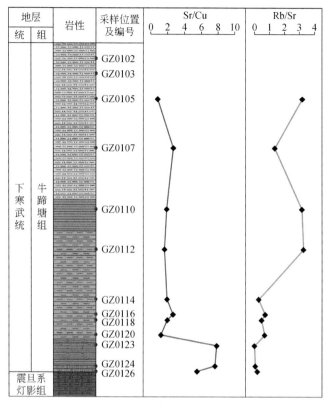

(a) 龙鼻嘴剖面

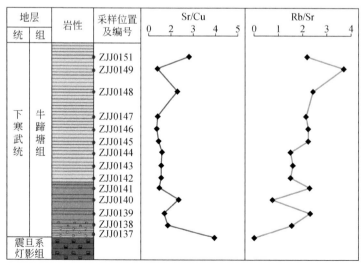

(b) 三岔剖面

图 6.11 湘西地区黑色岩系沉积期古气候判别指标

极个别样品外，大部分样品的 Sr/Cu 值也都小于 5，介于 0.27~7.71，平均值为 3.16，Rb/Sr 值也较小，说明牛蹄塘组沉积时期，整体呈现温暖湿润的气候特征。

6.3.3　古氧化还原环境

氧化还原环境，特别是缺氧环境，由于直接涉及某些金属富集成矿、烃源岩发育等众多领域，故对其深入研究、探索判识标志一直是地学界中经久不衰的研究课题。实质上，缺氧环境就是溶解氧缺乏而有机质、还原态元素等还原性物质稳定存在甚至富集的还原环境，其微迹化石、纹层、黄铁矿及特殊的岩性组合既是基本地质特征，也是当前普遍认同的宏观判识标志。但此特征不只是缺氧环境的体现，也是沉积速率和水动力条件等的综合反映，尤其弱氧化一弱还原条件下存在着复杂的过渡过程，微迹化石和层理构造等变化较大，易受后期保存程度等影响，故仅依据沉积学、古生物学标准来判断缺氧程度是不够的，还需获取广泛的地球化学证据。

地球化学示踪是反映缺氧环境形成演化的有效而敏感的手段。地球化学中某些元素或元素的比值可以很好地揭示岩石沉积的古氧化还原环境，通过对这些元素或元素比值的解析，可以重建当时的古氧化还原环境。随着测试技术水平的提高，微量元素、稳定同位素和有机地球化学在古环境研究中的优势更为突出，相关的氧化还原条件的判识指标日益多样化和定量化。但需要注意的是，沉积物或沉积岩中的微量元素（及其组合）可以作为反映古氧相的地球化学指标。但微量元素来源迥异，有些微量元素有多种来源（如 Cr、Co、Ba），而有些微量元素保存性差，在埋藏后容易发生迁移（如 P、Ba、Zn、Cd 和 Pb），因此在重建古环境时，应选择来源少且沉积后比较稳定的微量元素作为古氧相的地球化学指标（Tribovillard et al.，2012；陈超，2018）。

1. 微量元素判别

古氧化还原条件即古氧相，是判断水体中溶解氧含量高低的重要指标（单位为 mL/L），一般为有氧、贫氧、缺氧铁化及缺氧硫化（Jones and Manning，1994；Tribovillard et al.，2012）。通常情况下，有氧相环境中底层水体溶氧量大于 1mL/L；缺氧相环境底层水体溶氧量小于 0.1mL/L；贫氧相环境介于上述两相之间，溶氧量为 0.1~1mL/L。

1）判别指标

a. U 元素及其组合

U 在氧化条件下以 U^{6+} 形式溶解在水中，它通常以铀酰基的形式与碳酸根离子结合形成 $UO_2(CO_3)_4^{3-}$，可在水体中稳定存在。但水体为缺氧环境时，U^{6+} 被逐

渐还原为 U^{4+}，并多以沥青铀矿 (UO_2、U_3O_8) 的形式或者羟基络合物的形式富集和沉淀在沉积物中。

Th 不受氧化还原条件影响，通常以不能溶解的 Th^{4+} 形式存在，因此沉积物的 U/Th 值可以指示氧化还原环境（陈超，2018）。通常情况下，U/Th>1.25 时为缺氧环境，U/Th 介于 0.75~1.25 时为贫氧环境，当 U/Th<0.75 时为有氧环境（王成善等，1999）。U 和 Th 的相互关系还可以用来指示缺氧环境，Wignall（1994）建立了如下关系式：$\delta U = \dfrac{2U}{(U+Th/3)}$，若 $\delta U>1$，表明贫氧或缺氧环境；若 $\delta U<1$，则代表正常海水沉积。

此外，沉积物中有机质对铀的摄取、细菌硫酸盐还原作用以及铀的有机金属配位体的形成（在富里酸中）都可使铀进一步从水体向沉积物中转移，导致沉积物中的铀富集。使用自生铀和 U/Th 值作为古氧相指标时需要注意，在成岩作用过程中，沉积物中所有的氧化剂消耗之后，沉积物内本应该形成还原状态，然而在有些情况下，氧气又重新进入还原态的沉积物内，使沉积物重新氧化，造成铀从沉积物中迁出，导致了古氧相判别出现偏差（Tribovillard et al.，2012）。

b. V 元素及其组合

海相环境中钒以不同价态形式存在于不同的氧化还原条件下。在常氧水体中 V 元素以 HVO_4^{2-} 和 $H_2VO_4^{-}$ 的形式稳定存在，但是钒酸氢根离子容易被 Fe 和 Mn 的氢氧化物吸附，也可被高岭石吸附。在贫氧的水体中，V^{5+} 被还原为 V^{4+}，形成钒酰基 VO^{2+}、羟基基团 $VO(OH)^{3-}$ 以及不溶的氢氧化物 $VO(OH)_2$；尤其在有腐殖酸和富里酸存在的情况下，V 元素通过形成有机金属配位体或被基团表面吸附进入沉积物。在厌氧－硫化的水体中，V 可以转变为 +3 价，以氧化物 V_2O_3 或氢氧化物 $V(OH)_3$ 形式沉淀。

V 元素含量可作为古氧相的判别指标，沉积物中 V 元素含量高表明水体为缺氧环境（Jones and Manning，1994）。Hatch 和 Leventhal（1992）对北美堪萨斯州上宾夕法尼亚系黑色页岩的研究表明，V/(V+Ni) 值能有效反映沉积的氧化还原条件，高的 V/(V+Ni) 值（0.6~0.84）反映水体分层明显，底层水体中出现 H_2S 的缺氧环境；中等比值（0.46~0.6）为水体分层不强烈的贫氧环境；低值时（<0.46）为水体分层弱的有氧环境（表 6.4）。V 常在有机质中优先被结合，而 Cr 一般出现在沉积物的碎屑中，因此 V/Cr 值也可以作为古氧相的判别指标，当 V/Cr<2 时，代表有氧水体环境；当 V/Cr 值介于 2~4.25 时，代表贫氧水体环境；而当 V/Cr>4.25 时，代表准缺氧－缺氧水体环境 (Jones and Manning，1994)。Sc 是受陆源碎屑输入影响较大的微量元素，因此 V/Sc 也常用于判断古海洋氧化还原条件（Jones and Manning，1994；Algeo 和 Rowe，2012）。根据氧化还原条件指标，当 V/Sc <9 时，指示有氧环境；当 V/Sc 值介于 9~30 时，指示贫氧环境；当 V/Sc>30 时，指示缺氧环境。

表 6.4　氧化还原环境的微量元素判别指标（Jones and Manning，1994）

沉积环境	缺氧环境	贫氧环境	有氧环境
V/(V+Ni)	0.60~0.84	0.46~0.60	<0.46
V/Cr	>4.25	2~4.25	<2
V/Sc	>30	9~30	<9
Ni/Co	>7	5~7	<5
U/Th	>1.25	0.75~1.25	<0.75
δU	>1		<1

V 元素受到后期的影响因素相对较少，主要是成岩作用阶段，成岩流体中 V^{3+} 可取代黏土矿物八面体位置上的 Al^{3+}，而使 V 元素含量变高，因此，V 是非常可靠的古氧相判别元素。

c. Ni 元素及其组合

Ni 元素主要靠有机质输送到沉积物中。当有机质降解时，Ni 被释放出来，并可在硫酸盐还原环境下被黄铁矿捕获而固定在沉积物中（Algeo and Rowe，2012；Piper and Calvert，2009）。由于沉积及埋藏后 Ni 元素不易迁移，沉积岩中基本保存了 Ni 沉积时的初始含量，因此 Ni 是有机质通量的理想指示（Tribovillard et al.，2012）。

此外，Jones 和 Manning（1994）指出在判别古氧化还原环境时微量元素比值 Ni/Co 和 U/Th 最为可靠。Ni/Co>7，U/Th>1.25 时为缺氧环境；Ni/Co 值介于 5~7，U/Th 值介于 0.75~1.25 时为贫氧环境；Ni/Co<5.00，U/Th<0.75 时为有氧环境；δU>1 时为贫氧或缺氧环境，δU<1 时为有氧环境。

2）柴北缘

柴北缘上奥陶统滩间山群 a 段、中元古界万洞沟群岩样的相关参数计算结果如下：几乎全部样品点的 δU 值在 1 左右；V/Sc 值均落在 9~30；V/(V+Ni) 值绝大多数落在 0.6~0.84（图 6.12）。表明柴北缘上奥陶统滩间山群、中元古界万洞沟群黑色岩系的沉积环境为贫氧（弱）还原环境。

3）湘西地区

湘西地区龙鼻嘴剖面 V/Cr 值介于 1.00~23.60，平均值为 6.14（上段值较低，下段值较高），Ni/Co 值介于 1.99~36.57，平均值为 13.26（其中上段 Ni/Co 值均小于 7.00，下段 Ni/Co 值均大于 7.00），U/Th 值介于 0.31~33.15，平均值为 7.08

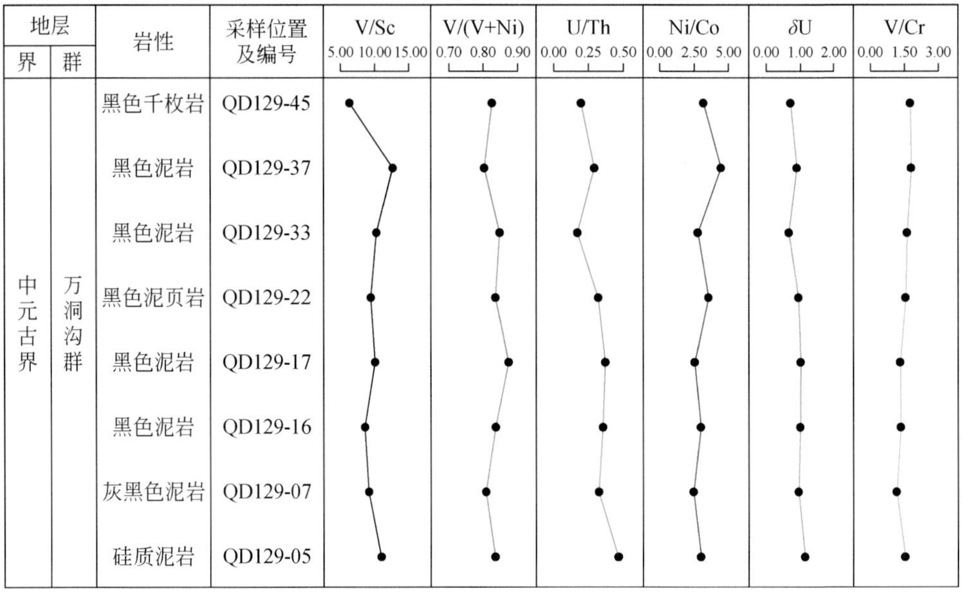

地层		岩性	采样位置及编号	V/Sc 5.00 10.00 15.00	V/(V+Ni) 0.70 0.80 0.90	U/Th 0.00 0.25 0.50	Ni/Co 0.00 2.50 5.00	δU 0.00 1.00 2.00	V/Cr 0.00 1.50 3.00
界	群								
中元古界	万洞沟群	黑色千枚岩	QD129-45						
		黑色泥岩	QD129-37						
		黑色泥岩	QD129-33						
		黑色泥页岩	QD129-22						
		黑色泥岩	QD129-17						
		黑色泥岩	QD129-16						
		灰黑色泥岩	QD129-07						
		硅质泥岩	QD129-05						

(a) 万洞沟群

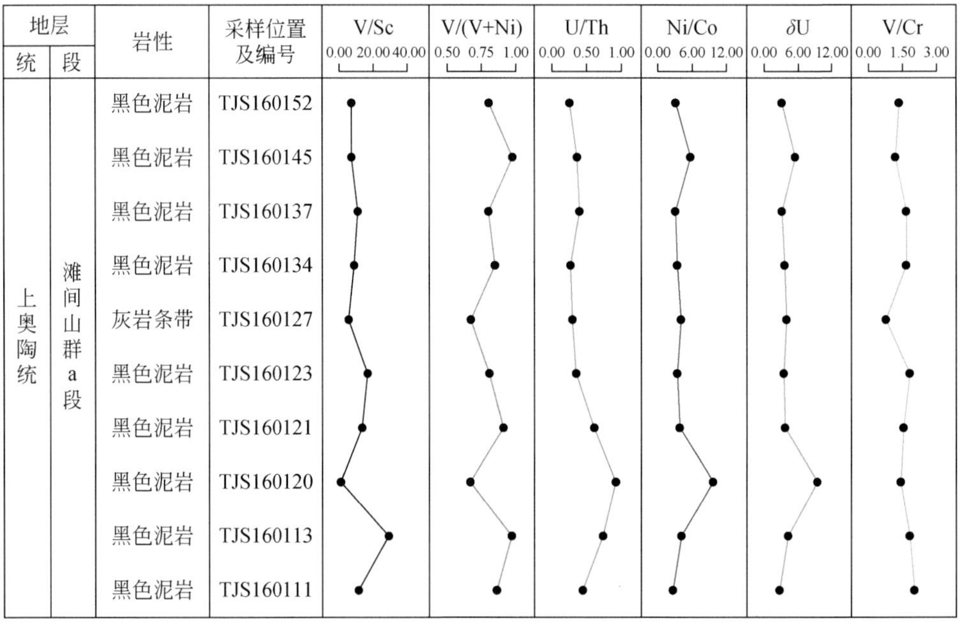

地层		岩性	采样位置及编号	V/Sc 0.00 20.00 40.00	V/(V+Ni) 0.50 0.75 1.00	U/Th 0.00 0.50 1.00	Ni/Co 0.00 6.00 12.00	δU 0.00 6.00 12.00	V/Cr 0.00 1.50 3.00
统	段								
上奥陶统	滩间山群a段	黑色泥岩	TJS160152						
		黑色泥岩	TJS160145						
		黑色泥岩	TJS160137						
		黑色泥岩	TJS160134						
		灰岩条带	TJS160127						
		黑色泥岩	TJS160123						
		黑色泥岩	TJS160121						
		黑色泥岩	TJS160120						
		黑色泥岩	TJS160113						
		黑色泥岩	TJS160111						

(b) 滩间山群a段

图6.12 柴北缘黑色岩系微量元素古氧相指标纵向变化趋势

（其中上段 U/Th 值均小于 0.75，下段 U/Th 值均大于 1.25），表明龙鼻嘴剖面黑色岩系整体处于贫氧 – 缺氧的沉积环境；三岔剖面 V/Cr 值介于 1.85~13.66，平均值为 6.93；Ni/Co 值介于 4.10~64.71，平均值为 15.00；U/Th 值最低为 5.53，远高于 1.25，说明三岔剖面黑色岩系沉积于贫氧 – 缺氧环境（图 6.13）。龙鼻嘴剖面和三岔剖面 δU 值均大于 1，说明湘西地区黑色岩系均形成于缺氧环境。V/(V+Ni) 值介于 0.61~0.94，平均值为 0.83，表明龙鼻嘴剖面黑色岩系沉积于水体分层中等的缺氧环境，底层水体可能受到 H₂S 还原作用的影响。黑色岩系仅龙

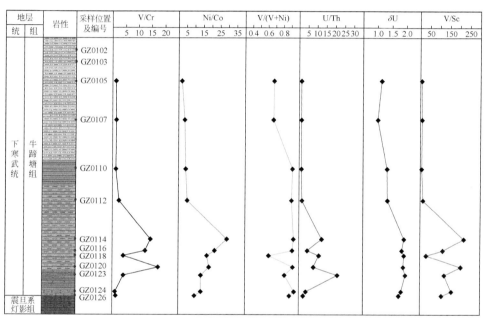

(a) 龙鼻嘴剖面

(b) 三岔剖面

图 6.13　湘西地区黑色岩系微量元素古氧相指标纵向变化趋势

鼻嘴剖面牛蹄塘组上段 V/Sc<9，指示有氧环境，表明其具有充氧过程，而龙鼻嘴剖面牛蹄塘组下段和三岔剖面黑色岩系 V/Sc 值远大于 30，说明黑色岩系主要形成于缺氧环境。

2. 生物标志化合物

规则的类异戊间二烯烷烃类比正构烷烃相对稳定，其中包含了一些烃源岩或原油形成时的重要地质信息，是地球化学研究中常用的生物标志化合物。其中常见的姥鲛烷（Pr）和植烷（Ph）系列相对含量是用来判断原始沉积环境的有效参数。通常情况下，当 Pr/Ph < 1 时往往指示沉积物形成于强还原的水体环境，而当 Pr/Ph > 3 时则指示沉积物形成于强氧化环境。

柴北缘万洞沟群及滩间山群 a 段绝大多数泥岩样品的 Pr/Ph 值均小于 1，显示较强的还原环境。湘西地区龙鼻嘴剖面和三岔剖面 Pr/Ph 值均小于 1，均具有明显的植烷优势，可以判断湘西地区黑色岩系有机质形成于强还原环境（图 6.14、图 6.15）。

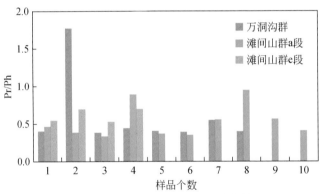

图 6.14 柴北缘黑色岩系 Pr/Ph 分布特征

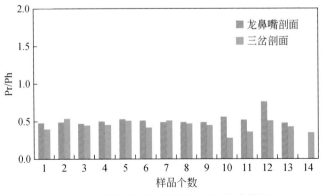

图 6.15 湘西地区黑色岩系 Pr/Ph 分布特征

6.3.4　古盐度

古盐度也是指示古环境的重要指标之一，古盐度记录在古代沉积物中，代表沉积时水体的盐度。古盐度的恢复对海洋及湖泊水体温盐环流、表层水流系统、水生生物发育、岩石矿物组合及构造、气候条件均具有重要指示意义（Warren，2016）。尽管现代湖水、海水盐度很容易根据水体离子总含量测出，但古海洋、古湖泊的盐度却缺失直接有效的测试手段，可以根据现今参数间接定性或半定量地反映水体古盐度。

目前最常用的古盐度恢复指标包括生物壳体中的氧同位素法、沉积磷酸盐法、B 元素与黏土矿物法、主微量元素法 [CaO/(Fe+CaO)、$100MgO/Al_2O_3$、Sr/Ba、Rb/K]、Sr 同位素法、间隙流体或液相包裹体直接测量盐度法、有机地球化学法等。本次研究主要采用微量元素法和有机地球化学法进行古盐度的判别。

锶钡法是常用恢复古盐度的方法之一。锶和钡的化学性质较相似，但它们在不同沉积环境中由于地球化学行为的差异而发生分离，因此，锶钡比值（Sr/Ba）可以作为古盐度的标志。一般来讲，淡水沉积物中 Sr/Ba< 1，而海相沉积物中 Sr/Ba >1，Sr/Ba 值为 1.0~0.5 为半咸水相（郑荣才和柳梅青，1999）。泥页岩的 Rb/K 值随沉积时水体盐度的变化而变化，正常海相页岩 Rb/K>0.006，微咸水页岩 Rb/K>0.004，淡水沉积物 Rb/K 值为 0.0028（王益友等，1979）。张士三（1988）将 $100MgO/Al_2O_3$ 值作为判定沉积水体盐度的指标，认为该值小于 1 为淡水沉积环境；1~10 为海陆过渡环境；10~100 为海水环境。雷卞军等（2002）指出 CaO/(Fe+CaO) 值也是反映海水盐度的重要指标，认为该值小于 0.2 为低盐度，0.2~0.5 为中等盐度，大于 0.5 为高盐度。

本次统计并计算了柴北缘及湘西地区黑色岩系沉积时期水体的古盐度。结果显示，柴北缘万洞沟群样品的 Sr/Ba 为 0.09~0.28，平均为 0.13；Rb/K 为 0.0035~0.0042，平均为 0.0039；$100MgO/Al_2O_3$ 为 7.04~10.39，平均为 8.36；CaO/(Fe+CaO) 为 0.06~0.35，平均为 0.22。滩间山群 a 段样品的 Sr/Ba 为 0.17~1.51，平均为 0.55；Rb/K 为 0.0030~0.0059，平均为 0.0039；$100MgO/Al_2O_3$ 为 3.67~96.54，平均为 23.20；CaO/(Fe+CaO) 为 0.05~0.99，平均为 0.38（表 6.5，图 6.16）。滩间山群 e 段样品的 Sr/Ba 为 0.19~0.41，平均为 0.30；Rb/K 为 0.0036~0.0039，平均为 0.0037；$100MgO/Al_2O_3$ 为 2.80~11.44，平均为 5.04；CaO/(Fe+CaO) 为 0.07~0.39，平均为 0.18。整体上，滩间山群形成于微咸水环境，在后期盐度有所降低，而万洞沟群形成时期水体盐度比滩间山群 a 段时期低，但高于滩间山群 e 段沉积水体盐度。

表6.5 柴北缘和湘西地区黑色岩系古盐度判别指标

地区	地层	Sr/Ba	Rb/K	100MgO/Al$_2$O$_3$	CaO/(Fe+CaO)
柴北缘	万洞沟群	0.13	0.0039	8.36	0.22
	滩间山群 a 段	0.55	0.0039	23.20	0.38
	滩间山群 e 段	0.30	0.0037	5.04	0.18
湘西地区	牛蹄塘组（龙鼻嘴剖面）	0.02	0.0036	16.67	0.23
	牛蹄塘组（三岔剖面）	0.04	0.0027	16.12	0.22

湘西地区龙鼻嘴剖面 Sr/Ba 为 0.0048~0.0443，平均为 0.02；Rb/K 为 0.0025~0.0047，平均为 0.0036；100MgO/Al$_2$O$_3$ 为 3.44~100，平均为 16.67；CaO/(Fe+CaO) 为 0.016~0.98，平均为 0.23，其中大多数样品低于 0.2。三岔剖面 Sr/Ba 为 0.02~0.12，平均为 0.04；Rb/K 为 0.0025~0.003，平均为 0.0027；100MgO/Al$_2$O$_3$ 为 7.56~51，平均为 16.12；CaO/(Fe+CaO) 为 0.02~0.96，平均为 0.22（表6.5，图6.17）。可见，湘西地区牛蹄塘组沉积时期主微量元素反映的结果具有较大的差异，但结合前人对该地区的研究，该地区在早寒武世为海洋沉积环境，因此，其水体盐度至少是半咸水状态。

伽马蜡烷属于五环三萜烷，也可用来指示沉积水体分层情况或盐度条件。高含量的伽马蜡烷常代表着盐度高的沉积环境，较高的盐度伴随着水体密度分层作用，意味着水体中氧含量低的还原环境。较高盐度的水体环境一方面有利于嗜盐生物的大量繁殖；另一方面高盐度可以抑制其他微生物的生命活动（分解作用），从而有利于有机质的保存。伽马蜡烷指数（伽马蜡烷/C$_{30}$H）是衡量水体盐度的有机地球化学参数之一。

柴北缘万洞沟群样品伽马蜡烷指数介于 0.10~0.44，平均值为 0.32；滩间山群 a 段样品伽马蜡烷指数介于 0.10~0.52，平均值为 0.23；滩间山群 e 段样品伽马蜡烷指数介于 0.28~0.40，平均值为 0.36。结合反映水体氧化还原条件的参数 Pr/Ph 来看，两者的原始沉积有机质均形成于微咸水的强还原条件下（图6.18）。

湘西地区龙鼻嘴剖面黑色岩系伽马蜡烷指数介于 0.18~0.24，平均值为 0.22；三岔剖面黑色岩系伽马蜡烷指数介于 0.15~0.27，平均值为 0.21。结合反映水体氧化还原条件的参数 Pr/Ph 来看（图6.19），湘西地区龙鼻嘴剖面的原始有机质形成于微咸水的还原环境，而三岔剖面的原始有机质形成于微咸水的还原—强还原环境，且三岔剖面所处的沉积环境水体盐度较龙鼻嘴剖面更高。

地层		岩性	采样位置及编号	Sr/Ba (0.00 0.15 0.30)	Rb/K (0.003 0.004 0.005)	100MgO/Al₂O₃ (0 7.5 15)	CaO/(Fe+CaO) (0 0.3 0.6)
界	群						
中元古界	万洞沟群	黑色千枚岩	QD129-45				
		黑色泥岩	QD129-37				
		黑色泥岩	QD129-33				
		黑色泥页岩	QD129-22				
		黑色泥岩	QD129-17				
		黑色泥岩	QD129-16				
		灰黑色泥岩	QD129-07				
		硅质泥岩	QD129-05				

(a) 万洞沟群

地层		岩性	采样位置及编号	Sr/Ba (0.0 1.0 2.0)	Rb/K (0.002 0.004 0.006)	100MgO/Al₂O₃ (0 50 100)	CaO/(Fe+CaO) (0 0.75 1.5)
统	段						
上奥陶统	滩间山群a段	黑色泥岩	TJS160152				
		黑色泥岩	TJS160145				
		黑色泥岩	TJS160137				
		黑色泥岩	TJS160134				
		灰岩条带	TJS160127				
		黑色泥岩	TJS160123				
		黑色泥岩	TJS160121				
		黑色泥岩	TJS160120				
		黑色泥岩	TJS160113				
		黑色泥岩	TJS160111				

(b) 滩间山群a段

图 6.16　柴北缘黑色岩系沉积期古盐度判别指标

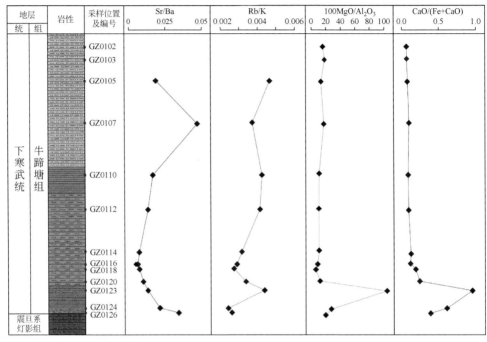

(a) 龙鼻嘴剖面

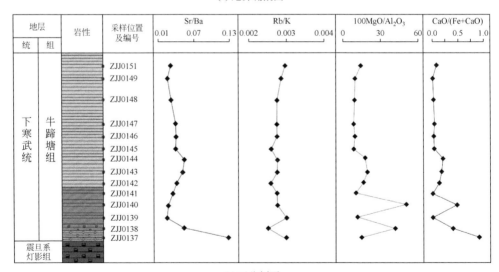

(b) 三岔剖面

图 6.17 湘西地区黑色岩系沉积期古盐度判别指标

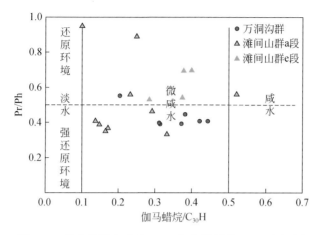

图 6.18　柴北缘黑色岩系 Pr/Ph 与伽马蜡烷 /C$_{30}$H 交汇图

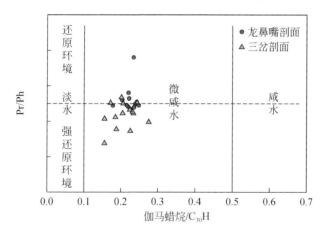

图 6.19　湘西地区黑色岩系 Pr/Ph 与伽马蜡烷 /C$_{30}$H 交汇图

　　综合来看，柴北缘黑色岩系形成时期水体环境为微咸水的沉积环境；湘西地区黑色岩系沉积时期水体为低盐度的海水环境，可能位于海陆过渡环境。

6.3.5　古海盆水体滞留程度

　　海盆的水体滞留程度会影响沉积环境和生物地球化学循环，是海洋体系的一个重要特征。利用氧化还原敏感微量元素重建古海洋的氧化还原状态时，由于盆地滞留状况会影响大洋对海盆的微量元素补给，因此会影响沉积物中微量元素的富集，从而影响微量元素指标对古氧化还原条件的正确判断。障壁性盆地中水体滞留程度跟海平面升降有直接关系：降低的海平面由于水深低于盆地边缘障壁而增加其滞留程度，相反升高的海平面则会减轻滞留程度。而海平面的升降会影响有机碳输入量（初始生产率）和氧化还原条件，同时滞留环境造成的水体缺氧也有利于有机质的保存，因此盆地中水体的滞留程度对沉积物中有机质的富集和保存起重要的作用（李艳芳等，2015）。

在滞留性强的盆地中，Mo 补给受阻，海水中 Mo 的含量降低，导致沉积物中的 Mo/TOC 值降低；反之，Mo/TOC 值则较高。沉积物中 Mo 与 U 的富集方式在水体滞留程度不同的盆地中有一定差异：①非滞留盆地（如东太平洋）中由于沉积物对 U 的摄取早于 Mo，海水中 Mo 相对富集；②弱滞留盆地（如 Cariaco 盆地）中 Mo 可以被铁锰氢氧化物吸附而加强其被带入沉积物中的速率，而 U 基本不受影响；③ 强滞留盆地（如黑海）中沉积物对 Mo 的吸收速率大于对 U 的吸收速率，海水中 U 相对富集（郑宇龙等，2019）。

在厌氧环境中，水体的还原性强，有利于有机质保存和硫酸盐还原产物硫化氢的形成，促使 Mo 元素在沉积物中富集而在海水中相对亏损。所以，若为滞留的厌氧海盆，海水流通性差，Mo 元素的补给缓慢，使 Mo 进入沉积物的速率大于外界对海水的补给速率，造成海水中的 Mo 浓度较低，则沉积物的 Mo/TOC 值也会很低（如黑海）。相反，在相对开放、水体交换比较强烈的厌氧盆地中，由于 Mo 元素不断得到补充，海水中 Mo 的浓度较高，Mo/TOC 值也较高（如 Saanish Inlet）。故 Mo/TOC 值可用来评估厌氧海盆的水体滞留情况（李艳芳等，2015）。

柴北缘黑色岩系 Mo/TOC 值在 0.79~14.53 变化，平均值为 5.01，与现代黑海的强滞留海盆水体环境相接近（图 6.20）。湘西地区两个剖面的泥页岩均形成

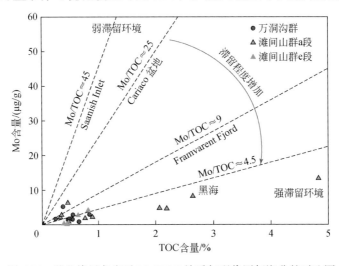

图 6.20 柴北缘黑色岩系 Mo/TOC 关系与现代厌氧海盆的对比图

于厌氧的还原环境，整体表现为 TOC 含量较高，Mo 含量较低，除两个样品的 Mo/TOC 值较高外，Mo/TOC 值主要在 3.50~21.97 变化，平均值为 14.99。因此推测牛蹄塘组沉积时期湘西地区为弱滞留海盆（图 6.21）。

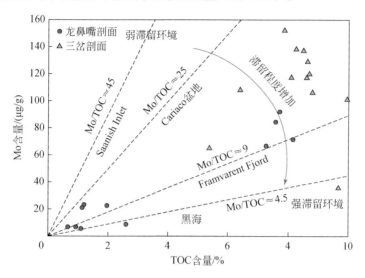

图 6.21　湘西地区黑色岩系 Mo/TOC 关系与现代厌氧海盆的对比图

　　综上所述，柴北缘中元古界万洞沟群和上奥陶统滩间山群黑色岩系属于缺氧的还原强滞留环境。湘西地区下寒武统牛蹄塘组为缺氧还原性弱滞留沉积环境。强烈的滞留环境使水体交换速率缓慢，还原性增强，导致黑色岩系沉积时期形成了有利于有机质保存的缺氧环境。

6.4　小　　结

　　（1）柴北缘中元古界万洞沟群、上奥陶统滩间山群与湘西地区下寒武统牛蹄塘组黑色岩系有机质的来源主要是藻类等低等水生生物。

　　（2）柴北缘中元古界万洞沟群、上奥陶统滩间山群黑色岩系沉积时整体处于活动大陆边缘的构造背景下，以生物沉积及正常海水沉积为主，但也受到热液活动影响。

　　（3）湘西地区下寒武统牛蹄塘组黑色岩系形成于被动大陆边缘环境，受到较为强烈的热液影响，海底热液将钒等金属物质挟带上来，为金属元素提供了初始物质来源。

　　（4）柴北缘中元古界万洞沟群和上奥陶统滩间山群 e 段的古环境特征均相

对稳定，表现出较高的古生产力、还原 – 弱还原的沉积条件、水深相对较浅和微咸水偏淡水的水体盐度特征；而滩间山群 a 段则表现出波动变化的特征，部分层段表现出更高的生产力、更强的还原性，水体更深且盐度更大。

（5）湘西地区下寒武统牛蹄塘组古环境为缺氧还原性弱滞留的低盐度海水环境，具有有机质古生产力高、强还原的特征。

第 7 章　钒对有机质生烃过程影响的物理模拟与数值模拟

本章采用物理模拟实验探讨不同的 $VOSO_4$ 浓度和不同的升温速率对有机质生烃的影响，并结合计算机分子模拟通过构建水溶液条件下的有机质与 $NaVO_3$ 和 VO^{2+} 相互作用的 C—C 键、C—H 键、C—O 键离解能计算模型，研究不同化合价、不同浓度钒的化合物对有机质生烃的影响及其机理。适宜浓度的钒化合物能够促进有机质生烃，不同价态的钒有不同的影响效应，高价钒（$NaVO_3$）主要通过降低 C—C 键、C—H 键的离解能，低价钒（VO^{2+}）则通过降低 C—C 键、C—H 键和 C—O 键的离解能而降低生烃反应的活化能，从而加速有机质热演化的进程，高浓度条件下促进作用减弱。

7.1　物理模拟实验

地质条件下有机质热演化生油气是一个漫长且复杂的过程，复杂的大分子逐渐裂解成小分子，包括了一系列的物理化学作用。有机质和原油中富含的各类微量元素与油气演化过程有着密切联系，受金属元素及其盐类的影响。金属元素对有机质生烃的影响可能是金属元素成为电子受体或作为催化剂促进反应的发生，一方面降低有机质热解生烃的表观活化能，另一方面改变了生成物的组成，饱和烃含量增加。实验室条件下虽不能完全模拟地质条件下的有机质生油气过程，但时间 – 温度补偿效应的发现大大提高了通过升温方法模拟有机质生烃研究的可行性。

7.1.1　实验样品及装置

柴北缘和湘西地区岩石样品有机质热演化程度较高，不适宜用于生烃模拟实验。本次选用河北下花园地区中元古界青白口系下马岭组黑色页岩作为模拟实验样品。实验仪器为 Rock-Eval 热解评价仪。将岩石样品经过处理制成干酪根样品，TOC 含量和热解实验结果如表 7.1 所示，实验样品属于 II_1 型低成熟 – 成熟样品。

表 7.1　下花园地区黑色页岩样品热解分析结果

样品编号	VOSO₄ 浓度 /(mg/g)	TOC 含量 /%	T_{max}/℃	S_1/(mg/g)	S_2/(mg/g)	S_1+S_2/(mg/g)	HCI/(mg/g)	PC/%
XJG01	0	2.72	437	0.82	8.23	9.05	303.02	0.75
XJG02	5	2.78	438	0.75	7.48	8.23	269.55	0.68
XJG03	10	2.73	437	0.72	6.79	7.51	249.08	0.62
XJG04	20	2.81	432	0.74	5.43	6.17	193.03	0.51

注：HCI 为生烃指数；PC 为有效碳含量。

开放体系下生烃模拟实验采用恒速升温，初温为 200℃，终温为 600℃，升温速率分别为 10℃ /min、20℃ /min、30℃ /min 和 50℃ /min，等量样品分别与浓度为 0mg/g、5mg/g、10mg/g、20mg/g 的 VOSO₄ 充分均匀混合，采用切片法根据热解烃峰的大小计算不同温度下干酪根的热解生烃率，并分析活化能。

7.1.2　热解烃量特征

对不同 VOSO₄ 浓度条件下岩石样品的可溶烃（S_1）和热解烃（S_2）的统计分析结果如图 7.1 所示。干酪根热解产生的 S_1、S_2 生成量随 VOSO₄ 浓度的增加而降低，S_1 含量受影响较小，S_2 受影响较大。随着 VOSO₄ 浓度的增加，S_2 降低的幅度也随之增大。

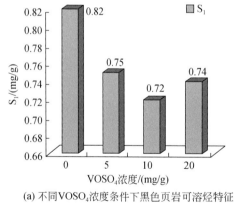
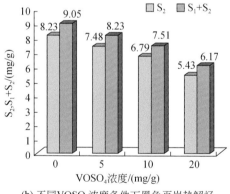

(a) 不同 VOSO₄ 浓度条件下黑色页岩可溶烃特征　　(b) 不同 VOSO₄ 浓度条件下黑色页岩热解烃及生烃潜量特征

图 7.1　不同 VOSO₄ 浓度条件下黑色页岩可溶烃、热解烃及生烃潜量特征

7.1.3　生烃率特征

不同 VOSO₄ 浓度条件下累积生烃率随升温速率的变化规律如图 7.2 所示。结果表明，在同一 VOSO₄ 浓度、不同升温速率条件下，虽然高升温速率条件下

有机质开始大量生烃的时间比低升温速率条件下稍晚，但达到相同的生烃率时，前者所用时间较后者明显缩短，热解温度也越高，符合生烃模拟的时间 – 温度补偿效应。

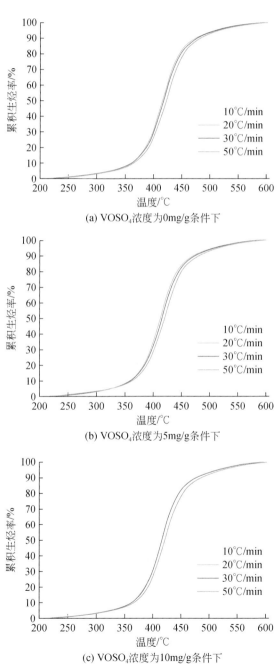

(a) VOSO₄浓度为0mg/g条件下

(b) VOSO₄浓度为5mg/g条件下

(c) VOSO₄浓度为10mg/g条件下

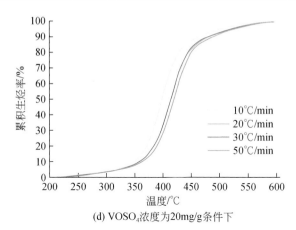

(d) VOSO₄浓度为20mg/g条件下

图 7.2　不同 VOSO₄ 浓度条件下累积生烃率与升温速率关系图

　　为了探究 VOSO₄ 浓度对有机质生烃的影响，对比了不同 VOSO₄ 浓度条件下累积生烃率增量（图 7.3）。温度小于 300℃时，累积生烃率增量较小且比较平稳；当温度达到 300℃时，增量开始加大；当温度达到 400℃时，累积生烃率达到峰值；当温度超过 400℃时，累积生烃率增量随着温度的升高又逐渐下降。虽然不同 VOSO₄ 浓度条件下累积生烃率增量变化的差别较小，但可以发现 VOSO₄ 浓度为 10mg/g 时增量最大，随温度的变化最快，而未加入 VOSO₄ 样品时增量最小，当 VOSO₄ 浓度达到 20mg/g 时，累积生烃率增量与无 VOSO₄ 样品接近。由此可见，适宜浓度的 VOSO₄ 在一定程度上加快了有机质的生烃速率，使得生烃温度提前，单位时间和单位温度内的生烃量更多；而当 VOSO₄ 浓度过高时，影响作用又随之减小。

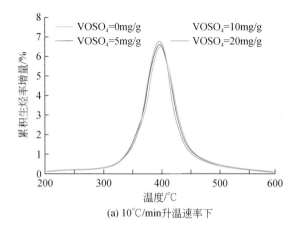

(a) 10℃/min升温速率下

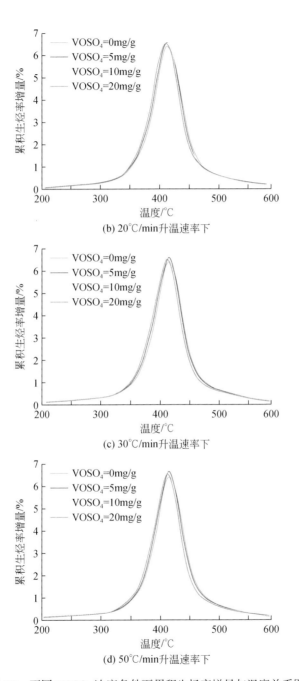

图 7.3 不同 $VOSO_4$ 浓度条件下累积生烃率增量与温度关系图

7.1.4　活化能分布特征

　　油气的生成是干酪根热降解的化学生烃过程，包括多种化学键的断裂和新化学键的形成。由于时间 – 温度补偿效应，实验室条件下生烃模拟所获得的生烃动力学参数可作为地质条件下的估算值。根据生烃动力学原理，不同的化学反应具有不同的表观活化能（E）和频率因子（A），可通过改变活化能和频率因子来改变化学反应路径而提高效率。干酪根热解生烃是一系列串联反应，随温度升高，干酪根中的化学键会按照活化能增大的次序相继发生断裂。本次主要通过生烃模拟实验探讨了不同 VOSO$_4$ 浓度条件对生烃反应的活化能的影响。

　　根据生烃模拟实验结果（图 7.4），不同 VOSO$_4$ 浓度条件下有机质开始大量生烃的初始活化能有较微弱的变化，当未加入 VOSO$_4$ 时，干酪根开始大量生烃的活化能为 295kJ/mol；当 VOSO$_4$ 浓度为 5mg/g 时，该活化能下降至 285kJ/mol；当 VOSO$_4$ 浓度分别上升至 10mg/g 和 20mg/g 时，有机质开始大量生烃的活化能分别为 290kJ/mol 和 300kJ/mol。由此可见，当加入较低浓度的 VOSO$_4$ 时，

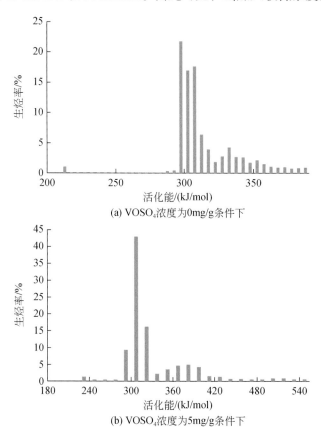

(a) VOSO$_4$浓度为0mg/g条件下

(b) VOSO$_4$浓度为5mg/g条件下

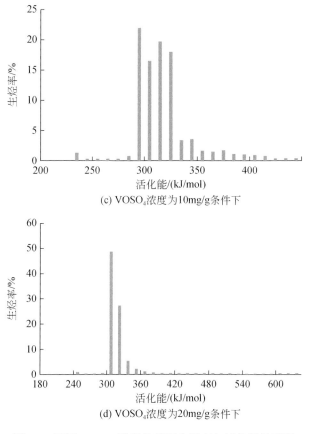

(c) VOSO$_4$浓度为10mg/g条件下

(d) VOSO$_4$浓度为20mg/g条件下

图 7.4　不同 VOSO$_4$ 浓度条件下生烃率与活化能关系图

有机质生烃的活化能呈现微弱的降低趋势；当 VOSO$_4$ 浓度较高时，活化能呈现一定的波动。

　　总的来说，VOSO$_4$ 对有机质生烃的影响主要表现在累积生烃率的变化和有机质开始大量生烃的初始活化能的微弱变化（图 7.5）。有机质生烃的累积生烃率达到 80% 以前，达到同一累积生烃率时，不同 VOSO$_4$ 浓度条件下需要的活化能变化趋势不明显，而当累积生烃率超过 80% 后，有机质生烃需要的活化能随 VOSO$_4$ 浓度的升高而增加。实验条件下适宜浓度的 VOSO$_4$ 或地质条件下适量的钒的化合物可能对有机质的生烃或演化产生一定的促进作用，而当钒浓度过高或有机质热演化程度较高时，这种促进作用受到很大的限制。

　　不同 VOSO$_4$ 浓度条件下活化能的波动规律不明显可能存在以下三方面的原因：第一，升温速率过高导致反应无序进行。自然条件下不同类型、不同位置的

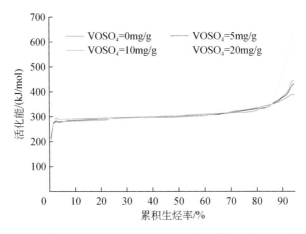

图 7.5　不同 $VOSO_4$ 浓度条件下活化能与累积生烃率关系图

化学键的能量不同，反应也会根据能量的差异有序进行，模拟条件下升温速率越慢，模拟结果越接近于地质条件，本次模拟最低升温速率为 10℃/min，与地质条件相差较大，因此对生烃过程和活化能的研究产生较大影响。第二，无水环境导致的自由基挥发影响了反应进程。干酪根生烃会形成一定浓度的自由基（化学键断裂时产生的带有未配对电子的基团），从而使碳链发生一系列链式反应，促进反应的进行。开放体系下干酪根分子直接生成气态烃或者先生成低熟沥青再转化为气态烃和焦沥青。由于在开放无水环境中，自由基直接挥发到反应体系之外，并随气体排出，无法与干酪根分子进一步反应，从而影响整个生烃过程。第三，由于有机质生烃过程中不仅 VO^{2+} 发挥了作用，SO_4^{2-} 也对该过程产生了影响，从而模拟实验生烃过程复杂化。

7.2　数值模拟实验

物理模拟实验结果显示钒对有机质生烃具有一定的促进作用，本节继续采用计算机分子模拟实验探讨钒对有机质生烃的影响及其机理。用 Gaussian 09 和配套的 GaussView 5.0 软件进行相关模拟计算，计算中加入了水溶液模型。该软件是研究有机和无机化学反应机理的重要技术方法，广泛应用于化学领域的分子能量和结构、原子电荷和电势、键和反应能量、红外和拉曼光谱、热力学性质和反应路径等方面。本次应用分子能量和结构、键和反应能量模块，采用密度泛函理论（DFT）的计算方法对电离能和化学键的离解能（BDE）进行计算，在保证计算精度的同时大大提高分子体系的计算速度。模拟选用的基组为密度泛函

B3LYP 和 6-311G++(2d，2p) 基组。由于地质条件下有机质分子成分和结构非常复杂，考虑研究难度、时间和设备成本的因素，用相对简单的有机质分子模型代替相对复杂的有机质分子，主要探讨了不同价态钒的化合物（$NaVO_3$ 和 VO^{2+}）在不同浓度下对有机质分子 C—C 键、C—H 键和 C—O 键离解能的影响，进而归纳地质模型中钒的化合物及其浓度对有机质生烃和演化过程的影响及其机理。

7.2.1 C—C 键的研究

$NaVO_3$ 和 VO^{2+} 中的钒具有不同的化合价，所表现的化学性质也有所不同，本次选用这两种化合物进行对比研究，并用模型中的分子个数代表其浓度。

1. $NaVO_3$ 对 C—C 键的影响

为了保证模拟结果的准确性，首先利用 Gaussian 09 软件对构建的 $NaVO_3$ 分子模型优化处理，随后建立有机质分子并导入 GaussView 5.0 软件进行能量计算。分别计算了未加入 $NaVO_3$、加入低浓度 $NaVO_3$ 和加入较高浓度 $NaVO_3$ 条件下 C—C 键的离解能，并将不同浓度条件下 C—C 键的离解能进行对比，分析不同 $NaVO_3$ 浓度对有机质生烃的影响。

在未加入 $NaVO_3$ 水溶液模型中，有机质分子 C_4H_{10}、C_8H_{18} 的 1 号 C—C 键的离解能分别约为 107.82 kcal[①]/mol 和 107.54 kcal/mol（图 7.6）。其他分子模型 C_3H_8、C_5H_{12}、C_6H_{14}、C_7H_{16}、C_9H_{20}、$C_{10}H_{22}$、$C_{11}H_{24}$、$C_{12}H_{26}$ 同一位置的 C—C 键离解能分别约为 107.73 kcal/mol、107.64 kcal/mol、107.59 kcal/mol、107.55 kcal/mol、107.54 kcal/mol、107.53 kcal/mol、105.26 kcal/mol 和 107.53 kcal/mol，可以看出它们的 C—C 键的离解能接近。

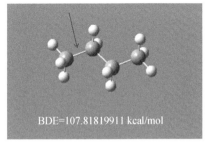
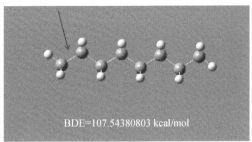

BDE=107.81819911 kcal/mol   BDE=107.54380803 kcal/mol

(a)C_4H_{10} (b)C_8H_{18}

图 7.6　无 $NaVO_3$ 条件下 C_4H_{10}、C_8H_{18} 的 C—C 键离解能计算模型

在低浓度 $NaVO_3$ 水溶液模型中，C_4H_{10} 和 C_8H_{18} 的 1 号 C—C 键的离解能分

---

① 1kcal=4.184kJ。

别约为 45.19 kcal/mol 和 44.56 kcal/mol（图 7.7）。其他分子模型 1 号 C—C 键的离解能分别为 41.98 kcal/mol、44.77 kcal/mol、44.65 kcal/mol、44.60 kcal/mol、44.54 kcal/mol、44.51 kcal/mol、44.49 kcal/mol 和 44.50 kcal/mol，不同模型之间离解能相近，但较无 NaVO$_3$ 条件大幅下降。

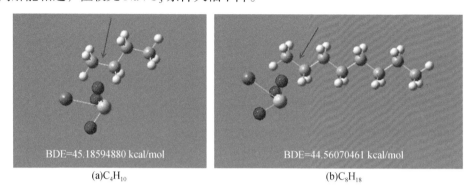

(a)C$_4$H$_{10}$ (b)C$_8$H$_{18}$

图 7.7　低浓度 NaVO$_3$ 条件下 C$_4$H$_{10}$ 和 C$_8$H$_{18}$ 的 C—C 键离解能计算模型

在较高浓度 NaVO$_3$ 水溶液模型中，C$_4$H$_{10}$ 和 C$_8$H$_{18}$ 的 1 号 C—C 键离解能分别约为 66.30 kcal/mol 和 78.59 kcal/mol（图 7.8）。其他分子模型的 1 号 C—C 键的离解能分别为 63.94 kcal/mol、78.84 kcal/mol、78.59 kcal/mol、78.55 kcal/mol、78.49 kcal/mol、78.50 kcal/mol、78.48 kcal/mol 和 78.49 kcal/mol。不同模型之间 C—C 键的离解能仍相近，虽较无 NaVO$_3$ 条件下降较多，但高出低浓度 NaVO$_3$ 条件。

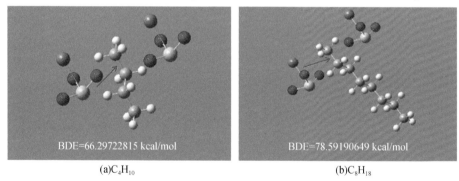

(a)C$_4$H$_{10}$ (b)C$_8$H$_{18}$

图 7.8　较高浓度 NaVO$_3$ 条件下 C$_4$H$_{10}$ 和 C$_8$H$_{18}$ 的 C—C 键离解能计算模型

实验结果显示（图 7.9），有机质分子模型的 C—C 键的离解能随着 NaVO$_3$ 浓度的逐渐升高发生了先降低再升高的显著变化，无 NaVO$_3$ 条件下最高。因此，推测适宜浓度的 NaVO$_3$ 对有机质的生烃过程具有促进作用，而过高浓度的 NaVO$_3$ 对有机质生烃的促进作用大大减弱。

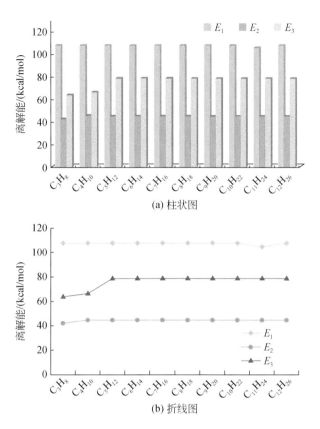

图 7.9 不同 NaVO$_3$ 浓度条件下直链烷烃 C—C 键离解能分布及变化趋势图

E_1. 无 NaVO$_3$ 条件的离解能；E_2. 低浓度 NaVO$_3$ 条件的离解能；E_3. 较高浓度 NaVO$_3$ 条件的离解能

2. VO^{2+} 对 C—C 键的影响

用同样的方法建立计算模型探究不同浓度 VO^{2+} 对 C—C 键离解能的影响。未加入 VO^{2+} 的 C$_4$H$_{10}$ 和 C$_8$H$_{18}$ 的 1 号 C—C 键的离解能如图 7.6 所示。

在低浓度 VO^{2+} 水溶液模型中，C$_4$H$_{10}$ 和 C$_8$H$_{18}$ 的 1 号 C—C 键的离解能分别约为 63.93 kcal/mol 和 82.14 kcal/mol（图 7.10）。其他分子模型 C$_3$H$_8$、C$_5$H$_{12}$、C$_6$H$_{14}$、C$_7$H$_{16}$、C$_9$H$_{20}$、C$_{10}$H$_{22}$ 的 1 号 C—C 键的离解能分别为 74.66 kcal/mol、76.00 kcal/mol、66.09 kcal/mol、75.47 kcal/mol、81.26 kcal/mol 和 87.76 kcal/mol，由此可见，低浓度 VO^{2+} 水溶液模型中 C—C 键的离解能较未加入 VO^{2+} 的水溶液模型低很多。

在较高浓度 VO^{2+} 水溶液模型中，C$_4$H$_{10}$ 和 C$_8$H$_{18}$ 的 1 号 C—C 键离解能分别为 89.23 kcal/mol 和 92.13 kcal/mol（图 7.11）。其他分子模型 C—C 键的离解能分别约

为 91.07 kcal/mol、87.25 kcal/mol、93.73 kcal/mol、87.24 kcal/mol、103.52 kcal/mol 和 102.21 kcal/mol。与无 VO^{2+} 条件下相比离解能降低，但较低浓度 VO^{2+} 条件升高。

(a)C$_4$H$_{10}$ (b)C$_8$H$_{18}$

图 7.10　低浓度 VO^{2+} 条件下 C$_4$H$_{10}$ 和 C$_8$H$_{18}$ 的 C—C 键离解能计算模型

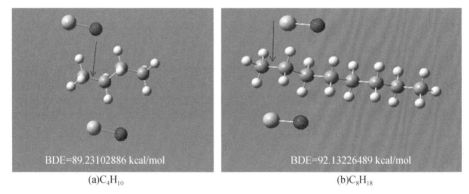

(a)C$_4$H$_{10}$ (b)C$_8$H$_{18}$

图 7.11　较高浓度 VO^{2+} 条件下 C$_4$H$_{10}$ 和 C$_8$H$_{18}$ 的 C—C 键离解能计算模型

　　模拟结果显示（图 7.12），随着 VO^{2+} 浓度的升高，有机质分子模型 C—C 键的离解能经历了先降低后升高的变化，都低于无 VO^{2+} 条件，其中低浓度 VO^{2+} 条件下最低，说明不同浓度的 VO^{2+} 都能促进有机质中化学键的断裂从而影响有机质的生烃过程，总体表现为一定的促进作用。

　　模拟实验中，NaVO$_3$ 中钒的化合价为 +5，VO^{2+} 中钒的化合价为 +4，+5 价的钒能表现更强的氧化性。它们通过降低 C—C 键的离解能在一定程度上影响有机质的生烃，加入低浓度 NaVO$_3$ 的模型中 C—C 键的离解能平均降幅为 63 kcal/mol，而加入低浓度 VO^{2+} 的模型中平均降幅为 53 kcal/mol，说明高价态钒的作用更明显。从能量角度来说，钒的化合物通过降低 C—C 键的离解能来降低有机质生烃反应所需的活化能，从而促进生烃；从氧化还原的角度来说，钒的化合物与有机质发生氧化还原反应，高价态的钒具有更强的氧化作用，更能促进生烃。

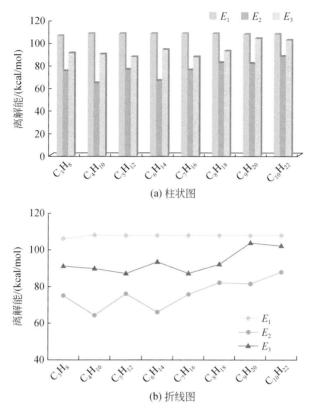

(a) 柱状图

(b) 折线图

图 7.12　不同 VO^{2+} 浓度条件下直链烷烃 C—C 键离解能分布及变化趋势图

E_1. 无 VO^{2+} 条件的离解能；E_2. 低浓度 VO^{2+} 条件的离解能；E_3. 较高浓度 VO^{2+} 条件的离解能

7.2.2　C—H 键的研究

有机质的生烃过程除了 C—C 键发生断裂外，C—H 键和 C—O 键也会发生断裂，为了更进一步研究钒的化合物对有机质生烃的影响，继续对 C—H 键进行研究。

1. NaVO₃ 对 C—H 键的影响

在未加入 $NaVO_3$ 水溶液模型中，C_5H_{12} 和 C_9H_{20} 的 1 号 C 原子上 C—H 键的离解能分别约为 135.58 kcal/mol 和 139.86 kcal/mol（图 7.13）。其他分子 C_3H_8、C_4H_{10}、C_6H_{14}、C_7H_{16}、C_8H_{18}、$C_{10}H_{22}$、$C_{11}H_{24}$、$C_{12}H_{26}$ 模型同一位置的 C—H 键离解能分别约为 132.67 kcal/mol、135.66 kcal/mol、136.96 kcal/mol、138.03 kcal/mol、138.86 kcal/mol、140.72 kcal/mol、131.55 kcal/mol 和 131.56 kcal/mol，它们的离解能大小基本相同。

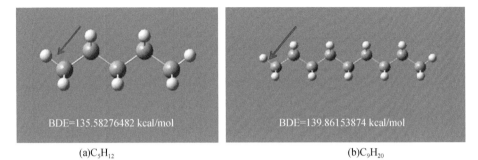

(a)C$_5$H$_{12}$ BDE=135.58276482 kcal/mol

(b)C$_9$H$_{20}$ BDE=139.86153874 kcal/mol

图 7.13 无 NaVO$_3$ 条件下 C$_5$H$_{12}$、C$_9$H$_{20}$ 的 C—H 键离解能计算模型

在低浓度 NaVO$_3$ 的水溶液模型中，C$_5$H$_{12}$ 和 C$_9$H$_{20}$ 的 C—H 键离解能分别降至约 50.04 kcal/mol 和 50.00 kcal/mol（图 7.14）。其他分子模型的 C—H 键离解能分别为 57.80 kcal/mol、50.34 kcal/mol、50.04 kcal/mol、50.00 kcal/mol、50.01 kcal/mol、49.95 kcal/mol、49.92 kcal/mol 和 49.91 kcal/mol，较无 NaVO$_3$ 条件明显降低，且降幅大于同一条件下 C—C 键的离解能。

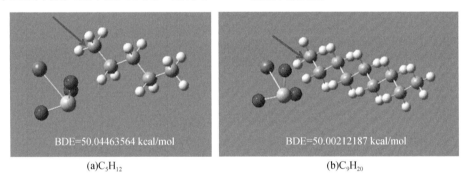

(a)C$_5$H$_{12}$ BDE=50.04463564 kcal/mol

(b)C$_9$H$_{20}$ BDE=50.00212187 kcal/mol

图 7.14 低浓度 NaVO$_3$ 条件下 C$_5$H$_{12}$ 和 C$_9$H$_{20}$ 的 C—H 键离解能计算模型

当 NaVO$_3$ 达到较高浓度时，C$_5$H$_{12}$ 和 C$_9$H$_{20}$ 的 C—H 键的离解能分别约为 95.94 kcal/mol 和 83.26 kcal/mol（图 7.15）。其他分子模型同一位置 C—H 键的离解能分别约为 85.40 kcal/mol、73.94 kcal/mol、98.93 kcal/mol、87.98 kcal/mol、101.51 kcal/mol、86.55 kcal/mol、93.34 kcal/mol 和 94.43 kcal/mol。较无 NaVO$_3$ 条件明显降低，但较低浓度 NaVO$_3$ 条件明显升高。

模拟结果显示，随着 NaVO$_3$ 浓度的升高，有机质分子模型的 C—H 键的离解能同样经历了先降低后升高的过程，未加入 NaVO$_3$ 时离解能最高，说明 NaVO$_3$ 的加入也能通过影响 C—H 键的离解能促进有机质的生烃，但浓度过高时促进作用减弱，与 C—C 键的研究结果一致（图 7.16）。

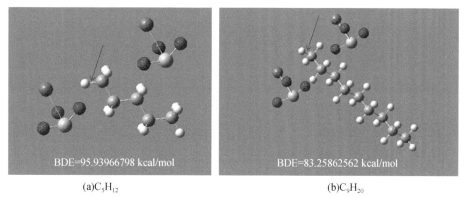

(a)C_5H_{12}　　　　　　　　　　　　　(b)C_9H_{20}

图 7.15　较高浓度 $NaVO_3$ 条件下 C_5H_{12} 和 C_9H_{20} 的 C—H 键离解能计算模型

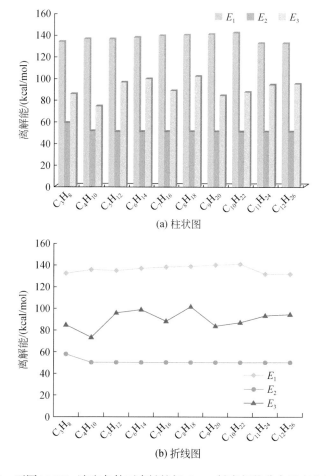

(a) 柱状图

(b) 折线图

图 7.16　不同 $NaVO_3$ 浓度条件下直链烷烃 C—H 键离解能分布及变化趋势图

2. VO^{2+} 对 C—H 键的影响

同样地，研究 VO^{2+} 对 C—H 键的影响。未加入 VO^{2+} 水溶液模型如图 7.13 所示。

在低浓度 VO^{2+} 水溶液模型中，C$_5$H$_{12}$ 和 C$_9$H$_{20}$ 的 1 号 C 原子上 C—H 键的离解能分别约为 85.86 kcal/mol 和 97.06 kcal/mol（图 7.17）。其他分子 C$_3$H$_8$、C$_4$H$_{10}$、C$_6$H$_{14}$、C$_7$H$_{16}$、C$_8$H$_{18}$、C$_{10}$H$_{22}$ 模型同一位置 C—H 键的离解能分别约为 83.09 kcal/mol、88.36 kcal/mol、106.27 kcal/mol、107.42 kcal/mol、97.26 kcal/mol 和 94.28 kcal/mol，比无 VO^{2+} 条件下 C—H 键的离解能低得多。

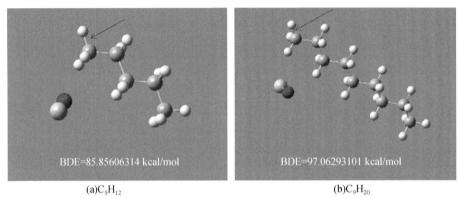

(a)C$_5$H$_{12}$　　　　　　　　　　　　　　　　(b)C$_9$H$_{20}$

图 7.17　低浓度 VO^{2+} 条件下 C$_5$H$_{12}$ 和 C$_9$H$_{20}$ 的 C—H 键离解能计算模型

在较高浓度 VO^{2+} 水溶液模型中，C$_5$H$_{12}$ 和 C$_9$H$_{20}$ 同一位置 C—H 键的离解能分别约为 115.73 kcal/mol 和 110.99 kcal/mol（图 7.18）。其他分子模型 C—H 键的离解能分别约为 113.07 kcal/mol、105.73 kcal/mol、115.68 kcal/mol、113.05 kcal/mol、111.53 kcal/mol 和 101.23 kcal/mol，较低浓度 VO^{2+} 条件升高但低于无 VO^{2+} 条件。

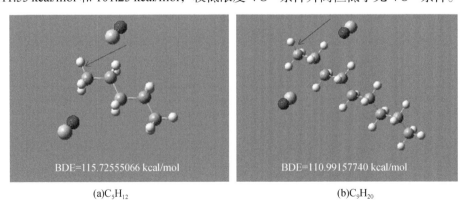

(a)C$_5$H$_{12}$　　　　　　　　　　　　　　　　(b)C$_9$H$_{20}$

图 7.18　较高浓度 VO^{2+} 条件下 C$_5$H$_{12}$ 和 C$_9$H$_{20}$ 的 C—H 键离解能计算模型

　　模拟结果显示，随着 VO^{2+} 浓度的升高，有机质分子模型的 C—H 键离解能也经历了先大幅度降低后升高的过程，在影响有机质生烃过程方面与 C—C 键的研究有一致的结果（图 7.19）。

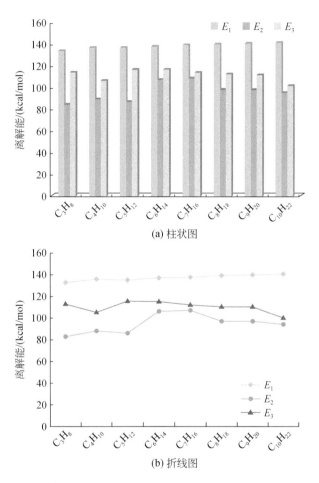

(a) 柱状图

(b) 折线图

图 7.19　不同 VO^{2+} 浓度条件下直链烷烃 C—H 键的离解能分布及变化趋势图

　　综合来说，$NaVO_3$ 对于 C—H 键离解能的影响作用明显大于 VO^{2+}，在 $NaVO_3$ 作用下，C—H 键离解能的最大降低幅度平均值为 85 kcal/mol，而在 VO^{2+} 作用下该值仅为 42 kcal/mol。推测认为，一方面钒的化合价不同导致的氧化性质不同，使得 C—H 键的离解受到的影响有所差别，活化能降低的幅度不同；另一方面是电荷性质的不同导致的，$NaVO_3$ 电离出的 VO_3^- 更容易与 C—H 键断裂产生的游离 H^+ 发生反应，而 VO^{2+} 不易与 H^+ 发生反应。综合 C—C 键和 C—H 键的研究结果发现，NaVO₃ 和 VO²⁺ 对它们的离解能的影响结果有所不同。就高价态的钒来说，其对于 C—H 键离解能的影响更加明显，认为其首先通过降低 C—H 键的离解能来降低活化能从而促进生烃，C—C 键次之；而相对于较低价的钒，则首先通过降低 C—C 键的离解能来降低反应所需要的活化能，C—H 键次之。相对而言，NaVO₃ 促进有机质生烃的作用更加明显。

7.2.3 C—O 键的研究

常见的包含 C—O 键的官能团主要有羟基（—OH）、羧基（—COOH）和醚基（R—O—R'），本次分别构建了醇类、羧酸类和醚类三类有机质分子来研究 NaVO₃ 和 VO²⁺ 对 C—O 键离解能的影响。

1. NaVO₃ 对 C—O 键的影响

1）醇类

本次模拟主要构建了 C_2H_6O、…、$C_8H_{18}O$ 直链醇类模型，既方便计算，也能将复杂过程简单化，达到总结规律的目的。

在未加入 NaVO₃ 水溶液模型中，$C_4H_{10}O$ 和 $C_8H_{18}O$ 的 C—O 键离解能分别为 110.31 kcal/mol 和 108.84 kcal/mol（图 7.20）。其他醇类模型 C—O 键的离解能分别为 111.31 kcal/mol、111.10 kcal/mol、109.18 kcal/mol、109.86 kcal/mol、109.72 kcal/mol，它们的 C—O 键离解能基本一致，避免了结构不同导致键的离解能不同。

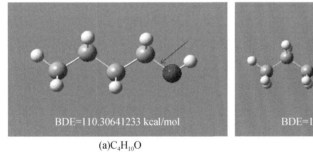
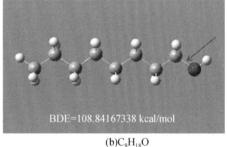

(a) $C_4H_{10}O$ (b) $C_8H_{18}O$

图 7.20 无 NaVO₃ 条件下 $C_4H_{10}O$ 和 $C_8H_{18}O$ 的 C—O 离解能计算模型

在低浓度 NaVO₃ 水溶液模型中，$C_4H_{10}O$ 和 $C_8H_{18}O$ 的 C—O 键离解能分别为 112.10 cal/mol 和 106.88 kcal/mol（图 7.21）。其他醇类模型的 C—O 键离解能分别为 101.27 kcal/mol、109.95 kcal/mol、106.95 kcal/mol、115.47 kcal/mol、113.12 kcal/mol，与无 NaVO₃ 的水溶液模型较为接近。

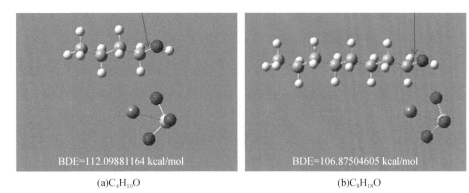

BDE=112.09881164 kcal/mol　　　　　　BDE=106.87504605 kcal/mol

(a)C$_4$H$_{10}$O　　　　　　　　　　　(b)C$_8$H$_{18}$O

图 7.21　低浓度 NaVO$_3$ 条件下 C$_4$H$_{10}$O 和 C$_8$H$_{18}$O 的 C—O 键离解能计算模型

在较高浓度 NaVO$_3$ 水溶液模型中，C$_4$H$_{10}$O 和 C$_8$H$_{18}$O 的 C—O 键离解能分别为 105.76 kcal/mol 和 115.00 kcal/mol（图 7.22）。其他醇类模型的 C—O 键离解能分别为 108.66 kcal/mol、113.47 kcal/mol、105.49 kcal/mol、111.74 kcal/mol 和 109.47 kcal/mol，与未加入 NaVO$_3$ 和低浓度条件都很接近。

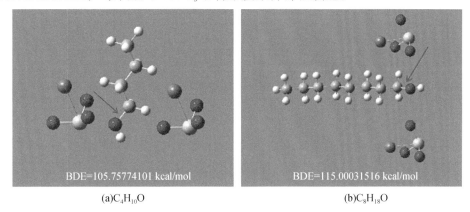

BDE=105.75774101 kcal/mol　　　　　　BDE=115.00031516 kcal/mol

(a)C$_4$H$_{10}$O　　　　　　　　　　　(b)C$_8$H$_{18}$O

图 7.22　较高浓度 NaVO$_3$ 条件下 C$_4$H$_{10}$O 和 C$_8$H$_{18}$O 的 C—O 键离解能计算模型

根据模拟实验结果，不同 NaVO$_3$ 浓度条件下的 C—O 键的离解能未见明显变化，说明 NaVO$_3$ 不能通过影响 C—O 键的离解能影响有机质生烃（图 7.23）。

2）羧酸类

羧酸类主要构建了结构简单的 CH$_3$COOH、…、C$_8$H$_{17}$COOH 直链羧酸模型。

在未加入 NaVO$_3$ 水溶液模型下，C$_4$H$_9$COOH 和 C$_8$H$_{17}$COOH 的 C—O 键离解能分别为 111.65 kcal/mol 和 111.35 kcal/mol。其他羧酸类模型 C—O 键的离解能分别为 110.90 kcal/mol、112.51 kcal/mol、111.96 kcal/mol、111.47 kcal/mol、111.41 kcal/mol、111.36 kcal/mol，同样地，羧基中的 C—O 键离解能接近（图 7.24）。

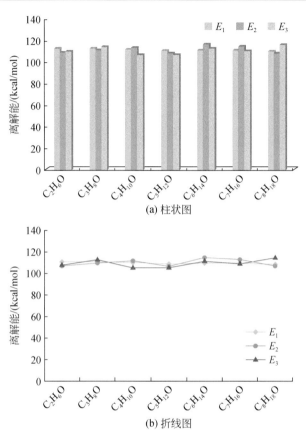

(a) 柱状图

(b) 折线图

图 7.23   不同 NaVO₃ 浓度条件下醇类 C—O 键离解能分布及变化趋势图

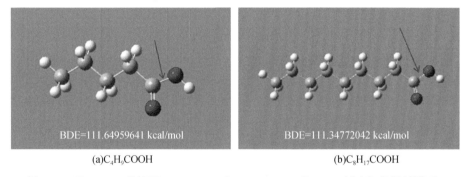

(a)C₄H₉COOH

(b)C₈H₁₇COOH

图 7.24   无 NaVO₃ 条件下 C₄H₉COOH 和 C₈H₁₇COOH 的 C—O 键离解能计算模型

在低浓度 NaVO₃ 水溶液模型中，C₄H₉COOH 和 C₈H₁₇COOH 的 C—O 键离解能分别为 112.57 kcal/mol 和 110.44 kcal/mol（图 7.25）。其他羧酸类模型 C—O 键离解能分别为 108.28 kcal/mol、111.60 kcal/mol、111.67 kcal/mol、115.41 kcal/

mol、108.07 kcal/mol、112.43 kcal/mol，接近于无 NaVO$_3$ 条件。

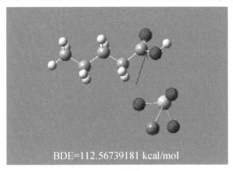 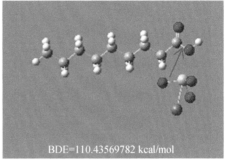

$$(a)C_4H_9COOH \qquad\qquad (b)C_8H_{17}COOH$$

BDE=112.56739181 kcal/mol　　　　　BDE=110.43569782 kcal/mol

图 7.25　低浓度 NaVO$_3$ 条件下 C$_4$H$_9$COOH 和 C$_8$H$_{17}$COOH 的 C—O 键离解能计算模型

当 NaVO$_3$ 达到较高浓度时，C$_4$H$_9$COOH 和 C$_8$H$_{17}$COOH 的 C—O 键的离解能分别为 116.53 kcal/mol 和 104.19 kcal/mol（图 7.26）。其他羧酸类模型 C—O 键离解能分别为 104.45 kcal/mol、109.64 kcal/mol、106.13 kcal/mol、111.56 kcal/mol、102.02 kcal/mol、113.76 kcal/mol，也与无 NaVO$_3$ 条件下大致相同。

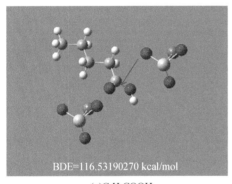 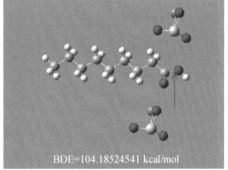

BDE=116.53190270 kcal/mol　　　　　BDE=104.18524541 kcal/mol

$$(a)C_4H_9COOH \qquad\qquad (b)C_8H_{17}COOH$$

图 7.26　较高浓度 NaVO$_3$ 条件下 C$_4$H$_9$COOH 和 C$_8$H$_{17}$COOH 的 C—O 键离解能计算模型

根据模拟实验结果，不同 NaVO$_3$ 浓度条件下羧酸类 C—O 键的离解能几乎没有变化，说明 NaVO$_3$ 不能通过影响羧酸类 C—O 键的离解能影响有机质生烃（图 7.27）。

3）醚类

对于醚类 C—O 键离解能的研究，本次模拟构建了对称和不对称醚类以排除结构对化学性质的影响，但模拟结果发现它们的 C—O 键离解能几乎没有差别。

在 无 NaVO$_3$ 水溶液模型中，CH$_3$OCH$_3$、C$_2$H$_5$OCH$_3$、…、C$_4$H$_9$OC$_3$H$_7$、

$C_4H_9OC_4H_9$ 模型 C—O 键的离解能分别为 107.05 kcal/mol、112.31 kcal/mol、107.65 kcal/mol、111.87 kcal/mol、107.37 kcal/mol、107.21 kcal/mol、107.25 kcal/mol、107.27 kcal/mol、107.11 kcal/mol 和 106.44 kcal/mol（图 7.28）。

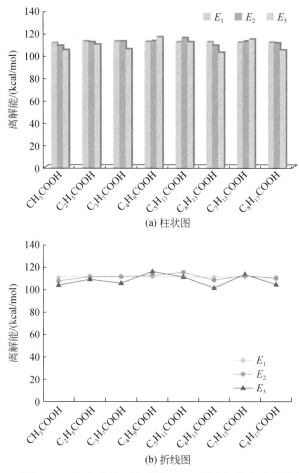

图 7.27 不同 $NaVO_3$ 浓度条件下羧酸类 C—O 键离解能分布及变化趋势图

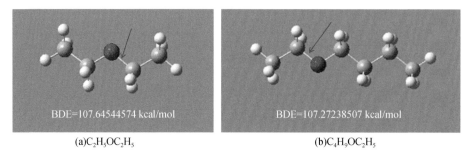

图 7.28 无 $NaVO_3$ 条件下 $C_2H_5OC_2H_5$ 和 $C_4H_9OC_2H_5$ 的 C—O 键离解能计算模型

在低浓度 NaVO$_3$ 水溶液模型中，CH$_3$OCH$_3$、C$_2$H$_5$OCH$_3$、…、C$_4$H$_9$OC$_3$H$_7$、C$_4$H$_9$OC$_4$H$_9$ 模型的 C—O 键离解能分别为 103.10 kcal/mol、102.97 kcal/mol、104.33 kcal/mol、117.58 kcal/mol、107.45 kcal/mol、108.55 kcal/mol、116.82 kcal/mol、102.23 kcal/mol、114.28 kcal/mol 和 108.04 kcal/mol（图 7.29）。

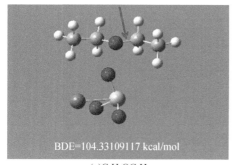
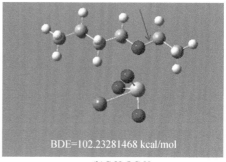

BDE=104.33109117 kcal/mol

BDE=102.23281468 kcal/mol

(a)C$_2$H$_5$OC$_2$H$_5$

(b)C$_4$H$_9$OC$_2$H$_5$

图 7.29　低浓度 NaVO$_3$ 条件下 C$_2$H$_5$OC$_2$H$_5$ 和 C$_4$H$_9$OC$_2$H$_5$ 的 C—O 键离解能计算模型

在较高浓度 NaVO$_3$ 水溶液模型中，CH$_3$OCH$_3$、C$_2$H$_5$OCH$_3$、…、C$_4$H$_9$OC$_3$H$_7$、C$_4$H$_9$OC$_4$H$_9$ 的 C—O 键离解能分别为 105.72 kcal/mol、100.26 kcal/mol、105.34 kcal/mol、118.30 kcal/mol、107.36 kcal/mol、109.47 kcal/mol、116.28 kcal/mol、110.24 kcal/mol、115.58 kcal/mol 和 109.43 kcal/mol，三种不同条件下的 C—O 键离解能差别均较小（图 7.30）。

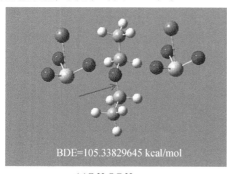

BDE=105.33829645 kcal/mol

BDE=110.24396258 kcal/mol

(a)C$_2$H$_5$OC$_2$H$_5$

(b)C$_4$H$_9$OC$_2$H$_5$

图 7.30　较高浓度 NaVO$_3$ 条件下 C$_2$H$_5$OC$_2$H$_5$ 和 C$_4$H$_9$OC$_2$H$_5$ 的 C—O 键离解能计算模型

根据模拟实验结果，认为不同浓度的 NaVO$_3$ 不能通过影响醚类 C—O 键离解能的大小来影响有机质的生烃（图 7.31）。

综合不同浓度 NaVO$_3$ 对 C—C 键、C—H 键和 C—O 键的研究发现，NaVO$_3$ 主要通过影响 C—C 键和 C—H 键的离解能来影响有机质的生烃，适宜浓度下具有更强的促进作用，较高浓度下促进作用减弱。NaVO$_3$不能影响C—O键的离解能，推测可能是VO$_3^-$与C—O键断裂电离出的OH$^-$均具有较强的氧化性质，很难发生相互反应。由此可见，NaVO$_3$影响有机质生烃的机理主要是通过改变C—C键和C—H键离解能的大小来降低生烃反应的活化能，且这种促进作用在适宜浓度下更加明显。

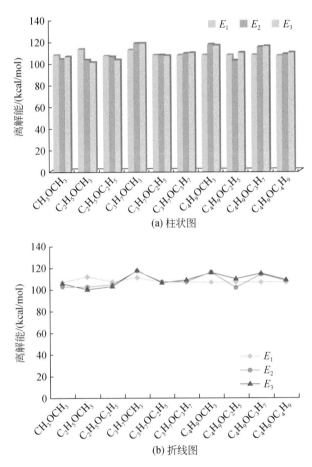

(a) 柱状图

(b) 折线图

图 7.31   不同 NaVO$_3$ 浓度条件下醚类 C—O 键离解能分布及变化趋势图

2. VO^{2+} 对 C—O 键的影响

采用同样的方法探究不同浓度 VO^{2+} 条件对醇类、羧酸类、醚类模型的 C—O键离解能的影响。

1）醇类

在未加入 VO^{2+} 水溶液模型中，醇类模型的 C—O 键离解能分别为 111.31

kcal/mol、111.30 kcal/mol、110.31 kcal/mol、109.18 kcal/mol、109.86 kcal/mol、109.72 kcal/mol 和 108.84 kcal/mol。

在低浓度 VO^{2+} 水溶液模型中，$C_4H_{10}O$ 和 $C_8H_{18}O$ 的 C—O 键离解能分别为 60.85 kcal/mol 和 67.34 kcal/mol，其余模型 C—O 键的离解能分别为 67.20 kcal/mol、68.36 kcal/mol、66.49 kcal/mol、69.80 kcal/mol、69.99 kcal/mol，与无 VO^{2+} 条件相比有较大程度地下降（图 7.32）。

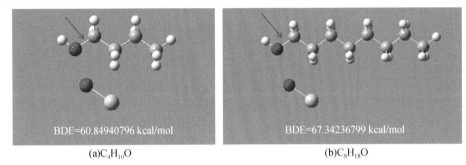

图 7.32　低浓度 VO^{2+} 条件下 $C_4H_{10}O$ 和 $C_8H_{18}O$ 的 C—O 键离解能计算模型

在较高浓度 VO^{2+} 水溶液模型中，$C_4H_{10}O$ 和 $C_8H_{18}O$ 的 C—O 键离解能分别为 111.15 kcal/mol 和 111.59 kcal/mol，其他醇类模型 C—O 键的离解能分别为 114.35 kcal/mol、116.93 kcal/mol、113.79 kcal/mol、115.05 kcal/mol、110.71 kcal/mol，较低浓度 VO^{2+} 条件显著升高，接近与无 VO^{2+} 条件（图 7.33）。

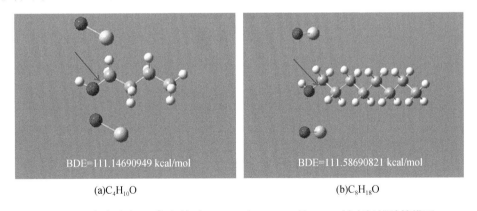

图 7.33　较高浓度 VO^{2+} 条件下 $C_4H_{10}O$ 和 $C_8H_{18}O$ 的 C—O 键离解能计算模型

研究结果发现，随着 VO^{2+} 浓度的提高，醇类模型的 C—O 键离解能先明显降低后有显著升高，说明适宜浓度的 VO^{2+} 能够通过降低 C—O 键的离解能从而影响有机质的生烃，与 VO^{2+} 对 C—C 键和 C—H 键的影响研究结论一致（图 7.34）。

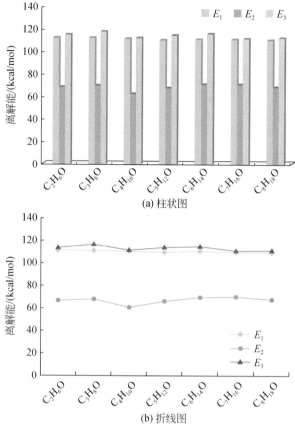

(a) 柱状图

(b) 折线图

图 7.34　不同 VO^{2+} 浓度条件下醇类 C—O 键离解能分布及变化趋势图

2）羧酸类

在无 VO^{2+} 水溶液模型中，羧酸类模型 C—O 键离解能与无 $NaVO_3$ 条件下一致。在低浓度 VO^{2+} 水溶液模型中，$C_4H_{10}COOH$ 和 $C_8H_{18}COOH$ 模型的 C—O 键离解能分别为 51.64 kcal/mol 和 62.82 kcal/mol（图 7.35）。其他羧酸类模型中 C—O 键的

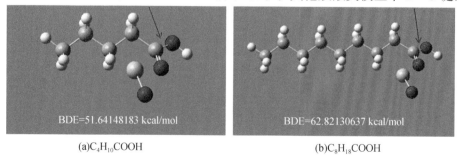

(a) $C_4H_{10}COOH$　　　　　　　　　　　　(b) $C_8H_{18}COOH$

图 7.35　低浓度 VO^{2+} 条件下 $C_4H_{10}COOH$ 和 $C_8H_{18}COOH$ 的 C—O 键离解能计算模型

离解能分别为 52.02 kcal/mol、42.84 kcal/mol、41.65 kcal/mol、49.18 kcal/mol、58.59 kcal/mol 和 46.55 kcal/mol。

在较高浓度 VO^{2+} 水溶液模型中，如图 7.36 所示，$C_4H_{10}COOH$ 和 $C_8H_{18}COOH$ 的 C—O 键离解能分别为 73.83 kcal/mol 和 77.21 kcal/mol（图 7.36）。其他羧酸类模型的 C—O 键的离解能分别为 78.97 kcal/mol、63.41 kcal/mol、65.13 kcal/mol、76.58 kcal/mol、76.95 kcal/mol 和 71.05 kcal/mol，较低浓度 VO^{2+} 条件明显升高，而较无 VO^{2+} 条件处在降低水平。

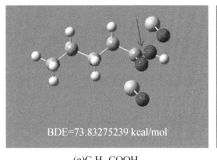
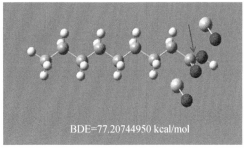

BDE=73.83275239 kcal/mol   BDE=77.20744950 kcal/mol

(a)$C_4H_{10}COOH$ (b)$C_8H_{18}COOH$

图 7.36 较高浓度 VO^{2+} 环境下 $C_4H_{10}COOH$ 和 $C_8H_{18}COOH$ 的 C—O 键离解能计算模型

研究结果表明，不同浓度的 VO^{2+} 对羧酸类 C—O 键离解能的影响与对醇类的影响一致（图 7.37）。

3）醚类

在无 VO^{2+} 水溶液模型中，醚类模型的 C—O 键离解能已做过阐述。在低浓度 VO^{2+} 水溶液模型中，$C_2H_5OC_2H_5$ 和 $C_4H_9OC_2H_5$ 模型中 C—O 键的离解能分别为 63.45 kcal/mol 和 51.37 kcal/mol（图 7.38）。在较高浓度 VO^{2+} 水溶液模型中，

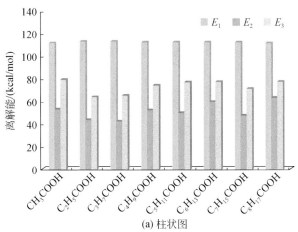

(a) 柱状图

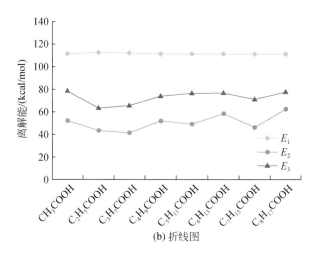

(b) 折线图

图 7.37 不同 VO^{2+} 浓度条件下羧酸类 C—O 键离解能分布及变化趋势图

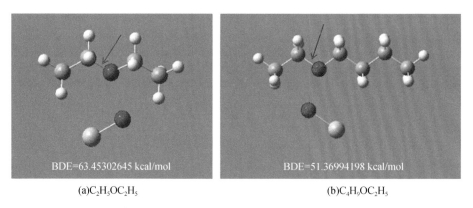

图 7.38 低浓度 VO^{2+} 条件下 $C_2H_5OC_2H_5$ 和 $C_4H_9OC_2H_5$ 的 C—O 键的离解能计算模型

$C_2H_5OC_2H_5$ 和 $C_4H_9OC_2H_5$ 的 C—O 键离解能分别为 85.00 kcal/mol 和 86.72 kcal/mol（图 7.39）。根据研究结果发现，VO^{2+} 影响醚类 C—O 键离解能的研究结果与醇类、羧酸类一致。

　　综合不同浓度 $NaVO_3$ 和 VO^{2+} 对 C—O 键离解能的研究认为，前者不能通过改变 C—O 键离解能的大小降低生烃反应的活化能从而促进生烃，而后者能够通过该方式促进有机质生烃，离解能变化如图 7.40 所示，醇类、羧酸类和醚类模型 C—O 键离解能的最大平均降幅分别为 43 kcal/mol、61 kcal/mol 和 43 kcal/mol，促进作用明显，但在较高浓度条件下促进作用会相对减弱。

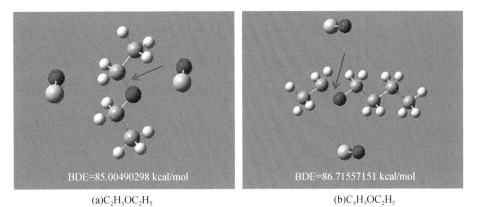

(a)C$_2$H$_5$OC$_2$H$_5$　　　　　　　　　　　　　　(b)C$_4$H$_9$OC$_2$H$_5$

图 7.39　较高浓度 VO^{2+} 条件下 C$_2$H$_5$OC$_2$H$_5$ 和 C$_4$H$_9$OC$_2$H$_5$ 的 C—O 键的离解能计算模型

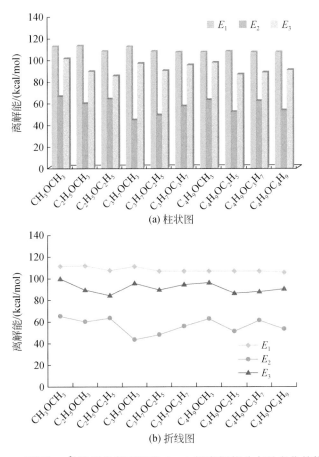

(a) 柱状图

(b) 折线图

图 7.40　不同 VO^{2+} 浓度条件下醚类 C—O 键离解能分布及变化趋势图

总的来说，$NaVO_3$ 等钒的高价化合物对有机质生烃的影响主要通过影响 C—C 键和 C—H 键，且优先作用于 C—H 键，可能是由于 C—H 键的断裂更有利于为生烃反应提供氢源。VO^{2+} 等钒的低价化合物则通过影响 C—C 键、C—H 键和 C—O 键三种方式来促进有机质的生烃，优先作用于 C—C 键，其次是 C—O 键和 C—H 键，可能是由于 C—C 键的键能最小，更容易受到影响。从机理上来说，钒通过降低 C—C 键、C—H 键和 C—O 键的离解能作为催化剂来降低有机质生烃反应所需的活化能，从而促进生烃作用，降低的程度与钒化合物的浓度及钒的化合价有关。不同化合价的钒具有不同的氧化还原性质，高价态具有氧化性质的钒能够将有机质氧化，促使生烃反应发生。含钒的化合物基团电离出的阴阳离子与有机质中化学键断裂电离形成的游离 H^+ 或 OH^- 发生相互异性电荷吸附效应，促进生烃反应。

结合物理模拟和数值模拟的实验结果分析，湘西地区黑色岩系沉积于被动大陆边缘的构造背景下，在沉积阶段，受海平面上升和全球缺氧事件的影响，沉积界面处于强还原环境下，生物富集及海底热液来源的钒主要以低价态化合物（+3、+4 价）的形式出现，干酪根尚未形成，无法参与生烃反应，处于相互共存状态。在成岩阶段，随着埋藏深度的增加，温压不断上升，沉积有机质初步形成干酪根和成岩物质被压实，使得钒与有机质在岩石中相互伴生。在深成热解阶段，在岩浆热作用等影响下，岩石中的干酪根开始降解生烃，一方面温度的升高能够加速生烃反应的进行，另一方面岩浆挟带的高价钒以及岩石中伴生的钒对生烃反应起到一定的催化作用，油气生成后，一部分钒与原油相互作用形成钒卟啉等金属络合物并随油气运移，另一部分则保存在源岩中继续发挥作用，油气运移过程中继续发生演化，最终使钒固定在沥青等高热演化产物中。源岩中钒浓度的下降，使得其促进生烃的作用进一步加强，继续扮演催化剂的角色。在变质作用阶段，由于地层抬升和岩浆热作用等，部分钒元素被氧化，有机质也达到高成熟甚至过成熟阶段，生烃作用减弱甚至不再生烃，干酪根结构趋于稳定，岩石中的钒也不再发挥作用，与高成熟度的有机质伴生于黑色岩系中。

7.3 小　结

（1）物理模拟结果显示适宜浓度的 $VOSO_4$ 或地质条件下适量的钒化合物可能对有机质生烃或演化产生一定的促进作用，而当钒浓度过高或有机质热演化程度较高时，这种促进作用受到很大的限制。

（2）数值模拟显示高价态和低价态钒呈现出不同的影响效应，高价态钒

（$NaVO_3$）主要通过降低 C—C 键、C—H 键的离解能，低价态钒（VO^{2+}）则通过降低 C—C 键、C—H 键和 C—O 键的离解能而降低生烃反应的活化能，从而加速有机质热演化的进程，高浓度条件下促进作用减弱。其机理是高价态钒能够使有机质发生质子化而活化，低价态钒则通过分子内或分子间的加成使其活化。

（3）从机理上来说，钒通过降低 C—C 键、C—H 键和 C—O 键的离解能作为催化剂来降低有机质生烃反应所需要的活化能，从而促进生烃作用。降低的程度与钒化合物浓度及钒的化合价有关。不同化合价的钒具有不同的氧化还原性质，高价态具有氧化性质的钒能够将有机质氧化，促使生烃反应发生。含钒的化合物基团电离出的阴阳离子与有机质中化学键断裂电离形成的游离 H^+ 或 OH^- 发生相互异性电荷吸附效应，促进生烃反应。

第 8 章 黑色岩系有机质与钒伴生机制

本章在野外地质调查及样品分析测试的基础上,采用有机地球化学、元素地球化学、数值模拟和物理模拟等相结合的研究方法,系统总结黑色岩系形成的沉积模式,分析有机质与钒的富集及相互作用机理,建立有机质与钒的富集模式、黑色岩系与钒动态成矿模式。有机质与钒的伴生机制主要有微生物成矿作用、有机质吸附作用、黏土矿物吸附作用。有机质与金属元素间的相互作用贯穿从母质来源、沉积富集、埋藏成矿至剥蚀出露的整个沉积演化历程中。柴北缘富含多种矿产资源,可以开展兼顾油气资源与固体矿产资源的油 – 气 – 煤 – 钒(铀)矿协同勘探模式。

8.1 有机质与钒相互作用机理

随着油气与矿物资源勘查的不断深入,沉积盆地中金属和非金属矿床的形成与油气的生成、演化及成藏表现出密切联系,使得多种矿床赋存于同一沉积盆地中已成为不争的事实。中国沉积盆地演化复杂、后期改造作用强烈,原型盆地经历了多期构造—热作用,控制着有机质热演化和成矿物质迁移聚散途径,造成成藏成矿类型复杂多样,造就沉积盆地中有机成藏与无机成矿共存、油气矿藏与固体矿床同盆的现象普遍。阐明不同沉积盆地演化过程中有机质与成矿物质的来源及沉积环境是研究不同沉积盆地有机质与金属矿共存成藏成矿机理的基础(琚宜文等,2018)。

8.1.1 黑色岩系沉积模式

在构造背景、气候、水体介质、生物、元素等综合分析的基础上,建立了湘西地区下寒武统牛蹄塘组黑色岩系的沉积模式(图 8.1)。黑色岩系沉积于被动大陆边缘的构造背景下,沉积相为海相深水泥质陆架。早期沉积阶段,海平面下降导致海水中出现短暂的充氧期,加上温暖湿润的气候以及较为活跃的上升洋流将磷等营养物质从深水盆地带入陆架斜坡区,使得浮游藻类、底栖藻类等低等生物在富氧层中大量繁殖,这可能与寒武纪生命大爆发有关;随后海平面进入上升期,受 Tommotian(托莫特)期全球缺氧事件的影响,形成贫氧—缺氧的还原沉积环境，生物体大量死亡沉入水底，在水体滞留度为中等－强的半滞留盆地中，水体和营养物质的交换方面受到一定的限制，为有机质和钒元素的富集提供了良好的保存条件；成岩物质来源方面的证据证实，构造活动在牛蹄塘组沉积时期仍然活跃，断裂比较发育，武陵期含有钒等多种金属和非金属元素的基性－超基性岩浆热液物质沿断裂频繁活动，将硅质、重晶石及钒、铬等金属元素带入海水中，黑色岩系中的镍、钼、钒、金和铂族元素以及硫化物矿层热液活动的存在提供了明显证据。在湘西地区黑色岩系沉积的环境模式下，物质交换受到一定的限制，有利于有机质和钒的保存与富集，使其中的有机质和钒的丰度明显高于其他地质条件形成的泥页岩中的有机质与钒的丰度。

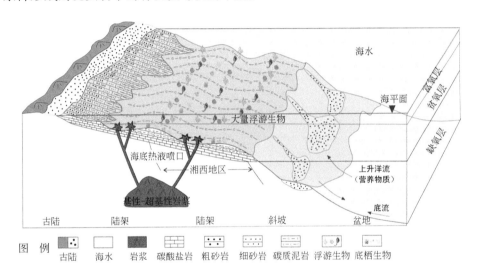

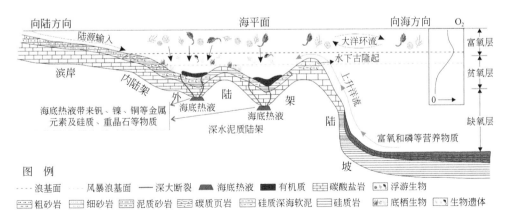

图 8.1　湘西地区下寒武统牛蹄塘组黑色岩系沉积模式

8.1.2 有机质与钒富集机理

1. 有机质对钒的富集作用

V 元素具有一定的生物效应，在大多数生物的新陈代谢中都发挥着重要作用，生物会根据生命活动需要从周围环境中摄取一定量的 V 元素。将海生生物中的元素丰度与海水中的元素丰度的比值定义为富集系数。在海相环境中，元素的富集系数可以达到从几百到几十万，海生植物中 V、Ni、Cr 等金属元素的富集系数分别高达 1000 倍、600 倍和 20000 倍，表明海生生物对某些成矿元素具有极强的富集能力（表 8.1）。湘西地区龙鼻嘴和三岔剖面黑色岩系中的 V 元素相对于大陆地壳及北美页岩中 V 元素平均值的富集程度分别达到 25 倍和 7 倍，说明 V 元素经历了较强的富集作用，根据 V 元素与有机质丰度的关系判断，可能与钒的生物效应有关。前人研究认为，黑色岩系中岩石的含矿性与生物演化阶段和生态分异的一致性也显示生物对金属元素的选择性富集作用。

表 8.1　海生植物中部分金属元素丰度

元素类型	海水中丰度 / (μg/g)	海生植物中丰度 / (μg/g)	富集系数
Ni	0.005	3	600
Ag	0.003	0.25	830
V	0.002	2	1000
Au	0.00001	0.012	1200
Co	0.003	0.7	2300
Cu	0.003	11	3700
Cd	0.0001	0.4	4000
Zn	0.01	150	15000
Ti	0.001	12~80	8000~12000
Cr	0.00005	1	20000
P	0.07	3500	50000
Fe	0.01	700	70000
Pb	0.00001	8	26700

在藻类等浮游生物以及细菌等微生物的新陈代谢作用下，环境中 Eh、pH 等

物理化学条件的改变导致金属元素的溶解度降低，从而引起元素的沉淀。V 元素在富氧的海水中以 VO_3^- 形式存在，具有较高的溶解度，而在缺氧的环境中容易被还原为 +4 价或 +3 价，随着溶解度的降低发生沉淀富集。随着海平面的变化以及生物的作用，Eh、pH 等条件也会频繁发生变化，沉淀的部分 V 元素可能被释放重新参与元素循环，形成不断地沉淀积累富集。

吸附作用是指固体物质吸附黏附介质中的分子或离子以降低其表面自由能的作用，其机理是异性电荷的分子键力等产生极性吸附的结果。腐殖酸是生物遗体经微生物的分解与转化，以及地球化学的一系列过程所形成的含有丰富的羟基、羧基和氨基的一种沉积有机质，能吸附金属元素或与其发生配合作用，使钒以腐殖酸吸附或腐殖酸盐的形式存在。腐殖质在早期成岩过程中转化为低成熟干酪根，消耗大量氧气，形成还原环境，抑制了钒等金属元素的分散和迁移，使钒随腐殖质进入低成熟干酪根中或存在于与黏土矿物形成的有机 – 黏土复合体中。黏土矿物是具有强吸附性的层状硅酸盐化合物。前人通过扫描电镜与能谱分析发现，黏土矿物的吸附作用能促进钒元素与其相结合，黏土矿物含量越高，钒矿中钒的品位也越高。根据童超（2018）的研究结果，湘西地区黑色岩系样品中黏土矿物的平均含量超过 25%，认为黏土矿物对 V 元素具有一定的吸附富集作用。在成岩作用中，还原环境中的 V^{3+} 能够进入黏土矿物的矿物晶格中取代 Al^{3+} 以类质同象的形式赋存在黏土矿物中，形成含钒伊利石、含钒水云母等（图 8.2）。由此可见，有机质和黏土矿物的吸附作用在 V 元素的富集过程中发挥着重要作用。此外，细菌也是有胶体属性的微粒，能够通过吸附作用使矿物元素迁移和聚集。

2. 有机质中钒的成矿作用

关于黑色岩系中钒的富集成矿作用有不同的理论，包括同生沉积成矿作用、热液沉积成岩成矿作用和生物地球化学成矿作用。

综合有机质与元素来源的分析认为，黑色岩系中钒的富集成矿主要是生物地球化学成矿作用的结果，岩浆热液起到一定的辅助作用。生物地球化学成矿包括原生作用和次生作用两种。原生生物地球化学作用是生物对于元素的富集作用，通过生物的呼吸、发酵对元素发生氧化还原作用。次生生物地球化学作用是生物通过改变环境中的 pH、Eh 及氧逸度而使元素富集、沉淀和矿化的作用。湘西地区黑色岩系沉积的古环境中富氧层海生生物繁盛，为生物地球化学成矿作用的发生提供了条件，其中草莓状黄铁矿就是在硫酸盐矿物作用下发生生物地球化学成矿作用的产物，为成矿元素的沉淀提供了证据。寒武纪以前，湘西地区处于武陵断陷盆地中，经历了较强的拉张裂陷作用，同生断裂作用沉积了有机质丰富的硅、磷、碳岩石组合序列。寒武纪早期，上升洋流带来的营养物质使得断陷盆地中浮

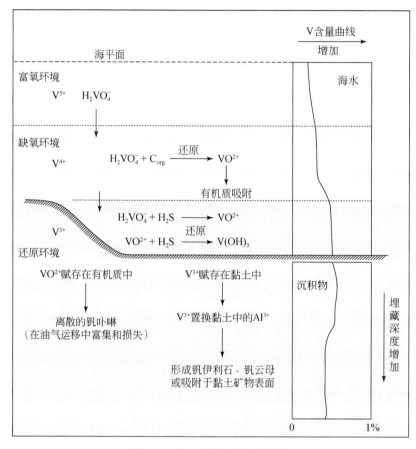

图 8.2　黏土矿物对钒的富集作用

游菌藻类生物大量繁殖，它们不断地从环境中摄取 V 元素，环境的改变使生物大量死亡并在缺氧环境中沉积形成有机质，生物体内的 V 元素一同沉积形成初次富集。在成岩早期阶段，生物死亡后形成的低成熟有机质被分解形成腐殖酸等有机酸，对钒等金属产生吸附作用，或通过带负电荷基团的吸附力、配合力和螯合力与金属离子结合，或通过产生极性有机化合物（沥青烯和胶质）与金属形成相对稳定的有机络合物。在成岩后生阶段，有机—金属络合物和呈吸附态的钒被解析释放，继续参与二次富集。同时，高成熟度的有机质在热演化阶段产生的溶胶和凝胶体大大加强了其吸附能力，有机质与钒以吸附方式结合，成岩作用过程中产生的黏土矿物也会对 V 元素起到一定的吸附作用，有机质、硅质和钒质等不断堆积固化。上述富集过程均与有机质的作用相关，生物地球化学成矿作用起着一定的主导作用。另外，由硫酸盐还原厌氧细菌分解有机质形成的黄铁矿，也是生物地球化学作用的间接证据。海底热液喷发在钒的成矿过程中起到了一定的化学聚集作用，其主要提供物质来源和保障化学反应温度，并非主要成矿作用。总的来说，氧化还原作用、吸附作用以及络合作用控制钒的活动和积累。生物地球化学作用在黑色岩系成矿的成岩阶段、后生阶段以及后期构造作用改造过程中对金属的沉淀起着明显的作用。由此，建立起有机质与钒的富集模式（图 8.3）。

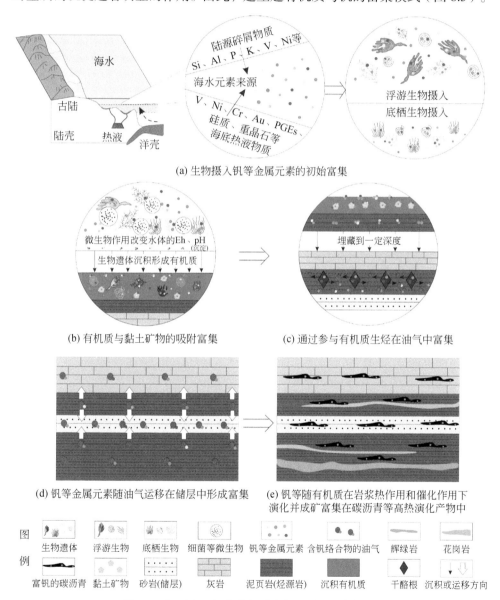

(a) 生物摄入钒等金属元素的初始富集

(b) 有机质与黏土矿物的吸附富集　　　　(c) 通过参与有机质生烃在油气中富集

(d) 钒等金属元素随油气运移在储层中形成富集　　(e) 钒等随有机质在岩浆热作用和催化作用下演化并成矿富集在碳沥青等高热演化产物中

图 8.3　湘西地区钒在有机质中的迁移和聚集模式

　　黑色岩系中的有机质主要来源于原始光面球藻、粗面球藻以及网面球藻等浮游藻类、宏观底栖藻类、海绵等浮游动物以及细菌等生物体，钒等金属元素的来源以海底热液和陆源碎屑为主。黑色岩系中有机质与钒的富集受地层、岩性、构造和古地理环境等多种条件控制，有机质在半滞留盆地的缺氧沉积环境下容易保存，钒在生物地球化学成矿作用下成矿富集，与有机质有密切的联系。

　　钒在黑色岩系有机质中的富集机理主要有以下几方面：一是海洋生物通过新陈代谢作用摄入一定量的 V 元素供生命活动使用，为 V 元素的富集提供了重要场所，生物死亡后 V 元素伴随生物遗体共同沉积 [图 8.3（a）]。浮游生物、底栖生物等具有富集金属能力明显的纤维素外壁，可以从周围环境不断地摄入 V 元素，致使 V 元素在生物体内的含量不断增加；当缺氧环境形成时，海生生物大量死亡，钒等金属元素同生物遗体共同沉积形成钒与有机质的伴生沉积富集，缺氧环境为其提供了良好的保存条件。二是生物遗体在厌氧细菌等微生物的作用下分解腐烂、沉积形成沉积有机质，并在该过程中改变了水体的 pH 和 Eh，当达到一定条件时，促使钒等金属元素的沉淀富集，或通过有机质和黏土矿物的吸附作用形成富集。微生物在分解生物遗体的过程中产生腐殖酸等有机质、CH_4 和 CO_2 等，改变了沉积环境的 pH 和 Eh，使得 V 元素的溶解度降低，产生沉淀作用实现对钒的富集 [图 8.3（b）]。三是沉积、成岩作用过程中形成的有机质和黏土矿物对钒等金属元素有一定的吸附作用，钒以吸附态存在于有机质和黏土矿物表面，或通过 V^{3+} 取代黏土矿物晶格中的 Al^{3+} 以类质同象的形式富集如含钒伊利石、含钒水云母，如图 8.3（b）所示。四是钒参与有机质生烃反应形成稳定的有机 – 金属络合物而随油气富集。在成岩变质作用过程中，一定的温压条件下，成熟的有机质热解生烃，钒的化合物作为催化剂或直接参与反应，其中的—OH、—COOH、R—O—R' 等有机官能团通过 O、N 原子与钒等金属离子发生配位反应，形成稳定的有机金属络合物（钒卟啉：VO—ETIO 或 VO—OEP）[图 8.3（c）]。五是油气中钒的有机金属络合物伴随油气运移过程直接富集在储层中。由于岩浆热作用以及金属元素的催化作用，有机质不断向高演化阶段演化，其中的金属元素也相应发生成矿作用，并最终赋存在碳沥青等油气的高演化产物中，如图 8.3（d）和（e）所示。当有机质达到过成熟阶段时，有机质分解产生的还原性甲烷气体能够为含矿热流体中钒的还原沉淀成矿提供保证。

8.1.3　钒对有机质生烃演化的作用机理

　　地质条件下黑色岩系中有机质在钒富集成矿过程中发挥着重要作用，钒的存在也影响着有机质的生烃演化过程，它们之间的相互作用共同促成了相互伴生关系。生烃模拟实验的研究证明，钒对有机质的生烃过程具有一定的促进作用，并与钒的浓度相关，适宜浓度的钒通过降低生烃反应所需的活化能，使得生烃温度提前，单位时间内的生烃率提高，促进油气的生成，从而加快有机质的热演化进程；而较高浓度的钒促进作用会相对减弱，呈现抑制趋势。湘西地区牛蹄塘组黑色岩系中的有机质达到了高成熟甚至过成熟，无论在有机质的早期演化产物腐殖酸中，成熟阶段生成的油气中，还是在高热演化产物碳沥青中，都赋存着不同状态的钒。钒伴随着有机质的生烃、排烃、油气运移及聚集的整个过程，并在氧化态和还原态之间转换。结合钒与生物、有机质及油气之间的关系和过渡金属元素的催化剂效应，认为钒在促进有机质生烃演化的进程中发挥着重要作用：一方面钒作为活性催化剂促进生烃反应的发生，加速热演化进程；另一方面钒能够发挥氧化还原性质，参与有机质生烃反应，生成稳定的有机 – 金属络合物（钒卟啉）存在于腐殖酸盐或石油中。

　　计算机分子模拟从化学键能量的角度探讨不同浓度的钒对有机质生烃的机理及影响，适宜浓度的钒通过极大地改变化学键断裂的离解能，降低反应的活化能促进生烃，较高浓度的钒使这种作用减弱，并针对模拟结果的不同分别建立了相应的机理模型（图 8.4、图 8.5）。从分子体系角度来说，高价态钒的化合物(+5 价)主要通过作用于有机质分子结构中的 C—C 键和 C—H 键，使其更容易断裂，复杂的大分子通过化学键断裂形成小分子产物并重新组合[图 8.4（a）]。低价态钒的化合物（+4 价）则既能通过作用于 C—C 键和 C—H 键，也能对 C—O 键产生一定的影响，更多化学键的断裂使分子体系更加容易发生反应，断裂形成的分子间通过重新组合形成油气等产物，使得生烃反应不断朝着高成熟的方向进行 [图 8.5（a）]。在钒促进有机质生烃的过程中，有机质分子实现了原始态 – 过渡态 – 稳定态的转变，生烃过程的碳源主要来自 C—C 键、C—H 键和 C—O 键的断裂，而氢源主要来自 C—H 键的断裂和 H_2O。

　　从能量体系的角度来说，高价态钒的化合物通过 C—C 键和 C—H 键的离解能来降低有机质生烃反应的活化能。当钒浓度较低时，对活化能的降低作用较大，当钒浓度较高时，这种降低作用减弱，但仍存在一定的促进作用，其对 C—H 键的降低作用明显，其次是 C—C 键 [图 8.4（b）]。低价态钒的化合物则通过 C—C 键、C—H 键和 C—O 键的离解能来降低有机质生烃反应的活化能，其对 C—O 键的离解能的降低作用明显，C—H 键次之，而 C—C 键最弱，降低的程度也与钒的浓度有关 [图 8.5（b）]。烃类非极性的 σ—C—H 键、σ—C—C 键虽然很稳定，但高价态的钒使其发生了质子化，从而活化了有机质分子，其次作为催化剂或氧化剂促进了 C—C 键和 C—H 键的活化，而低价态的钒则通过分子内或分子间的加成促进有机质分子的活化，从而促进反应的发生。

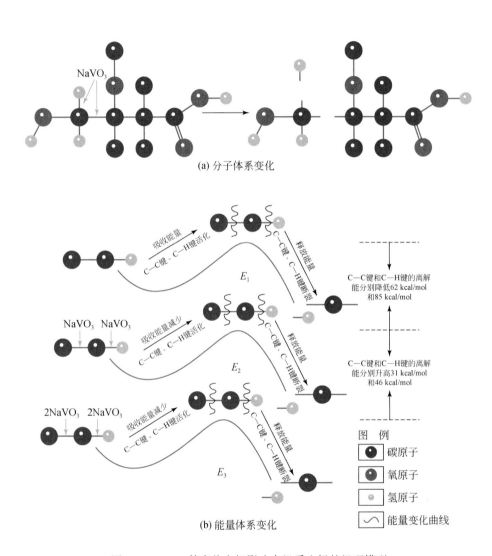

(a) 分子体系变化

(b) 能量体系变化

图 8.4   NaVO₃ 等高价态钒影响有机质生烃的机理模型

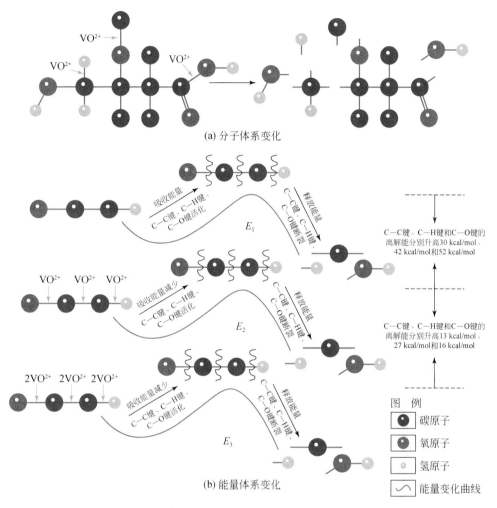

(a) 分子体系变化

(b) 能量体系变化

图 8.5　VO^{2+} 等低价态钒影响有机质生烃的机理模型

8.2　钒成矿模式与多矿产协同勘探

通过对柴北缘黑色岩系岩性和矿物组分、有机－无机地球化学特征、古环境和构造演化历程等综合分析可知：①有机质来源在构造活动和海陆变迁过程中存在阶段性的变化特征；②金属元素来源具有多样性，且存在时间跨度较长的多次富集特点；③有机质和金属元素之间的相互作用也存在阶段变化的差异；④沉积环境和埋藏环境在金属元素富集成矿过程中起到了重要的影响。具体来说，有机质与金属元素间的相互作用贯穿从母质来源、沉积富集、埋藏成矿到剥蚀出露的整个沉积演化历程中，并随着沉积环境和埋藏条件等地质条件的变化呈现出动态演化的特征。

8.2.1 母质来源阶段

黑色岩系在全球范围内广泛存在，具有规模大、分布时代跨度长的特点。对黑色岩系的研究发现：部分黑色岩系沉积物不仅是优质的烃源岩，同时也是某些常量 – 微量元素的重要富集层位，常能形成某些特殊类型的大型矿床。但不同地区和年代的黑色岩系中所能富集的金属 – 非金属元素种类、含量和形成的矿产种类存在差异。

因此推测沉积环境中的无机元素来源及丰度决定着黑色岩系中伴生矿床的类型和规模，是成矿现象发生的基础。例如，以火山岩浆为母源的黑色岩系中常见富硫矿物和铂族元素矿物等，而以陆源碎屑为母源的黑色岩系中常见磷矿等。

1. 岩浆热液来源

柴北缘滩间山群黑色岩系形成于晚奥陶世，此时柴北缘正处于祁连地块和柴达木地块发生碰撞造山活动的中心地带，该时期构造活动强烈，火山活动频繁发生。

通过对滩间山群黑色岩系的野外踏勘和钻井观测发现：滩间山群 b 段和 d 段均发育大段火山岩和侵入岩，如安山岩、辉绿岩等；滩间山群 a 段等发育的黑色岩系层段内也分布薄厚不一的火山岩和侵入岩夹层，如凝灰岩、辉绿岩。主、微量元素地球化学分析也显示黑色岩系中无机元素主要为热液来源。各种证据均表明滩间山群沉积时期的火山活动强烈，岩浆热液产物是重要的无机元素母质来源。

2. 火山碎屑来源

柴北缘滩间山群黑色岩系沉积母质主要来源于邻近地区早期的岩石风化产物，经矿物组成分析将风化母岩岩性分为以下几种。

（1）大陆长英质沉积岩类风化产物，不仅是石英和长石类矿物的主要来源，也是富 Al、Fe、Mg 变质矿物的主要来源。

（2）晚奥陶世之前形成的火山岩以及同时期的火山物质风化产物，蕴含丰富的主、微量元素，如 FeO、CaO、U、V、Mo、Th、Cr、Ni 等。

滩间山群之下的地层中发育多套火山岩层和侵入岩，如元古宇发育的辉绿岩、凝灰岩层段，受构造运动抬升剥蚀后成为滩间山群黑色岩系沉积物中特定主、微量元素的重要来源。

3.富营养上升洋流

柴北缘滩间山群黑色岩系形成于洋盆边缘地带，在构造活动导致其形成闭塞环境之前，受风力、海水温度及盐度差异等因素影响会导致大洋底层富含营养盐的水体形成上升洋流，挟带海底火山活动产生的丰富微量元素进入沿岸浅层沉积水体中。同时，富营养上升洋流带来的丰富营养盐会促进浮游生物的大量繁殖，从而影响某些与生命活动相关的微量元素的运移和富集。

4.海水自身蕴含

海洋作为一个天然的巨大盐场，本身蕴藏有种类丰富的盐类物质，经统计可知全球各大海洋的平均盐度约为 3.5%，除最常见的氯化盐，同样也是 Sr、Br、B、U、V 等元素的聚集场所。

柴北缘黑色岩系沉积时期的火山活动以及洋流运动促进了海洋藻类等生物的爆发式生长，会对环境中特定元素造成巨大的消耗并不断从其他区域的海水中获得补充。海水本身所含有的主、微量元素是黑色岩系沉积来源的重要补充形式。

综上所述，柴北缘滩间山群黑色岩系中特定主、微量元素的来源形式较多，具有阶段性变化多源的特征：以陆源火山岩风化产物和热液产物为主要来源，以海水自身蕴藏及富营养洋流为重要的补充来源，但各种来源在不同阶段的输入量和补充能力在不断变化（图8.6）。

8.2.2　沉积富集阶段

通过扫描电镜与能谱分析可知 V 元素的赋存形式并不固定，既有物理反应导致的吸附态 V 元素，也有化学反应生成的钒矿物集合体，表明其在黑色岩系中富集保存的方式也不相同。

第一阶段：母质来源阶段

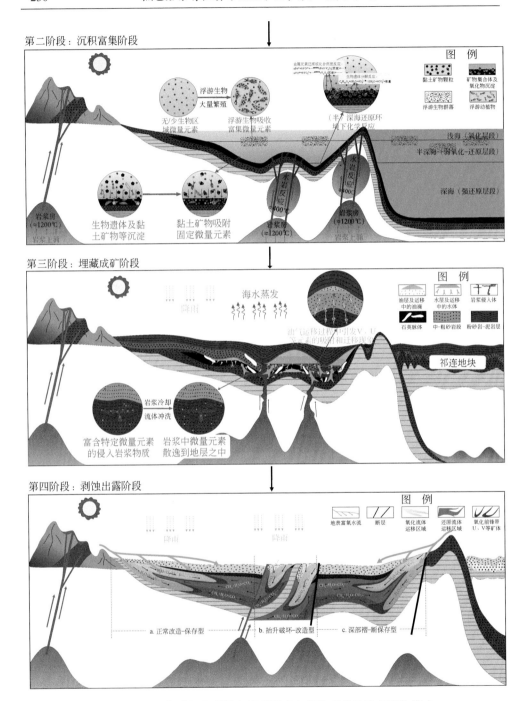

图 8.6　柴北缘滩间山群黑色岩系形成与伴生成矿的动态演化模式

1. 自生生物的聚集 – 改造作用

生物的生命活动过程和死亡后的腐烂分解过程可以对所处的环境造成不同程度的破坏或改造，如改变氧化还原条件或者酸碱性特征等，从而引起某些特定元素迁移或者改变其反应方向，表现为元素的差异性富集。

1）生命活动的元素聚集效应

通过对现代海洋中部分藻类的研究发现：藻类在生长繁殖过程中会对亲生物元素或生命构成元素产生较强的吸收富集现象，某些种类的海藻对特定元素具有极强的选择性吸收能力，是特定元素浓缩富集的关键环节。例如，海蒿子中微量元素 Sr 含量较海水高 100 多倍，V 含量高 2300 倍左右。

由此可见，生物的生长繁殖不仅提供了丰富的有机质来源，并且随着生物的死亡沉淀也会将吸收的特定元素在沉积地层中不断富集，且黑色岩系形成的水体环境较为平静有利于生物体中的元素保存。

柴北缘滩间山群的古生产力相对较高，尤其是近源短期火山喷发活动产生的丰富矿物质会引起生物的爆发式繁殖。旺盛的生命活动会持续地富集与生物生长繁殖有关的元素，并保存在较为平静的黑色岩系沉积层中。

2）生物死亡降解的环境改造能力

生物死亡沉降后会在微生物作用下不断腐烂分解，并不断消耗周围环境中的氧气，产生二氧化碳等物质，使得所处环境中的还原性不断增强，并改变其酸碱性特征。研究发现存在较多元素在氧化环境中以离子态存在，而随着还原性的逐渐增强会发生各种化学沉淀反应，形成稳定的氧化物或者矿物集合体，同时酸碱性也会影响到反应平衡和反应方式。

柴北缘滩间山群黑色岩系的古生产力较高，生物死亡后会在沉积物形成丰富的有机质，腐烂降解过程更会消耗大量氧气使得沉积环境还原性逐渐增强。对黑色岩系中元素类型及含量分析发现，多数元素对氧化还原条件较为敏感，如 U、V、Ni、Fe 等元素。如从氧化条件向还原条件逐渐变化过程中，U 元素由 +6 价向 +4 价转化并形成钒钾铀矿等稳定矿物，V 元素则由 +5 价向低价态转化并形成钒钛磁铁矿等稳定的矿物集合体。

2. 黏土矿物的吸附 – 固定作用

黏土矿物颗粒极小，粒度多小于 0.01mm，对沉积环境中的主、微量元素表现出较强的吸附性以及离子交换性特征，黏土矿物的这种特性对特定元素在黑色岩系中富集保存有极大的促进作用。

柴北缘滩间山群黑色岩系中除夹杂部分火山岩层段，主要岩性为细粒泥岩、泥页岩、变质千枚岩，黏土矿物是其主要矿物成分。滩间山群黑色泥页岩中黏土矿物含量平均值高达 51.14%，且其沉积母质经历较远的搬运后在较平静的水体中缓慢沉降并保存下来。对所选岩样中黏土矿物含量和钒等微量元素含量对比分析，发现两者存在较好的相关性。

1）搬运沉降过程的吸附现象

黏土矿物颗粒极小，微观结构复杂多变，对所处环境中的元素具有极强的吸附能力，同时某些黏土矿物可与特定元素离子发生交换作用或者复合反应形成稳定产物等。黏土矿物在搬运沉降的过程中会将大量游离的元素吸附并带到沉积地层中。

2）成岩过程的固定作用

黏土矿物致密且孔缝发育更难，被黏土矿物吸附的微量元素相较于砂砾岩或其他粒度较粗、杂基较少的岩体，已富集的元素不易被后期的水洗作用、油气运移等影响造成流失，从而在成岩过程中稳定地保存在黏土矿物中。

3. 还原环境的反应沉淀作用

沉积水体中以离子态游离的主、微量元素在适宜的条件下会发生化学沉淀反应，通常多是与氧化还原条件或者酸碱度等因素密切相关。

通过分析柴北缘黑色岩系 V 元素的赋存状态，认为钒氧化物沉积和钒矿物集合体是钒保存的两种重要形式，且在部分层段中也发现以黄铁矿为主的薄层矿床，表明矿物集合体中的元素发生过某些形式的化学反应并稳定保存下来。

柴北缘滩间山群的氧化还原演化特征与特定微量元素如 U、V 和 Ni 等在不同层位的含量变化特征具有较好的对应关系，还原性越强则微量元素的含量也越高。推测认为钒等金属元素的富集保存在很大程度上受到沉积环境的氧化还原特征控制，还原性越强则越有利于元素发生反应，并沉淀保存在黑色岩系沉积物中（图 8.6）。

8.2.3　埋藏成矿阶段

随着埋藏深度的逐渐增加，沉积物中有机质会逐步进入生油气阶段，并随着油气生成量的增加，油气会发生运移聚集。有机质生成的产物会改造保存环境，而油气运移则会挟带某些特定元素发生转移。此外，受构造活动影响产生的岩浆侵入或热液侵入活动不仅会影响有机质的生烃过程，同样也会造成某些元素的再次输入。

1. 岩浆热液侵入的叠加效应

岩浆或热液侵入活动会将富含其中的各种元素挟带到侵入岩层中，使地层中的某些主、微量元素丰度进一步提高，同时岩浆热液活动会造成地层温度升高，促使有机质生烃更加充分，促进油气运移。

柴北缘滩间山群黑色岩系裂缝发育，裂缝充填物中既有岩浆岩脉充填，也有石英岩脉充填，表明在成岩保存过程中既存在岩浆侵入活动，又存在热液或热卤水侵入活动。岩浆或热液侵入物质中均蕴含丰富的主、微量元素，如岩浆中 V 元素丰度远高于地壳平均值。受到岩浆 - 热液侵入挟带的元素丰度叠加效应影响，黑色岩系矿物质富集成矿。

2. 油气运移附带的转移作用

有机质及其生烃产物中或多或少含有某些特定的主、微量元素，且有机质生烃过程中也会有部分特定元素和有机大分子发生化学反应生成特殊的化合物，如钒卟啉化合物等。

此外，油气大分子对某些元素具有较强的络合作用和吸附作用。油源对比分析确定柴北缘滩间山群黑色岩系中的沥青来源于前奥陶纪烃源岩以及滩间山群中的泥页岩，油气运移经过含钒、铀等微量元素的岩层，这些元素被油气分子络合或吸附，伴随着油气在岩层中运移，最终富集在油气藏中。

能谱分析发现在柴北缘滩间山群黑色岩系裂缝中分布的沥青有较高含量的微量元素，如钒、铀、铁等，表明有机质及其烃类产物的确具有富集特定元素的能力。

3. 油气生成的环境改造作用

烃源岩中有机质生烃过程会消耗环境中的氧气，生成二氧化硫、二氧化碳等产物，逐渐改变岩层中流体的酸碱度和氧化还原条件，从而影响岩层对各种元素的吸附或者反应沉淀能力，使得某些元素在适宜条件中富集和保存。

柴北缘滩间山群黑色岩系有机质在生烃过程中，生成的有机酸和油气逐渐改变岩层中的流体环境，促使钒等微量元素在岩层中富集（图8.6）。

4. 碳沥青油源分析与形成

1）油源对比

柴北缘主要发育上奥陶统滩间山群海相、上石炭统海陆交互相、中下侏罗统湖沼相烃源岩。通过烃源岩与沥青生物标志化合物特征对比，确定滩间山群碳沥青的油源为上奥陶统滩间山群海相泥页岩。

a. 植烷系列油源对比

侏罗系烃源岩的 Pr/Ph 分布在 0.46~6.22，平均值为 1.3，分布范围较大；石炭系烃源岩的 Pr/Ph 分布在 0.39~2.13，平均值为 1.01；滩间山群 a 段烃源岩的 Pr/Ph 分布在 0.59~0.81，平均值为 0.72；而碳沥青的 Pr/Ph 分布在 0.34~0.95，平均值为 0.53；从 Pr/Ph-Pr/nC_{17}-Ph/nC_{18} 分布三角图可以看出（图 8.7），碳沥青与滩间山群 a 段黑色烃源岩相近。

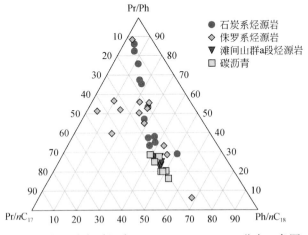

图 8.7　烃源岩与碳沥青 Pr/Ph-Pr/nC_{17}-Ph/nC_{18} 分布三角图

b. 三环萜烷系列油源对比

侏罗系和石炭系烃源岩的 C_{24}- 四环萜烷较高，侏罗系烃源岩 $C_{24}TE/C_{26}TT$ 分布在 2.28~2.88；石炭系烃源岩的四环萜烷比侏罗系烃源岩略低，其 $C_{24}TE/C_{26}TT$ 分布在 1.47~2.62，平均值为 2.09；而滩间山群 a 段烃源岩的四环萜烷含量更低，$C_{24}TE/C_{26}TT$ 分布在 0.47~0.55；从 $C_{24}TE/C_{26}TT$-$C_{21}TT/C_{23}TT$ 分布图可以看出（图 8.8、图 8.9），碳沥青的 $C_{24}TE/C_{26}TT$ 分布在 0.43~0.52，平均值为 0.49，与

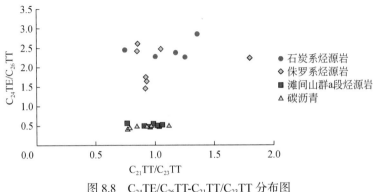

图 8.8　$C_{24}TE/C_{26}TT$-$C_{21}TT/C_{23}TT$ 分布图

石炭系和侏罗系烃源岩不具有对比性，与滩间山群 a 段具有可比性。

　　c. 甾烷系列油源对比

　　侏罗系烃源岩规则甾烷 C_{27}-C_{28}-C_{29} 呈不对称的"V"字形分布，规则甾烷分布形式为 C_{29}> C_{27}>C_{28}，以 C_{29} 为主，C_{28} 分布在 25.11%~45.56%，平均值为 29.25%；石炭系烃源岩规则甾烷 C_{27}-C_{28}-C_{29} 也呈不对称的"V"字形分布，为 C_{27}>C_{29}>C_{28}；而滩间山群 a 段烃源岩与碳沥青规则甾烷 C_{27}-C_{28}-C_{29} 都呈不对称的"V"字形分布，为 C_{27}>C_{28}>C_{29}，具有较好的可比性（图 8.10）。

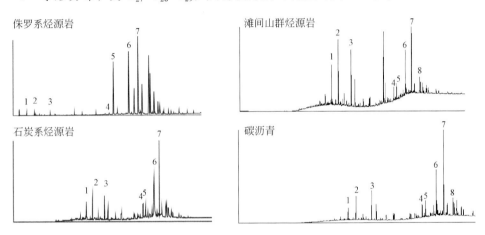

图 8.9　烃源岩与碳沥青饱和烃 m/z=191 质量色谱图

1. C_{20} 三环萜烷；2. C_{21} 三环萜烷；3. C_{23} 三环萜烷；4. Ts；5. Tm；6. 17α,21(H)30- 降藿烷；7. 6-17α,21(H) 藿烷；8. 伽马蜡烷

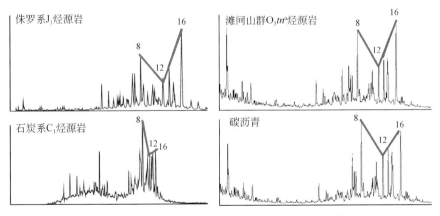

图 8.10　烃源岩与碳沥青饱和烃 m/z=217 质量色谱图

1. C_{27} 17$\beta\alpha$- 重排甾烷 (20S)；2. C_{27}17$\beta\alpha$- 重排甾烷 (20R)；3. C_{27}17$\alpha\beta$- 重排甾烷 (20S)；4. C_{27}17$\alpha\beta$- 重排甾烷 (20R)；5. $C_{27}\alpha\alpha\alpha$- 甾烷 (20S)；6. $C_{27}\alpha\beta\beta$- 甾烷 (20R)；7. $C_{27}\alpha\beta\beta$- 甾烷 (20S)；8. $C_{27}\alpha\alpha\alpha$- 甾烷 (20R)；9. $C_{28}\alpha\alpha\alpha$- 甾烷 (20S)；10. $C_{28}\alpha\beta\beta$- 甾烷 (20R)；11. $C_{28}\alpha\beta\beta$- 甾烷 (20S)；12. $C_{28}\alpha\alpha\alpha$- 甾烷 (20R)；13. $C_{29}\alpha\alpha\alpha$- 甾烷 (20S)；14. $C_{29}\alpha\beta\beta$- 甾烷 (20R)；15. $C_{29}\alpha\beta\beta$- 甾烷 (20S)；16. $C_{29}\alpha\alpha\alpha$- 甾烷 (20R)

d. 三芳甾烷系列油源对比

石炭系和侏罗系烃源岩的芳香烃馏分中不含有三芳甾烷系列化合物，而滩间山群 a 段黑色泥岩和碳沥青中芳香烃馏分均含一定量的三芳甾烷系列（图 8.11），则碳沥青与石炭系和侏罗系烃源岩不具有对比性，与滩间山群 a 段烃源岩具有可比性。

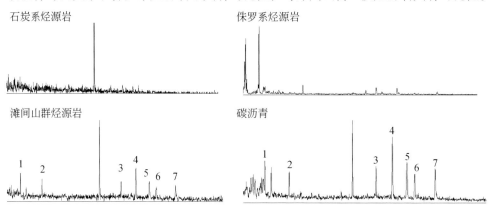

图 8.11 烃源岩与碳沥青芳香烃 *m/z*=231 质量色谱图

1. C_{20} 三芳甾烷；2. C_{21} 三芳甾烷；3. C_{26},20S 三芳甾烷；4. C_{26},20R+C_{27},20S- 三芳甾烷；5. C_{28},20S- 三芳甾烷；6. C_{27},20R 三芳甾烷；7. C_{28}, 20R 三芳甾烷

2）油气充注与碳沥青形成

根据沥青显微镜下特征，柴北缘滩间山群 a 段发育两组沥青脉，二者垂直交叉，水平方向一组被垂直方向一组切割（图 8.12）。柴北缘滩间山群 a 段沥青反射率计算的等效镜质组反射率集中分布在 2%~2.9%、3.5%~4.7% 两个区间（图 8.13）。这两个现象都反映柴北缘滩间山群 a 段在地史过程中至少发生过两期油气充注。

图 8.12 柴北缘滩间山群 a 段沥青脉显微镜下特征 (单偏光，20×10)

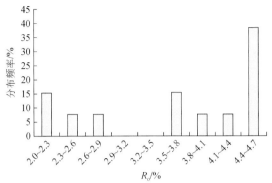

图 8.13　柴北缘滩间山群 a 段等效镜质组反射率柱状分布特征

　　流体包裹体可以为油气运移和充注期次及时间提供有力证据。选取滩间山群 a 段上部的灰岩和砂岩进行镜下观测发现有两期包裹体：第一期包裹体发育于灰岩的重结晶方解石晶粒之中和砂岩的石英次生加大边之中；第二期发育在灰岩和砂岩裂缝中的方解石脉或石英脉中。两期包裹体均无荧光显示，为盐水包裹体或含烃盐水包裹体（图 8.14）。

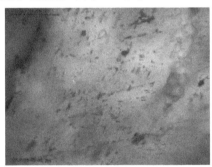

(a) 灰岩方解石晶粒中均匀分布呈深褐色、灰褐色的液烃包裹体与呈淡褐色的含烃盐水包裹体

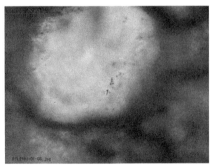

(b) 砂岩的石英次生加大边中的盐水包裹体，呈深褐色、灰褐色

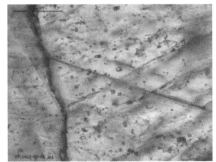

(c) 灰岩缝洞方解石充填物中均匀分布呈淡褐色的含烃盐水包裹体

(d) 灰岩孔洞石英充填物中呈线状分布的透明无色的含烃盐水包裹体

图 8.14　柴北缘滩间山群 a 段流体包裹体显微镜下特征

　　结合包裹体均一温度分布与埋藏史、热史、生烃史模拟结果，推测柴北缘滩间山群a段黑色泥岩生成的烃类产物可能发生过两期油气充注：第一期的油气充注可能发生在中泥盆世晚期—晚泥盆世晚期，时间跨度为360~370Ma，与峰温为100~120℃的第一期包裹体相对应；第二期的油气充注可能发生在早石炭世—晚石炭世，时间跨度为340~355Ma，与峰温为140~160℃的第二期包裹体相对应（图8.15、图8.16）。

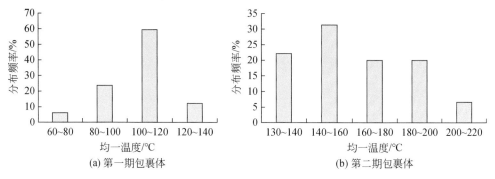

图 8.15　柴北缘滩间山群a段流体包裹体均一温度分布直方图

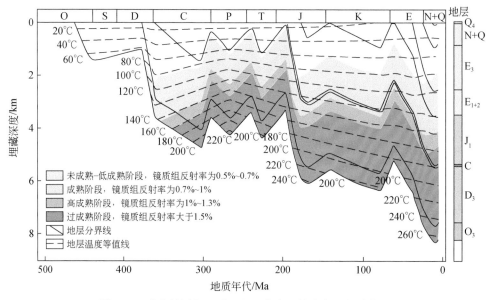

图 8.16　柴北缘滩间山群a段埋藏史、热史与生烃史模拟

　　野外地质调查发现柴北缘滩间山群a段沉积岩中有辉绿岩和花岗岩侵入，对其中侵入的部分花岗岩做了锆石定年。实验数据显示，花岗岩样品（DTL2401-02）17个测点的U含量为166~865 μg/g, Th含量为119~772 μg/g, Th/U为0.19~1.49

表 8.2　柴北缘滩间山群 a 段花岗岩样品锆石 LA-ICP-MS U-Pb 年代学分析结果

测点	^{206}Pb/%	U/(μg/g)	Th/(μg/g)	$^{232}Th/^{238}U$	^{206}Pb/(μg/g)	$^{207}Pb^*/^{206}Pb^*$	$^{207}Pb^*/^{235}U$	$^{206}Pb^*/^{238}U$	误差相关系数	$^{206}Pb/^{238}U$ 年龄/Ma	$^{207}Pb/^{206}Pb$ 年龄/Ma	不和谐性/%
1.1	0.25	524	198	0.39	27.6	0.0531±1.6	0.4475±2.0	0.06112±1.2	0.598	382.4±4.5	333±37	-15
2.1	0.56	287	121	0.43	15.2	0.0533±4.4	0.451±4.6	0.06142±1.3	0.289	384.2±5.0	341±100	-13
3.1	0.3	697	276	0.41	37.7	0.0529±19	0.458±2.3	0.06282±1.2	0.536	392.7±4.6	325±43	-21
4.1	0.01	536	772	1.49	167	0.12133±0.4	6.075±1.6	0.3631±1.5	0.967	1997±4.7	1975.9±7.1	-1
5.1	0.11	444	119	0.28	159	0.1536±0.41	8.8±1.3	0.4154±1.2	0.949	2239±4.8	2386.4±7.0	6
6.1	0.12	472	282	0.62	119	0.13612±0.5	5.478±1.3	0.2919±1.2	0.924	1651±4.9	2178.4±8.7	24
7.1	0.11	386	131	0.35	111	0.12024±0.54	5.54±1.3	0.3341±1.2	0.913	1858±4.10	1959.8±9.7	5
8.1	0.12	386	131	0.35	53.5	0.12024±0.54	2.672±1.3	0.1612±1.2	0.914	963±4.11	1959.8±9.7	51
9.1	0.01	166	172	1.07	61.5	0.15807±0.62	9.38±1.5	0.4304±1.4	0.91	2307±4.12	2435±11	5
10.1	0.26	865	156	0.19	97.1	0.09643±0.75	1.732±1.4	0.1303±1.2	0.843	789.3±4.13	1556±14	49
11.1	0.18	290	342	1.22	74.3	0.11926±0.72	4.897±1.4	0.2978±1.2	0.865	1681±4.14	1945±13	14
12.1	0.01	534	276	0.53	212	0.1691±1.5	10.76±2.0	0.4615±1.2	0.621	2446±4.15	2549±26	4
13.1	0.22	963	511	0.55	47.4	0.05272±1.7	0.4158±2.0	0.05721±1.2	0.58	358.6±4.16	317±38	-13
14.1	0.19	583	268	0.47	28.7	0.053±2.4	0.418±2.7	0.05716±1.2	0.456	358.3±4.17	330±54	-9
15.1	0.12	463	204	0.46	22.8	0.0558±1.9	0.4413±2.2	0.05741±1.2	0.551	359.9±4.18	443±42	19
16.1	0.28	629	311	0.51	30.7	0.0536±2.6	0.419±2.8	0.05667±1.2	0.427	355.3±4.19	354±58	0
17.1	0.29	527	281	0.55	26.3	0.0534±3.0	0.427±3.3	0.05794±1.2	0.375	363.1±4.20	346±69	-5

（表8.2），^{206}Pb/^{238}U 加权平均年龄主要为（359.0±3.7）Ma（图 8.17）。花岗岩锆石定年结果表明，在晚泥盆世晚期滩间山群 a 段有花岗岩的侵入，侵入时期处于第一次油气充注之后。滩间山群还曾在加里东期和海西期分别发生过辉绿岩和花岗岩的侵入。晚泥盆世之后的多次岩浆侵入热事件致使滩间山群 a 段砂岩、灰岩中的油气以及泥页岩中残余的烃类流体裂解、变质，最终形成热演化程度极高的碳沥青。

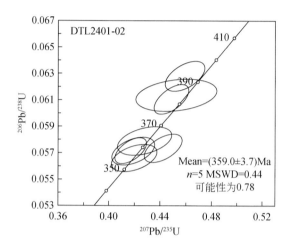

图 8.17　柴北缘滩间山群 a 段花岗岩样品锆石 U-Pb 谐和图

8.2.4　出露剥蚀阶段

柴北缘位于柴达木地块和祁连地块交界位置，构造运动十分频繁，地质历史上发生过多次造山运动。沉积地层发生抬升剥蚀，受到风化降解、表层水洗、后期侵蚀改造等作用的影响，地形地貌发生改变，也会影响到地层中某些主、微量元素的富集位置和丰度。尤其是某些对氧化还原条件敏感的主、微量元素如 U、V、Mo 等，浅层的元素被溶解搬运到其他地方或者沿孔缝系统进入较深的地层，深层的元素会经历再次的富集成矿过程。

1. 层间氧化 – 还原过渡带富集成矿

在干旱炎热的气候条件下，接近地表的地层会不断受到富氧水体的冲刷将表层岩体中丰富的 U、V、Mo 等微量元素氧化溶解。这些溶解的元素沿着具有稳定隔水层的缓倾斜赋矿主岩渗入到较深的氧化 – 还原过渡带中，发生化学沉淀反应，使某些特定元素不断富集成矿。这个过程有助于较深地层中微量元素含量的累积成矿，但也会破坏近地表已形成的微量元素成矿富集带。

根据该过程发生的年代不同，将早于第四纪发生的层间氧化 – 还原过渡带成矿过程称为古层间氧化 – 还原过渡带成矿活动；而将第四纪发生的层间氧化 – 还原过渡带成矿过程称为近代层间氧化 – 还原过渡带成矿活动。

1）古层间氧化 – 还原过渡带成矿活动

第四纪以前，柴北缘经历过数次较大的构造挤压抬升活动，形成断层与裂缝等渗滤通道，富氧的水体不断淋滤、溶解表层岩体蕴含的易氧化的微量元素，在氧化 – 还原过渡区域发生沉淀而形成特定元素成矿带，如铀、钒成矿带。

2）近代层间氧化 – 还原过渡带成矿活动

野外地质露头调查与钻探显示，柴北缘滩间山群及相邻层段黑色岩系在地表大面积出露或浅埋藏，断层与裂缝发育，滩间山群 c 段为砂砾岩层段，构成十分发达的地表富氧水体渗入通道，发生近代层间氧化 – 还原过渡带成矿作用。

2. 层间氧化 – 还原过渡带形成类型

柴北缘频繁的构造运动不断影响和改造着地形地貌，形成复杂的构造系统，导致地表水体渗入氧化 – 还原的形式不同，既有浅层孔隙连通渗入的形式，也有深层裂缝和断层连通的渗入形式。根据连接通道类型、规模及组合特征大致分为以下几个类型。

1）正常浅层改造 – 保存型

早期沉积的地层被抬升到接近地表的深度，富氧的浅层水体通过砂砾岩等较粗粒岩层的孔隙挟带特定类型的微量元素，逐渐渗入略深的氧化 – 还原过渡带发生反应并富集成矿。

2）深部褶皱 – 断层保存型

在裂缝和断层系统发育的区域，地表富氧水体可以通过断裂和裂缝等较大的通道将特定的微量元素挟带到深度更大、还原性更强的地层中并富集成矿。

3）抬升破坏 – 改造保存型

由孔隙、断层和裂缝等多种连通方式将地表富氧水体带入地层，受连接通道的类型和规模影响，既在较浅的地层中富集成矿，也在较深的地层中富集成矿（图 8.6）。

8.2.5　动态成矿模式

综合上述，柴北缘滩间山群黑色岩系的形成以及成矿过程并不是某几种沉积或成岩作用简单组合叠加的结果，在母质来源 – 沉积富集 – 埋藏成矿 – 剥蚀出露等不同阶段都具有其独特而复杂的影响因素和相互作用机制。黑色岩系的形成与演化是漫长、动态与复杂的，从奥陶纪沉积时期到现今，不同阶段发生的生物、物理和化学变化不同，不同阶段有机质与成矿元素的相互作用机制不一样，随着地质条件和反应程度的不断变化，各种反应机制类型和强度也会改变（图 8.6）。

8.2.6　油 – 气 – 煤 – 钒矿协同勘探

柴北缘地区存在丰富的石油、天然气、煤炭、铀矿、金矿等多种不同类型的矿产资源，并且在时空分布关系上存在较好的耦合现象。通过对黑色岩系成因及伴生成矿模式的研究也发现作为油气母质的生物在繁殖、聚集、生油气过程中均会影响某些特定元素的富集和保存，适宜有机质保存条件的沉积环境同样具备某些特定元素能够稳定保存、成矿的优良条件。由此可见，开展油气资源与一种或多种固体矿产资源之间的协同勘探工作在理论上是可行的，并且广泛存在的黑色岩系伴生矿床的发现也表明展开协同勘探具有重要的现实意义。

对柴北缘已有的油 – 气 – 煤 – 钒（铀）矿产勘探成果分析认为：冷湖、鱼卡和德令哈三个凹陷均具有较大的石油、天然气、煤与钒（铀）矿等协同勘探潜力，在滩间山和锡铁山等凸起则具有较大的煤炭与钒（铀）矿协同勘探潜力。

1. 冷湖地区

冷湖地区已发现的资源类型以石油和煤型气为主，以煤炭和砂岩型铀（钒）矿为辅。其中，石油主要以下侏罗统煤系泥页岩为烃源岩，储集层以新近系、古近系、侏罗系为主；煤炭以中侏罗统为主要产出层段，煤系源岩也生成煤型气；铀（钒）矿则主要发现于侏罗系油气藏顶部的透水性砂岩层段中。

该地区的勘探以新近系、古近系、侏罗系的石油和天然气为主，兼探侏罗系煤炭、侏罗系和上奥陶统黑色岩系的钒（铀）矿，即油 – 气 – 煤 – 钒（铀）协同勘探模式（表 8.3）。

表 8.3　柴北缘冷湖地区多类型资源协同勘探模式

层位	石油	天然气	煤	铀、钒等
N	√			
E	√			
J_2	√	√	√	√
J_1			√	√
O_3				√

2. 鱼卡地区

鱼卡地区已发现的资源类型以煤炭为主，以石油和煤型气为辅。其中，煤炭资源以中侏罗统的大煤沟组和石门沟组为主要产出层位；石油储层主要是上侏罗统、古近系和新近系，同时有少量煤型气产生；岩样地球化学分析表明侏罗系黑色岩系钒、铀、铬、钼等元素的含量远高于地壳平均值。上奥陶统黑色岩系中的钒同样具有较高的勘探价值。

该地区的勘探以侏罗系煤炭，新近系、古近系与侏罗系的石油和天然气为主，兼探侏罗系和奥陶系的钒（铀）矿，即煤–油–气–钒（铀）协同勘探模式（表8.4）。

表 8.4　柴北缘鱼卡地区多类型资源协同勘探模式

层位	石油	天然气	煤	铀、钒等
N	√			
E	√			
J_2	√	√	√	√
J_1			√	√
O_3				√

3. 德令哈地区

德令哈地区已发现的资源类型以煤炭和铀（钒）矿为主，以石油和天然气为辅。其中，煤炭仍是以中下侏罗统的大煤沟组和小煤沟组为主要产出层位；砂岩型铀矿以北大滩地区为主，在层间氧化带的砂岩层段已发现具有工业品位的铀矿化层；而石油和天然气则是以上石炭统煤系、中下侏罗统煤系为烃源层，以石炭系、古近系和新近系为储集层；在北侧祁连山地区存在终年冻土带，中下侏罗统生成的天然气，在侏罗系、新近系和古近系中聚集形成天然气水合物藏。

该地区的勘探以侏罗系煤炭，石炭系、侏罗系、古近系和新近系的石油和天然气为主，兼探侏罗系和奥陶系钒（铀）矿以及祁连山冻土带天然气水合物，即煤–油–气–钒（铀）–天然气水合物的协同勘探模式（表8.5）。

表 8.5　柴北缘德令哈地区多类型资源协同勘探模式

层位	石油	天然气	煤	铀、钒等	天然气水合物
N	√				
E	√				
J_2		√	√	√	√
J_1		√		√	
C_2	√	√			
C_1	√	√			
O_3				√	

4. 滩间山和锡铁山等地区

　　滩间山和锡铁山等地区受造山运动影响较强，生成的石油和天然气很难聚集成藏，但奥陶系和侏罗系黑色岩系岩样的地球化学分析表明 V、U、Cr、Mo 等元素的含量远高于地壳平均值，是有利的钒（铀）矿勘探区域。

　　该地区的勘探以侏罗系煤炭，侏罗系和奥陶系钒（铀）矿为主，即煤 – 钒（铀）的协同勘探模式（表 8.6）。

表 8.6　柴北缘滩间山和锡铁山地区多类型资源协同勘探模式

层位	石油	天然气	煤	铀、钒等
N				
E				
J_2			√	√
J_1			√	√
O_3				√

8.3　小　　结

　　（1）在构造背景、气候、水体介质、生物、元素等综合分析的基础上，建立了湘西地区下寒武统牛蹄塘组有机质与钒富集的沉积模式。这种沉积模式使物质交换受到一定的限制，有利于有机质和钒的保存与富集。

　　（2）钒等金属赋存于沉积岩中，从而伴随着有机质生烃、油气演化的全过程，烃类流体在高温岩浆的烘烤下裂解、变质，最终演化成固体碳沥青，高温岩浆作用为钒元素从烃类流体中卸载提供了有利条件，最终钒在固体沥青中富集不再发生迁移。

（3）钒在促进有机质生烃演化的进程中发挥着重要作用，表现在一方面钒作为活性催化剂促进生烃反应的发生，加速演化进程；另一方面钒能够发挥氧化还原性质，参与有机质生烃反应，生成稳定的有机－金属络合物（钒卟啉）存在腐殖酸盐或石油中。

（4）柴北缘滩间山群黑色岩系的形成与成矿过程并不是某几种沉积或成岩作用简单组合叠加的结果，在母质来源－沉积富集－埋藏成矿－剥蚀出露等不同阶段都具有其独特而复杂的影响因素和相互作用机制。

（5）柴北缘滩间山群黑色岩系的形成与演化是漫长、动态与复杂的，从奥陶纪沉积时期到现今，不同阶段发生的生物、物理和化学变化不同，不同阶段有机质与成矿元素的相互作用机制不一样，随着地质条件和反应程度的不断变化，各种反应机制类型和强度也会改变。

（6）柴北缘具有油－气－煤－钒（铀）矿共存的分布格局，为开展以侏罗系煤炭和古近系—新近系油气资源为主，兼顾奥陶系和侏罗系钒（铀）矿的多矿产协同勘探提供了可能。这种兼顾油气资源与固体矿产资源的油－气－煤－钒（铀）矿协同勘探模式为资源类型多样、环境复杂多变地区的勘探工作提供了一种有效思路，可以提高勘探效率，促进多种能源共同勘探开发。

结　　论

（1）柴北缘和湘西地区尽管在时间上和空间上跨度均很大，但是均发现大量碳沥青的展布以及含有丰富的钒等金属元素。这不仅表明黑色岩系在全球广泛发育，而且表明与之有关的有机－无机作用也在时空上广泛存在。但同时，并非所有富有机质黑色岩系中均有矿床发现，这也反映黑色岩系中有机成藏－无机成矿的控制因素极为复杂。

（2）黑色岩系中碳沥青外观上与煤相似，镜下呈球状、片状、流动状、镶嵌状结构充填于岩石的裂缝、溶蚀孔、粒间孔中。扫描电镜观察并未发现有机质附近钒矿物的明显结晶矿体，表明钒以吸附的形式存在于有机质或以取代的形式存在于黏土矿物中或与其他矿物相结合。

（3）通过对黑色岩系中有机质元素、丰度、成熟度的研究发现，柴北缘与湘西地区黑色岩系样品的元素含量差异较小，有机质丰度差别较大，湘西地区黑色岩系中有机质丰度明显高于柴北缘黑色岩系。两个地区黑色岩系中氯仿沥青含量均较低，族组分中非烃和沥青质占绝对优势，有机质均达到高－过成熟阶段。依据有机质显微组分的鉴定以及生物标志化合物中饱和烃、芳香烃的组成特征可知，黑色岩系中的有机质类型主要为Ⅰ型或Ⅱ$_1$型，且形成于还原性较强的沉积环境中。

（4）沉积物中主、微量元素的相对含量及相关比值表明，柴北缘与湘西地区黑色岩系主量元素含量特征相似，均以 Si 和 Al 为主。微量元素含量在两个地区表现出较大不同。与美国泥盆纪俄亥俄页岩(SDO-1)相比，柴北缘黑色岩系总体显示 V 和 Zn 元素富集，Mo、Cd、In 等元素亏损；湘西地区总体表现出 V、Ni 元素富集以及 Cd、In 元素亏损。

（5）黑色岩系有机成分研究表明，其饱和烃分布特征基本一致，主峰碳为 C$_{17}$ 或 C$_{18}$，正构烷烃均以低碳数化合物为主，C$_{27}$ 规则甾烷占优势，类异戊间二烯烷烃中植烷占优势，五环萜烷中有一定含量的伽马蜡烷。说明其生物来源以藻类等低等浮游生物为主，与镜下观察发现的大量藻类相一致。

（6）沉积环境的研究显示柴北缘黑色岩系沉积时研究区整体处于活动大陆边缘的构造背景下，而湘西地区黑色岩系形成于被动大陆边缘环境。古气候对陆源物质的输入有较大影响，而缺氧还原的滞留水体环境是有机质富集的有利场所，也是控制有机质富集的主要因素。

（7）黑色岩系中成矿物质具有多源性，包括海底火山喷发的下地壳岩浆、有机质对金属元素的解吸附作用及黏土矿物的吸附作用。柴北缘滩间山群黑色岩系主要形成于活动大陆边缘的弧后盆地，物源受陆源及火山岛弧影响，地球化学特征显示沉积过程有热液的加入。湘西地区牛蹄塘组黑色岩系形成于被动大陆边缘，沉积过程受多重因素影响，不仅有周缘古陆的影响，还有海底热液的影响。

（8）柴北缘与湘西地区黑色岩系尽管所属时代不同，但是在黑色岩系中有机质与钒元素伴生关系均较为明显。研究认为有机质与钒的伴生机制主要有三种，即微生物成矿作用、有机质吸附作用、黏土矿物的吸附作用。在这三种作用的影响下，钒等金属元素赋存于沉积岩中，并以金属络合物的形式随着油气的生成与演化，钒被富集和固定在固体沥青中不再发生迁移。

参 考 文 献

鲍正襄, 万溶江, 鲍珏敏. 1998. 湘西北钒矿床地质特征及其成因 [J]. 湖北地矿, 2: 10-15.

彼得斯 K E, 沃尔特斯 C C, 莫尔多万 J M. 2011. 生物标志化合物指南 [M]. 张水昌, 李振西, 等, 译. 北京: 石油工业出版社.

曹代勇, 朱学申, 邓觉梅, 等. 2013. 湘西北万溶江矿碳沥青特征分析及其地质意义 [J]. 煤炭科学技术, 43(1): 110-112.

曹辉兰, 华仁民, 饶冰, 等. 2002. 济阳拗陷油田卤水溶解金属元素的初步实验研究 [J]. 地质评论, 48(4): 444-448.

曹剑, 吴明, 王绪龙, 等. 2012. 油源对比微量元素地球化学研究进展 [J]. 地球科学进展, 27(9): 925-936.

曹双林, 潘家永, 马东升, 等. 2004. 湘西北早寒武世黑色岩系微量元素地球化学特征 [J]. 矿物学报, 4: 415-419.

陈安定, 黄金明, 杨芝文, 等. 2004. 皖南—浙西下古生界碳沥青成因及南方海相有效烃源岩问题探讨 [J]. 海相油气地质, 1(9): 77-82.

陈超. 2018. 川南 - 黔北地区晚奥陶世 - 早志留世地史转折期古海洋、古气候演变及烃源岩成因机制研究 [D]. 武汉: 中国地质大学 (武汉).

陈广坡, 徐国盛, 王天奇, 等. 2008. 论油气成藏与金属成矿的关系及综合勘探 [J]. 地学前缘, 15(2): 200-206.

陈兰. 2003. 藏北侏罗纪沉积相及黑色岩系有机地球化学研究 [D]. 成都: 成都理工大学.

陈兰. 2006. 湘黔地区早寒武世黑色岩系沉积学及地球化学研究 [D]. 贵阳: 中国科学院地球化学研究所.

陈玲. 2010. 华南麻江海相古油藏沥青 Re-Os 同位素特征及对油藏形成和破坏时代的约束 [D]. 武汉: 中国地质大学 (武汉).

陈明辉, 胡详昭, 孙际茂, 等. 2012. 湖南省寒武系黑色岩系页岩型钒矿概论 [J]. 地质找矿论丛, 27(4): 410-420.

陈明辉, 胡祥昭, 卢兵, 等. 2014. 湘西北岩头寨钒矿成矿地质特征及成因 [J]. 矿产勘查, 5(5): 751-761.

陈巧妹, 孙华山, 刘晓康, 等. 2018. 青海省大干沟地区黑色岩系中 V-Mo-PGE 矿床找矿前景分析 [J]. 地质找矿论丛, 33(3): 360-364.

陈世加, 王廷栋, 代鸿鸣. 1993. 天然气固体沥青的生标物分布与干气运移 [J]. 天然气地球科学, 4 (5): 35-39.

陈文彬, 廖忠礼, 付修根, 等. 2007. 北羌塘盆地布曲组烃源岩生物标志物特征及意义 [J]. 沉积学报, 5: 808-814.

陈孝红, 汪啸风. 2000. 湘西地区晚震旦世—早寒武世黑色岩系的生物和有机质及其成矿作用

[J]. 华南地质与矿产, 1:16-23.

陈艳霞. 2015. 云南省曲靖地区下寒武统黑色岩系地球化学特征及成因研究 [D]. 昆明：昆明理工大学.

陈艳霞, 崔银亮, 廖剑锋, 等. 2013 云南下寒武统黑色岩系矿床研究现状及相关找矿问题探讨 [J]. 矿物学报, 33(4): 637-642.

陈毓川, 王登红, 朱裕生. 2007. 中国成矿体系与区域成矿评价 [M]. 北京：地质出版社.

程顶胜. 1998. 烃源岩有机质成熟度评价方法综述 [J]. 新疆石油地质, 5: 428-432.

程亮, 叶仲斌, 李纪晖, 等. 2011. 稠油中胶质对沥青质分散稳定性的影响研究 [J]. 油田化学, 28(1): 37-44.

程裕淇, 沈永和, 张良臣, 等. 1995. 中国大陆的地质构造演化 [J]. 中国区域地质, 4: 289-294.

邓宏文, 钱凯. 1990. 深湖相泥岩的成因类型和组合演化 [J]. 沉积学报, 3: 1-21.

丁振举, 刘丛强, 姚书振, 等. 2000. 海底热液系统高温流体的稀土元素组成及其控制因素 [J]. 地球科学进展, 3: 307-312.

窦永昌, 岳海东. 2007. 与煤伴生 (共生) 可燃有机矿产的开发利用 [J]. 矿产综合利用, 2(4): 30-33.

杜金虎, 邬光辉, 潘文庆, 等. 2011. 塔里木盆地下古生界碳酸盐岩油气藏特征及其分类 [J]. 海相油气地质, 16(4): 41-44.

段吉业, 葛肖虹. 1992. 论塔里木——扬子板块及其古地理格局 [J]. 长春地质学院学报, 22(3): 260-266.

段丽琴, 宋金明, 许思思. 2009. 海洋沉积物中的钒、钼、铊、镓及其环境指示意义 [J]. 地质论评, 55(3): 420-427.

段炼, 田庆华, 郭学益. 2006. 我国钒资源的生产及应用研究进展 [J]. 湖南有色金属, 6:17-20.

段其发. 2014. 湘西—鄂西地区震旦系—寒武系层控铅锌矿成矿规律研究 [D]. 武汉：中国地质大学 (武汉).

顿超. 2018. 柴达木盆地北缘滩间山地区碳沥青与钒的伴生机理研究 [D]. 北京：中国石油大学 (北京).

范德廉. 1988. 含金属黑色岩系及锰矿床 [J]. 矿物岩石地球化学通讯, 2: 84-86.

范德廉, 杨秀珍, 王连芳, 等. 1973. 某地下寒武统含镍钼多元素黑色岩系的岩石学及地球化学特点 [J]. 地球化学, 3: 143-164.

范德廉, 叶杰, 杨瑞英, 等. 1987. 扬子地台前寒武—寒武纪界线附近的地质事件与成矿作用 [J]. 沉积学报, 3: 81-95, 181.

范德廉, 刘铁兵, 叶杰. 1991. 黑色岩系成岩成矿过程中的生物地球化学作用 [J]. 岩石学报, 2: 65-72.

范德廉, 张焘, 叶杰, 等. 2004. 中国的黑色岩系及其有关矿床 [M]. 北京：科学出版社.

房丽君. 2016. 滇东北地区下寒武统黑色岩系层序地层与沉积相研究 [D]. 北京：中国地质大学 (北京).

付修根, 林丽, 庞艳春, 等. 2005. 金顶铅锌矿床中碳沥青的分布特征及成矿作用 [J]. 吉林大学学报 (地球科学版), 5:581-586.

傅家谟, 刘德汉 . 1983. 有机质演化与沉积矿床成因 (Ⅱ)- 煤成烃类与层控矿床 [J]. 沉积学报, 4: 15-28.

傅家谟, 盛国英, 许家友, 等 . 1991. 应用生物标志化合物参数判识古沉积环境 [J]. 地球化学, 1: 1-12.

甘贵元, 严晓兰, 赵东升, 等 . 2008. 柴达木盆地德令哈断陷石油地质特征及勘探前景 [J]. 石油实验地质, 28(5): 499-503.

高怀忠, 张旺生, 吕万军 . 1999. 北塔山金矿床成矿流体成因及金沉淀机制的探讨 [J]. 矿床地质, 3: 226-234.

高晓峰, 校培喜, 贾群子 . 2011. 滩间山群的重新厘定 - 来自柴达木盆地周缘玄武岩年代学和地球化学证据 [J]. 地质学报, 85(9): 1452-1462.

高振敏, 罗泰义, 李胜荣 . 1997. 黑色岩系中贵金属富集层的成因 : 来自固定铵的佐证 [J]. 地质地球化学, 1: 18-23.

顾雪祥, 李葆华, 徐仕海, 等 . 2007. 右江盆地含油气成矿流体性质及其成藏 – 成矿作用 [J]. 地学前缘, 14(5): 133-146.

顾雪祥, 章永梅, 李葆华, 等 . 2010. 沉积盆地中金属成矿与油气成藏的耦合关系 [J]. 地学前缘, 17(2): 83-105.

郭令智, 施央申, 马瑞士 . 1981. 板块构造与成矿作用 [J]. 地质与勘探, 10: 2-6, 15.

郭强, 钟大康, 张放东, 等 . 2012. 内蒙古二连盆地白音查干凹陷下白垩统湖相白云岩成因 [J]. 古地理学报, 14(1): 59-68.

郭庆军, 刘丛强, Harald S, 等 . 2004. 晚震旦世至早寒武世扬子地台北缘碳同位素研究 [J]. 地球学报, 25(2): 151-156.

郭则华 . 1981. 试论浙西沥青煤的成因 [J]. 石油勘探与开发, 4: 7-17.

国家能源局 . 2019. 烃源岩地球化学评价方法 : SY/T 5735—2019[S]. 北京 : 石油工业出版社 .

韩善楚, 胡凯, 曹剑, 等 . 2012. 华南早寒武世黑色岩系镍钼多金属矿床矿物学特征研究 [J]. 矿物学报, 32(2): 269-280.

何登发, 李德生, 张国伟, 等 . 2011. 四川多旋回叠合盆地的形成与演化 [J]. 地质科学, 46(3): 589-606.

何明勤, 冉崇英, 刘卫华, 等 . 1991. 大姚铜矿床有机质特征及其与成矿的关系 [J]. 石油与天然气地质, 12(2): 195-206.

侯东壮 . 2011. 黔东地区黑色岩系地球化学特征及沉积环境研究 [D]. 长沙 : 中南大学 .

侯俊富 . 2008. 南秦岭下寒武统黑色岩系中金—钒成矿特征及成矿规律 [D]. 西安 : 西北大学 .

胡凯, 刘英俊 . 1993. 低温热液条件下有机质富集金机理的实验研究 [J]. 中国科学 (B 辑 化学 生命科学 地学), 8(23): 880-888.

胡承明 . 1988. 从石油中提取金属 [J]. 世界科学, 2: 52, 47.

胡承伟 . 2009. 贵州镇远江古钒矿矿床地质地球化学特征 [D]. 贵州 : 贵州大学 .

胡能勇, 夏浩东, 戴塔根, 等 . 2010. 湘西北下寒武统黑色岩系中的沉积型钒矿 [J]. 地质找矿丛论, 25(4): 296-302.

胡瑞忠, 苏文超, 毕献武 . 1995. 滨黔桂三角区微细浸染型金矿形成热液的一种可能性的演化途

径 : 年代学证据 [J]. 矿物学报 , 15(2): 144-149.

胡雄 .2006. 柴达缘南八仙—马海地区油气成因及成藏模式研究 [D]. 成都 : 西南石油大学 .

胡亚 .2016. 中扬子地区寒武系纽芬兰统—第二统黑色岩系地球化学特征及其环境意义 [D]. 北京 : 中国地质大学 (北京).

湖南省地矿局 .1988. 湖南省区域地质志 [M]. 北京 : 地质出版社 .

花林宝 , 丁梅花 , 真允庆 , 等 .2010. 试论我国油气田与金属矿床的伴生与共生关系 [J]. 地质与勘探 , 46(5): 814-827.

黄第藩 , 李晋超 .1982. 干酪根类型划分的 X 图解 [J]. 地球化学 , 11(1): 21-30.

黄福喜 .2011. 中上扬子克拉通盆地沉积层序充填过程与演化模式 [D]. 成都 : 成都理工大学 .

黄汉纯 .1996. 柴达木盆地地质与油气预测——立体地质 "三维应力" 聚油模式 [M]. 北京 : 地质出版社 .

黄怀勇 , 王道经 , 陈广浩 , 等 .2002. 天门山震旦 / 寒武系界线上可能撞击事件目标地层展布与分析 [J]. 大地构造与成矿学 , 26(3): 285-288.

黄怀勇 , 王道经 , 陈广浩 , 等 .2004. 天门山震旦 / 寒武系界线上地外撞击事件痕迹 [J]. 大地构造与成矿学 , 28(1): 198-204.

黄汲清 .1984. 中国大地构造特征的新研究 [J]. 中国地质科学院院报 , 8: 6-16.

黄江庆 , 王韶华 .2007. 中扬子区海相地层油气源对比方法探讨 [J]. 石油地质与工程 , 3(21): 7-10.

黄艳丽 , 秦德先 , 邓明国 , 等 .2008. 黑色岩系多金属矿床的研究现状与发展趋势 [J]. 地质找矿论丛 , 3: 177-181.

黄燕 .2011. 湖南张家界地区寒武系牛蹄塘组黑色岩系沉积地球化学研究 [D]. 成都 : 成都理工大学 .

计兵 , 王立 .2000. 海鞘血细胞钒酰离子络合物的 ESR 波谱研究 [J]. 湖州师范学院学报 , 3:42-45.

贾艳艳 , 邢学军 , 孙国强 , 等 .2015. 柴北缘西段古 - 新近纪古气候演化 [J]. 地球科学 (中国地质大学学报), 40(12): 1955-1967.

姜文 .2013. 湘西北地区页岩气成藏条件分析及有利区优选 [D]. 北京 : 中国地质大学 (北京).

姜在兴 , 张文昭 , 梁超 , 等 .2014. 页岩油储层基本特征及评价要素 [J]. 石油学报 , 35(1): 184-196.

蒋宜勤 , 柳益群 , 杨召 , 等 .2015. 准噶尔盆地吉木萨尔凹陷凝灰岩型致密油特征与成因 [J]. 石油勘探与开发 , 42(6): 1-9.

金奎励 , 陈中凯 .1991. 我国某些天然固体沥青的岩石学研究 [M]// 第四届全国有机地球化学会议论文集 . 北京 : 石油工业出版社 .

金强 , 戴俊生 .2001. 微量元素组成在固体沥青 - 源岩对比中的应用 [J]. 石油实验地质 , 3(23): 285-289.

金强 , 万从礼 , 周方喜 .2006. 金湖凹陷闵桥玄武岩中微量元素向烃源岩的迁移及其地质意义 [J]. 中国石油大学学报 (自然科学版), 30(3):1-5.

琚宜文 , 贾天让 , 冯宏业 , 等 .2018. 盆地演化与有机质 - 金属矿共存关系 [C]// 任俊杰 , 任治坤 , 饶刚 , 等 .2018 年中国地球科学联合学术年会论文集 (十九)——专题 38: 沉积岩系改造与能源矿产赋存 , 专题 39: 同位素热年代学理论、方法与应用 , 专题 40: 变质作用过程的观

察与模拟 .

兰福德, 陈振时 . 1975. 西澳大利亚灰质结砾岩 – 钒钾铀矿床中脉型铀矿石的表生成因 [J]. 世界
　　核地质科学 , 2:18-26.

雷卞军, 阚洪培, 胡宁, 等 . 2002. 鄂西古生代硅质岩的地球化学特征及沉积环境 [J]. 沉积与特
　　提斯地质 , 2: 70-79.

李斌, 罗群, 胡博文, 等 . 2016. 湘西地区叠加型前陆盆地沉积环境演化模式研究 [J]. 中国石油
　　勘探 , 21(6):81-90.

李峰, 吴志亮, 李宝珠 . 2007. 柴达木北缘滩间山群时代及其地质意义 [J]. 大地构造与成矿学 ,
　　31(2): 226-233.

李凤 . 2008. 黔中隆起及其周缘古生界碳沥青及其与古油藏成因关系研究 [D]. 北京 : 中国地质
　　大学 (北京).

李鸿福 . 2018. 湖南张家界地区下寒武统黑色岩系镍钼多金属矿床成因研究 [D]. 上海 : 东华理
　　工大学 .

李剑锋, 徐正球, 马军, 等 . 2003. 鄂尔多斯盆地下古生界奥陶系碳酸盐岩生烃能力研究 [J]. 沉
　　积学报 , 21(4): 702-704.

李进 . 2018. 黔北下寒武统牛蹄塘组页岩古环境恢复与有机质富集研究 [D]. 北京 : 中国地质大
　　学 (北京).

李景贵 . 2002. 高过成熟海相碳酸盐岩抽提物不寻常的正构烷烃分布及其成因 [J]. 石油勘探与
　　开发 , 29(4): 9-10.

李娟, 于炳松, 郭峰 . 2013. 黔北地区下寒武统底部黑色页岩沉积环境条件与源区构造背景分析 [J].
　　沉积学报 , 31(1): 20-31.

李令杰 . 2007. 钒盐与钒配合物对两种海洋微藻生长及生理生化影响的研究 [D]. 青岛 : 中国海
　　洋大学 .

李苗春 . 2014. 下古生界烃源岩有机岩石学特征及其地质意义 [D]. 南京 : 南京大学 .

李任伟, 卢家烂 . 1999. 震旦纪和早寒武世黑色页岩有机碳同位素组成 [J]. 中国科学 (D 辑),
　　29(4): 351-357.

李赛赛 . 2012. 陕西省商南县—山阳县下寒武统黑色岩系中钒矿田地质构造特征及成因探讨 [D].
　　西安 : 长安大学 .

李赛赛, 刘战庆 . 2015. 南秦岭早寒武世黑色岩系钒矿床成因研究进展 [J]. 桂林理工大学学报 ,
　　35(4):774-779.

李胜苗 . 2016. 湘西北地区铅锌矿成矿规律与成矿预测研究 [D]. 北京 : 中国地质大学 (北京).

李胜荣 . 1994. 湘黔地区下寒武统黑色岩系金银铂族元素地球化学研究 [D]. 贵阳 : 中国科学院
　　地球化学研究所 .

李胜荣, 高振敏 . 1995. 湘黔地区下寒武统黑色岩系稀土元素特征 - 兼论海相热水沉积岩稀土模
　　式 [J]. 矿物学报 , 15(2): 225-229.

李胜荣, 肖启云, 申俊峰, 等 . 2002. 湘黔下寒武统铂族元素来源与矿化年龄的 Re-Os 同位素制
　　约 [J]. 中国科学 (D 辑 : 地球科学), 7: 568-575.

李雯霞, 李葆华, 顾雪祥, 等 . 2013. 贵州岩屋坪汞矿床有机流体成矿的包裹体证据 [J]. 地学前

缘 , 20(1): 72-81.

李艳芳 , 吕海刚 , 张瑜 , 等 . 2015. 四川盆地五峰组—龙马溪组页岩 U-Mo 协变模式与古海盆水体滞留程度的判识 [J]. 地球化学 , 44(2): 109-116.

李艳霞 , 郭云飞 , 李净红 . 2009. 鄂东南通山半坑志留系古油藏成藏解剖 [J]. 西安石油大学学报 , 24(6): 5-12.

李勇 , 秦洪宾 , 丁莲芳 . 1993. 扬子地台北缘早寒武世早期的海绵骨针化石 [J]. 长安大学学报 (地球科学版), 2: 33-41, 101-102.

李玉敏 . 1992. 工业催化原理 [M]. 天津 : 天津大学出版社 .

梁狄刚 , 陈建平 . 2005. 中国南方高、过成熟区海相油源对比问题 [J]. 石油勘探与开发 , 32（2): 8-14.

廖容 , 王新宇 , 杨旅涵 , 等 . 2017. 影响黏土矿物吸附铀的因素研究进展 [J]. 广州化工 , 45(21): 10-12, 37.

林壬子 , 王培荣 , 戴允彪 , 等 . 1987. 矿物燃料中多环芳烃的石油地球化学意义 [M]. 北京 : 地质出版社 .

林拓 . 2014. 湘西北地区页岩气聚集条件及资源潜力评价 [D]. 北京 : 中国地质大学 (北京).

刘宝 . 1993. 中国南方古大陆沉积地壳演化与成矿 [M]. 北京 : 科学出版社 .

刘成林 , 马寅生 , 周刚 , 等 . 2012. 柴达木盆地石炭系生烃证据 [J]. 石油学报 , 32(6):925-931.

刘成林 , 徐韵 , 马寅生 , 等 . 2015. 柴达木盆地北部滩间山群碳沥青地球化学特征与成因 [J]. 地球科学与环境学报 , 37(1): 85-93.

刘池洋 , 毛光周 , 邱欣卫 , 等 . 2013. 有机 – 无机能源矿产相互作用及其共存成藏 (矿)[J]. 自然杂志 , 5(1): 47-55.

刘德汉 . 1986. 碳酸岩中的沥青在研究油气生成演化和金属矿床成因中的应用 [C]// 中国科学院地球化学研究所有机地球化学与沉积地球化学研究室编 . 有机地球化学论文集 . 北京 : 科学出版社 .

刘德汉 . 1990. 碳酸盐岩固体沥青的类型与性质及其在油气评价中的作用 [J]. 石油实验地质 , 28(5): 21-46.

刘德汉 , 林茂福 . 1983. 碳沥青中几种钒、镍矿物的发现和成因讨论 [J]. 中国科学 (B 辑 化学 生物学 农学 医学 地学), 10:935-939.

刘光昭 , 尹华锋 , 刘玉峰 . 2008. 湖南下寒武统黑色岩系中的钒矿床 [J]. 地质与资源 , 3: 194-201.

刘家军 , 柳振江 , 杨艳 , 等 . 2006. 大巴山大型钡成矿带的有机成矿作用 [J]. 矿床地质 , 25(增刊): 31-34.

刘金钟 , 傅家谟 , 卢家烂 . 1992. 含有机质热水溶液与金、铜、汞相互作用的实验研究 [J]. 现代地质 , 3(6): 309-314.

刘金钟 , 傅家谟 , 卢家烂 . 1993. 有机质在沉积改造型金矿成矿中作用的实验研究 [J]. 中国科学 (B 辑), 9(23): 993-1000.

刘洛夫 . 2001. 柴达木盆地东部地区烃源岩的生源与沉积环境 [J]. 古地理学报 , 12(2): 12-22.

刘洛夫 , 赵建章 , 张水昌 , 等 . 2000. 塔里木盆地志留系沥青砂岩的成因类型及特征 [J]. 石油学报 , 21 (6) :12-17.

刘宁, 樊德华, 郝运轻, 等. 2009. 稀土元素分析方法研究及应用——以渤海湾盆地东营凹陷永安地区物源分析为例 [J]. 石油实验地质, 31(4):427-432.

刘全有, 朱东亚, 孟庆强, 等. 2019. 深部流体及有机 – 无机相互作用下油气形成的基本内涵 [J]. 中国科学: 地球科学, 49(3): 499-520.

刘训, 姚建, 新王永. 1997. 再论塔里木板块的归属问题 [J]. 地质论评, 43(1): 1-9.

刘源骏, 金光富, 谢发鹏, 等. 2016. 一个大型黑色岩系银钒矿床成矿作用及成矿环境的讨论 [J]. 资源环境与工程, 30(S1):119-128.

刘运黎, 沈忠民, 丁道桂, 等. 2008. 江南 – 雪峰山推覆体前缘沥青古油藏及油源对比 [J]. 成都理工大学学报, 35(1): 34-39.

刘志礼, 刘雪娴, 李朋富, 等. 1999. 藻类及其有机质的成矿作用试验 [J]. 沉积学报, 1: 9-18.

龙洪波. 2000. 樟村 - 郑坊黑色岩系钒矿床地质地球化学研究 [D]. 贵阳: 中国科学院地球化学研究所.

卢红选, 孟自芳. 2008. 微量元素对褐煤有机质热解成烃的影响 [J]. 油气地质与采收率, 2(15): 64-66.

卢家烂, 袁自强. 1986. 有机 – 锌络合物稳定性的实验研究 [J]. 地球化学, 1: 66-77.

卢家烂, 傅家谟. 1991. 沉积改造矿床形成中的若干有机地球化学问题 [J]. 沉积学报, S1:171-177.

卢家烂, 庄汉平, 傅家谟, 等. 1999. 湖北兴山白果园黑色页岩型银钒矿床中银钒赋存状态研究 [J]. 地球化学, 28(3): 222-230.

卢家烂, 傅家谟, 彭平安, 等. 2004. 金属成矿中的有机地球化学研究 [M]. 广州: 广东科技出版社.

卢双舫, 张敏. 2008. 油气地球化学 [M]. 北京: 石油工业出版社.

卢衍豪. 1978. 中国寒武纪沉积矿产与生物 – 环境控制论 (摘要)[C]// 中国古生物学会. 中国古生物学会山旺现场会议暨第二届第八次扩大理事会论文集:85-88.

路睿, 缪柏虎, 徐兆文. 2017. 湖南祁东清水塘铅锌矿床成矿物质来源同位素示踪 [J]. 地质学报, 91(6): 1285-1298.

吕惠进, 王建. 2005. 浙西寒武系底部黑色岩系含矿性和有用组分的赋存状态 [J]. 矿床地质, 5:567-574.

罗健, 程克明, 付立新, 等. 2001. 烷基二苯并噻吩——烃源岩热演化新指标 [J]. 石油学报, 22(3): 27-31.

罗卫, 戴塔根. 2007. 湘西北下寒武统黑色岩系中贵金属镍 – 钼 – 钒矿床的有机成矿作 [J]. 矿产与地质, 21(5): 504-508.

罗璋, 吴士清, 徐克定, 等. 1996. 下扬子区海相地层典型古油藏剖析 [J]. 海相油气地质, 1(1): 34-39.

马力, 陈焕疆, 甘克文, 等. 2004. 中国南方大地构造和海相油气地质 [M]. 北京: 地质出版社.

毛景文, 张光弟, 杜安道, 等. 2001. 遵义黄家湾镍钼铂族元素矿床地质、地球化学和 Re-Os 同位素年龄测定——兼论华南寒武系底部黑色页岩多金属成矿作用 [J]. 地质学报, 2: 234-243.

毛玲玲, 唐本锋, 朱正杰, 等. 2015. 重庆城口地区下寒武统黑色岩系有机地球化学特征及成因

意义 [J]. 矿物岩石 , 35(3): 89-100.

孟元林 , 肖丽华 , 杨俊生 , 等 . 1999. 风化作用对西宁盆地野外露头有机质性质的影响及校正 [J].
　　地球化学 , 28(1): 42-45.

苗强军 . 2017. 湘西李梅 MVT 铅锌矿区层状角砾岩地质特征和找矿意义 [D]. 北京 : 中国地质大
　　学 (北京).

宁占武 , 王卫华 , 温美娟 , 等 . 2004. 过渡金属对有机质热解生烃过程的影响 [J]. 天然气地球科
　　学 , 15(3): 317-319.

潘家永 , 马东升 , 夏菲 , 等 . 2005. 湘西北下寒武统镍 - 钼多金属富集层镍与钼的赋存状态 [J].
　　矿物学报 , 3: 283-288.

裴荣富 , 李进文 , 梅燕雄 . 2005. 大陆边缘成矿 [J]. 大地构造与成矿学 , 1(29): 24-34.

彭兴芳 , 李周波 . 2006. 生物标志化合物在石油地质中的应用 [J]. 资源环境与工程 (3): 279-283.

彭治超 , 李亚男 , 张孙玄琦 , 等 . 2018. 主微量元素地球化学特征在沉积环境中的应用 [J]. 西安
　　文理学院学报 (自然科学版), 21(3): 108-111.

皮道会 , 刘丛强 , 邓海琳 , 等 . 2008. 贵州遵义牛蹄塘组黑色岩系有机质的稀土元素地球化学研
　　究 [J]. 矿物学报 , 3: 303-310.

秦建中 , 付小东 , 刘效曾 . 2007. 四川盆地东北部气田海相碳酸盐岩储层固体沥青研究 [J]. 地质
　　学报 , 81(8) :1065-1071.

秦宇 . 2018. 南祁连造山带新元古代—早古生代构造演化 [D]. 西安 : 西北大学 .

青海省地质矿产局 . 1991. 青海省区域地质志 [M]. 北京 : 地质出版社 .

邱蕴玉 . 1990. 扬子区海相固体沥青成因类型划分及其在油气运移、聚集、保存条件研究上的
　　应用 [J]. 石油实验地质 , 28(5): 21-46.

任明 , 张生奇 , 程文厚 , 等 . 2012. 鄂西北下寒武统黑色岩系中的钒矿床 [J]. 矿产与地质 , 26(4):
　　271-278.

任治朋 . 2017. 探讨西天山成矿带黑色岩系金矿成矿地质构造与控矿条件及成矿特征 [J]. 世界
　　有色金属 , 3:96-97.

盛国英 , 范善发 , 刘德汉 , 等 . 1981. 正烷烃的偶碳优势特征 [J]. 石油与天然气地质 , 1: 57-65.

施春华 , 曹剑 , 胡凯 , 等 . 2011. 华南早寒武世黑色岩系 Ni—Mo 多金属矿床成因研究进展 [J].
　　地质论评 , 57(5): 718-730.

施春华 , 曹剑 , 胡凯 , 等 . 2013. 黑色岩系矿床成因及其海水、热水与生物有机成矿作用 [J]. 地
　　学前缘 , 20(1): 19-31.

石珊珊 . 2016. 云南曲靖地区下寒武统黑色岩系钼镍多金属矿成矿条件与成矿预测 [D]. 北京 :
　　中国地质大学 (北京).

史继扬 , 向明菊 , 洪紫青 , 等 . 1991. 五环三萜烷的物源和演化 [J]. 沉积学报 , S1: 26-33.

史仁灯 , 杨经绥 , 吴才来 . 2003. 柴北缘早古生代岛弧火山岩中埃达克质英安岩的发现及其地质
　　意义 [J]. 岩石矿物学杂志 , 22(3): 229-236.

舒多友 , 侯兵德 , 张命桥 , 等 . 2014. 黔东北地区钒矿床地球化学特征及成因研究 [J]. 矿床地质 ,
　　33(4): 857-869.

宋世骏 . 2018. 鄂尔多斯盆地东南缘铜川地区长 7-3 黑色岩系研究 [D]. 西安 : 西北大学 .

孙枢,王铁冠.2016.中国东部中-新元古界地质学与油气资源[M].北京:科学出版社.

孙玮,刘树根,王国芝,等.2010.四川威远震旦系与下古生界天然气成藏特征[J].成都理工大学学报,37(5):481-488.

童超.2018.湘西下寒武统牛蹄塘组碳沥青与钒富集机制研究[D].北京:中国石油大学(北京).

汤良杰,金之钧,张明利,等.1999.柴达木震旦纪—三叠纪盆地演化研究[J].地质科学,34(3):289-300.

汤良杰,金之钧,张明利,等.2000.柴达木盆地北缘构造演化与油气成藏阶段[J].石油勘探与开发,27(2):36-42.

田宗平,易晓明,曹健,等.2016.黑色岩系(石煤)钒矿矿物特征研究与应用[J].中国冶金,26(2):13-17.

涂光炽.1998.低温地球化学[M].北京:科学出版社.

涂光炽,卢焕章,王秀璋,等.1988.中国层控床地球化学(第三卷)[M].北京:科学出版社.

涂光炽,王秀璋,陈先沛,等.1989.中国层控矿床地球化学研究[J].化学通报,10:18-21.

汪本善.1963.我国某些煤中锗的成矿条件[J].地质科学,4:198-207.

汪劲草,彭恩生.2000.青海锡铁山铅锌矿床喷流沉积后的构造再造过程[J].大地构造与成矿学,24(2):163-169.

王成善,胡修棉,李祥辉.1999.古海洋溶解氧与缺氧和富氧问题研究[J].海洋地质与第四纪地质,3:42-50.

王崇敬,曹代勇,陈健明,等.2014.聚集型高演化天然固体沥青成因——以湘西脉状碳沥青为例[J].科技导报,32(24):40-45.

王春江,傅家谟,盛国英,等.2000.18α(H)新霍烷及1718α(H)-重排霍烷类化合物的地球化学属性与应用[J].科学通报,45(13):1366-1371.

王丹,何幼斌,张磊,等.2008.判断大地构造环境的沉积学方法[J].石油天然气学报,30(2):206-210.

王登红,陈毓川,徐珏.2005.中国新生代成矿作用[M].北京:地质出版社.

王飞宇,肖贤明,何萍,等.1995.有机岩石学在油气勘探中应用的现状和发展[J].地学前缘,2(3-4):189-196.

王宏,金成洙,鲍庆忠.2003.新疆查汗沙拉锑矿床地质特征及成因初探[J].地质与勘探,4:26-30.

王惠初,陆松年,莫宣学,等.2005.柴达木盆地北缘早古生代碰撞造山系统[J].地质通报,24(7):603-612.

王金龙.2017.湘西北牛蹄塘组页岩气形成地质条件[D].荆州:长江大学.

王聚杰,曾普胜,麻菁,等.2015黑色岩系及相关矿产——以扬子地台为例[J].地质与勘探,51(4):677-689.

王夔.1996.生命科学中的微量元素[M].北京:中国计量出版社.

王莉娟,祝新友,王京斌,等.2008.青海锡铁山铅锌矿床喷流沉积系统成矿流体研究[J].岩石学报,10:2433-2440.

王立社.2009.陕西秦岭黑色岩系及其典型矿床地质地球化学与成矿规律研究[D].西安:西北

大学 .

王立社 , 侯俊富 , 张复新 , 等 . 2010. 北秦岭庙湾组黑色岩系稀土元素地球化学特征及成因意义 [J]. 地球学报 , 31(1): 73-82.

王强 , 张渠 , 腾格尔 , 等 . 2009. 黔东南地区寒武系固体沥青的油源分析 [J]. 石油实验地质 , 31(6): 613-621.

王守德 , 郑冰 , 蔡立国 . 1997. 中国南方古油藏与油气评价 [J]. 海相油气地质 , 2(1): 44-50.

王铁冠 , 何发岐 , 李美俊 , 等 . 2005. 烷基二苯并噻吩类 : 示踪油藏充注途径的分子标志物 [J]. 科学通报 , 50(2): 176-182.

王新利 , 庞艳春 , 付修根 , 等 . 2009. 云南金顶铅锌矿床的有机成矿作用——来自围岩、矿石中有机质生物标志化合物的证据 [J]. 地质通报 , 28(6): 758-768.

王秀平 , 牟传龙 , 肖朝晖 , 等 . 2018. 湖北鹤峰地区二叠系大隆组黑色岩系成因——来自鹤地 1 井的元素地球化学证据 [J]. 石油学报 (12):1355-1369.

王秀璋 , 程景平 , 张宝贵 , 等 . 1992. 中国改造型金矿床地球化学 [M]. 北京 : 科学出版社 .

王旭龙 . 1991. 镜质组反射率和甾烷与藿烷异构化程度在恢复盆地热史中的应用 [J]. 新疆石油地质 , 12(3): 198-202.

王训练 , 高金汉 , 张海军 , 等 . 2002. 柴达木盆地北缘石炭系顶、底界线再认识 [J]. 地学前缘 (中国地质大学) 北京 , 9(3): 65-72.

王燕 , 李贤庆 , 宋志宏 , 等 . 2009. 土壤重金属污染及生物修复研究进展 [J]. 安全与环境学报 , 9(3):60-65.

王一博 , 李龙 , 杨勇 , 等 . 2013. 镍和钒在塔河原油中存在状态的分析 [J]. 化学工程与技术 , 3:57-64.

王艺云 , 唐菊兴 , 郑文宝 , 等 . 2015. 西藏曲水县达布斑岩型铜钼矿床金属沉淀机制探讨 [J]. 矿床地质 , 34(1):81-97.

王益友 , 郭文莹 , 张国栋 . 1979. 几种地球化学标志在金湖凹陷阜宁群沉积环境中的应用 [J]. 同济大学学报 , 2: 51-60.

王昀顾 . 2018. 滇东北及邻区万寿山组烃源岩有机地球化学特征研究 [D]. 成都 : 成都理工大学 .

文志刚 , 王正允 , 何幼斌 , 等 . 2004. 柴达木盆地北缘上石炭统烃源岩评价 [J]. 天然气地球科学 , 25(2): 125-127.

吴才来 , 杨经绥 , 许志琴 , 等 . 2004. 柴达木盆地北缘古生代超高压带中花岗质岩浆作用 [J]. 地质学报 , 78(5): 658-674.

吴朝东 , 杨承运 , 陈其英 . 1999. 湘西黑色岩系地球化学特征和成因意义 [J]. 岩石矿物学杂志 , 1: 28-29, 31-41.

吴根耀 , 马力 . 2002. "盆" "山" 耦合和脱耦 : 含油气盆地研究的新思路 [C]// 中国石油学会地质专业委员会 . 油气盆地研究新进展第一辑 . 北京 : 石油工业出版社 : 20-36.

吴根耀 , 马力 . 2003. "盆" "山" 耦合和脱耦在含油气盆地分析中的应用 [J]. 石油实验地质 , 25(6): 648-659.

吴根耀 , 马力 . 2004. "盆" "山" 耦合和脱耦进展现状和努力方向 [J]. 大地构造和成矿学 , 28(1): 81-87.

吴寅泰 . 1990. 中国科学院地球化学研究所有机地球化学开放研究实验室研究年报 (1988)[M].
　　北京 : 科学出版社 .

吴永平 , 杨池银 , 王喜双 , 等 . 2000. 渤海湾盆地北部奥陶系潜山油气藏成藏组合及勘探技术 [J].
　　石油勘探与开发 , 27(5): 1-2.

吴越 . 1999. 催化化学 [M]. 北京 : 科学出版社 .

吴越 , 张长青 , 毛景文 , 等 . 2013. 油气有机质与 MVT 铅锌矿床的成矿 - 以四川赤普铅锌矿为
　　例 [J]. 地球学报 , 34(4): 425-436.

夏杰 . 2014. 陕西镇坪地区下寒武统黑色岩系中金属元素赋存与富集规律 [D]. 成都 : 成都理工
　　大学 .

向才富 , 胡建成 . 2003. 右江盆地流体运移过程中成矿成藏作用 [J]. 地球学报 , 24(5): 423-428.

向才富 , 庄新国 , 陆友明 , 等 . 2002. 有机流体成矿作用与古油藏成藏作用相互耦合 - 以右江盆
　　地微细浸染型金矿为例 [J]. 地球科学 , 27(1): 35-39.

肖荣阁 , 杨忠芳 , 杨卫东 , 等 . 1994. 热水成矿作用 [J]. 地学前缘 , 1(3-4): 140-147.

肖荣阁 , 张汉城 , 陈卉泉 , 等 . 2001. 热水沉积岩及岩石矿物标志 [J]. 地学前缘 , 8(4): 379-385.

肖贤明 , 刘德汉 , 傅家谟 , 等 . 2000. 应用沥青反射率推算油气生成与运移的地质时间 [J]. 科学
　　通报 , 45(19): 2123-2127.

熊波 , 李贤庆 , 马安来 , 等 . 2001. 全岩显微组分定量统计及其在烃源岩评价中的应用 [J]. 江汉
　　石油学院学报 , 23(3): 16-20.

徐国苍 , 张德华 , 张红建 . 2015. 黑色岩系铀 - 气共探可行性及勘探开发前景 [J]. 铀矿地质 ,
　　31(1): 36-43.

徐林刚 , Lehmann B. 2011. 钼及钼同位素地球化学——同位素体系、测试技术及在地质中的应
　　用 [J]. 矿床地质 , 30 (1): 103-124.

徐庆鸿 , 陈远荣 , 贾国相 , 等 . 2007. 烃类组分在金属矿床的成矿理论和矿产勘查研究中的应用
　　[J]. 岩石学报 , 23(10): 2623-2638.

许志琴 , 杨经绥 , 吴才来 , 等 . 2003. 柴达木北缘超高压变质带形成与折返的时限及机制 [J]. 地
　　质学报 , 77(2): 163-176.

许志琴 , 戚学祥 , 杨经绥 , 等 . 2007. 西昆仑康西瓦韧性走滑剪切带的两类剪切指向、形成时限
　　及其构造意义 [J]. 地质通报 , 10: 1253-1263.

许中杰 , 程日辉 , 王嘹亮 , 等 . 2013. 闽西南地区晚三叠—中侏罗世沉积岩矿物和元素地球化学
　　特征 : 对盆地构造背景转变的约束 [J]. 岩石学报 , 29(8): 2913-2924.

闫友谊 . 2016. 湘西北寒武系沉积型镍钼矿成矿物质来源 [J]. 地质学刊 , 40(4): 560-566.

杨斌 , 廖宗廷 . 1999. 广西大厂礁灰岩区碳沥青的产状特征及其与多金属成矿关系探讨 [J]. 沉积
　　学报 , S1: 668-674.

杨超 . 2010. 柴达木盆地构造特征及石炭系勘探前景 [D]. 青岛 : 中国石油大学 .

杨恩林 . 2015. 新疆库鲁克塔格—北山地区早寒武世黑色岩系沉积环境与成矿元素富集规律 [D].
　　武汉 : 中国地质大学 (武汉).

杨剑 . 2009. 黔北地区下寒武统黑色岩系形成环境与地球化学研究 [D]. 西安 : 长安大学 .

杨剑 , 易发成 , 侯兰杰 . 2004. 黔北黑色岩系的岩石地球化学特征和成因 [J]. 矿物学报 , 24(3):

285-289.

杨剑,易发成,钱壮志.2009.黔北下寒武统黑色岩系古地温及其指示意义[J].矿物学报,29(1):87-94.

杨競红,蒋少涌,凌洪飞,等.2005.黑色页岩与大洋缺氧事件的Re-Os同位素示踪与定年研究[J].地学前缘,2:143-150.

杨平,谢渊,汪正江,等.2012.金沙岩孔灯影组古油藏沥青有机地球化学特征[J].地球化学,41(5):452-465.

杨平,汪正江,印峰,等.2014.麻江古油藏油源识别与油气运聚分析:来自油气地球化学的证据[J].中国地质,41(3):982-994.

杨瑞东,赵元龙,郭庆军.1999.贵州早寒武世早期黑色页岩中藻类及其环境意义[J].古生物学报,S1:145-156,189.

杨森楠,吴鉴,杨学忠,等.1983.影响黏土矿物吸附铀的因素研究进展[J].地球科学,3:81-91.

杨绍祥.1998.湘西花垣—张家界逆冲断裂带地质特征及其控矿意义[J].湖南地质,2:28-31,36.

杨蔚华,刘友梅.1983.滇中中生代层控铜矿床的地球化学[J].中国科学(B辑),8:833-841.

杨兴莲,赵元龙,朱茂炎,等.2010.贵州丹寨寒武系牛蹄塘组海绵动物化石及其环境背景[J].古生物学报,3:84-95.

杨旭,杨捷,向文勤,等.2013.贵州下寒武统黑色岩系中镍、钼、钒成矿作用与区域成矿模式[J].贵州地质,30(2):107-113.

姚国欣.2012.委内瑞拉超重原油和加拿大油砂沥青加工现状及发展前景[J].中外能源,17(1):3-22.

姚志健,肖宗峰,韩蔚田.1994.一些有机物对Ph、Zn、Cu迁移与沉积作用的实验研究[J].现代地质,1:94-99.

叶杰,范德廉.2000.黑色岩系型矿床的形成作用及其在我国的产出特征[J].矿物岩石地球化学通报,2:95-102.

叶军,王亮国,岳东明.1999.从新场沥青地化特征看川西天然气资源前景[J].天然气工业,19(3):18-22.

叶连俊.1963.外生矿床陆源汲取成矿论[J].地质科学,2:67-87.

易发成,杨剑,陈兴长,等.2005.贵州金鼎山下寒武统黑色岩系的有机地球化学特征[J].岩石矿物学杂志,4:294-300.

游军,曹宏远,张锋军,等.2018.南秦岭地区水沟口组黑色岩系地层地球化学特征及其找矿意义[J].物探与化探,42(3):453-460.

游先军.2010.湘西下寒武统黑色岩系中的镍钼钒矿研究[D].长沙:中南大学.

游先军,孙际茂,陈明辉,等.2008.湘西北下寒武统黑色岩系中的钒矿床[J].矿产与地质,1:20-26.

于会娟.2000.柴达木盆地东部地区侏罗系烃源岩地球化学特征及生烃潜力评价[J].沉积学报,18(1):132-138.

于会娟.2001.柴达木盆地东部地区古生界烃源岩研究[J].石油大学学报,25(4):12-16.

於崇文,唐元骏,石平方,等.1988.云南个旧锡一多金属成矿区内生成矿作用的动力学体系[M].

武汉 : 中国地质大学出版社 .

曾英 , 倪师军 , 张成江 . 2004. 钒的生物效应及其环境地球化学行为 [J]. 地球科学进展 , S1: 472-476.

翟光明 , 王世洪 , 靳久强 . 2009. 论块体油气地质体与油气勘探 [J]. 石油学报 , 30(4): 475-483.

张玲 , 杨恩林 , 方开雄 . 2014. 生物 - 有机质与金属矿床成矿作用研究进展 [J]. 现代矿业 , 541(5): 67-79.

张爱云 . 1986. 早寒武世被囊动物尾海鞘化石的发现及其意义 [J]. 中国科学 (B 辑 化学 生物学 农学 医学 地学), 7:746-752.

张爱云 . 1987. 海相黑色页岩建造地球化学与成矿意义 [M]. 北京 : 科学出版社 .

张宝民 , 张水昌 , 边立曾 , 等 . 2007. 浅析中国新元古—下古生界海相烃源岩发育模式 [J]. 科学通报 , S1: 58-69.

张琛 . 2005. 啤酒酵母对微量元素钒的富集及其部分生化特性的研究 [D]. 合肥 : 安徽农业大学 .

张鹤 , 王崇敬 , 陈健明 , 等 . 2015. 湘西碳沥青若干微量元素地球化学特征 [J]. 科技导报 , 33(16): 51-55.

张景廉 , 朱炳泉 , 张平中 , 等 . 1998. 塔里木盆地北部沥青、干酪根 Pb-Sr-Nd 同位素体系及成因演化 [J]. 地质科学 , 3: 310-317.

张林晔 . 2008. 湖相烃源岩研究进展 [J]. 石油实验地质 , 30(6):591-595.

张敏 , 蔡春芳 , 张俊 . 1997. 油气藏中沥青垫的研究进展 [J]. 地质科技情报 , 16 (1): 81-84.

张士三 . 1988. 沉积岩层中镁铝含量比的研究及其应用 [J]. 矿物岩石地球化学通讯 , 2: 112-113.

张水昌 , Moldowan J M, Li M W. 2001. 分子化石在前寒纪地层中的异常分布及其生物学意义 [J]. 中国科学 (D 辑), 31(4): 34-37.

张廷山 , 伍坤宇 , 杨洋 , 等 . 2015. 牛蹄塘组页岩气储层有机质微生物来源的证据 [J]. 西南石油大学学报 (自然科学版), 37(2): 1-10.

张旭 , 刘成林 , 徐韵 , 等 . 2016. 活动大陆构造边缘碳沥青形成与金属成矿探讨 : 以柴北缘滩间山地区滩间山群为例 [J]. 地学前缘 , 23(5):146-157.

张雪亭 , 杨生德 , 杨站君 , 等 . 2007. 青海省区域地质概况 [M]. 北京 : 地质出版社 .

张洋 . 2009. 东海西湖凹陷天外天二井热史恢复 [J]. 海洋石油 , 20(4): 44-45.

张永磊 . 2018. 贵州洋水背斜下寒武统牛蹄塘组黑色页岩低温成矿元素水岩反应实验研究 [D]. 北京 : 中国地质大学 (北京).

张岳 . 2017. 贵州开阳下寒武统黑色岩系层序、As-Sb-Au-Ag 元素异常及其大地构造背景研究 [D]. 北京 : 中国地质大学 (北京).

赵红格 , 刘池洋 . 2003. 物源分析方法及研究进展 [J]. 沉积学报 , 21(3): 409-415.

赵凤清 , 郭进京 , 李怀坤 . 2003. 青海锡铁山地区滩间山群的地质特征及同位素年代学 [J]. 地质通报 , 22(1): 28-30.

赵文智 , 何登发 , 池英杉 , 等 . 2001. 中国复合含油系统的基本特征与勘探技术 [J]. 石油学报 , 22(1) : 6-13.

赵兴齐 , 陈践发 , 张铜磊 , 等 . 2012. 川东北地区普光 2 井飞仙关组储层沥青地球化学特征及成因分析 [J]. 沉积学报 , 30(2): 375-384.

赵一鸣，吴良士，白鸽 . 2004. 中国主要金属矿床成矿规律 [M]. 北京 : 地质出版社 .

赵振华，吴吉春，袁革新，等 . 2017. 塔里木盆地东北部大气降水氚浓度的恢复及应用 [J]. 水文地质工程地质 , 44(1): 16-22.

赵政璋，李永铁，叶和飞，等 . 2001. 青藏高原海相烃源层的油气生成 [M]. 北京 : 科学出版社 .

郑庆华 . 2017. 鄂尔多斯盆地长 7 黑色岩系成因及生烃研究 [D]. 西安 : 西北大学 .

郑荣才，柳梅青 . 1999. 鄂尔多斯盆地长 6 油层组古盐度研究 [J]. 石油与天然气地质 , 1: 22-27.

郑宇龙，牟传龙，王秀平 . 2019. 四川盆地南缘五峰组—龙马溪组沉积地球化学及有机质富集模式——以叙永地区田林剖面为例 [J]. 地球科学与环境学报 , 41(5):541-560.

周航兵 . 2019. 湘西北下寒武统底部黑色岩系地球化学特征及地质意义 [D]. 上海 : 东华理工大学 .

周世新，邹红亮，解启来，等 . 2006. 沉积盆地油气形成过程中有机 - 无机相互作用 [J]. 天然气地球科学 , 1: 42-47.

周文喜 . 2017. 黔北地区下寒武统黑色岩系的沉积环境与地球化学研究 [D]. 贵阳 : 贵州大学 .

周云 . 2017. 湘西花垣 MVT 型铅锌矿集区成矿作用研究 [D]. 成都 : 成都理工大学 .

朱筱敏，刘芬，朱世发，等 . 2015. 鄂尔多斯盆地陇东地区延长组物源区构造属性研究 [J]. 高校地质学报 , 21(3): 416-425.

朱丹，鲁力，魏均启，等 . 2018. 寒武纪黑色页岩中钒赋存状态研究——以通山县钒矿为例 [J]. 资源环境与工程 , 32(3): 473-480.

朱弟成，朱利东，林丽，等 . 2003. 西成矿田泥盆系铅锌矿床中的有机成矿作用 [J]. 地球科学 , 28(2): 201-207.

朱红周，侯俊富，原连肖，等 . 2010. 南秦岭千家坪钒矿床钒赋存状态研究 [J]. 地质与勘探 , 46(4): 643-648.

朱小辉 . 2011. 柴达木盆地北缘滩间山群火山岩地球化学及年代学研究 [D]. 西安 : 西北大学 .

朱正杰，张斌臣，唐清敏，等 . 2017. 城口地区早寒武世黑色岩系铂族元素地球化学特征与来源 [J]. 矿物学报 , 37(4): 495-506.

庄汉平，卢家烂 . 1996. 与有机质有成因联系的金属矿床 [J]. 地质地球化学 , 4: 6-11.

庄汉平，卢家烂，温汉捷，等 . 1997. 热液成矿流体中的有机物质 [J]. 地质地球化学 , 1(1): 85-91.

左鹏飞 . 2016. 豫西南中元古代—早古生代构造演化和黑色岩系成矿作用 [D]. 北京 : 中国地质大学 (北京).

Гольдберг И С, 吴伟 . 1991. 世界石油金属成矿区及重质石油和沥青中金属矿富集的成因 [J]. 地质科学译丛 , 1:66-70.

Adachi M, Yamamoto K, Sugisaki R. 1986. Hydrothermal chert and associated siliceous rocks from the northern Pacific their geological significance as indication od ocean ridge activity[J]. Sedimentary Geology, 47 (1-2): 125-148.

Aitchison J C, Flood P G. 1990. Geochemical constrains on the depositional setting of Paleeozoic cherts from the New England orogen, NSW, eastern Australia[J]. Marine Geology, 94: 79-95.

Algeo T J, Rowe H. 2012. Paleoceanographic applications of trace-metal concentration data[J]. Chemical Geology, 324: 6-18.

Anderson G M. 1991. Organic Maturation and Ore Precipitation in Southeast Missouri[J]. Economic Geology, 86: 909-926.

Bennett B, Fustic M, Farrimond P, et al. 2006. 25-Norhopanes: Formation during biodegradation of petroleum in the subsurface[J]. Organic Geochemistry, 37(7): 787-797.

Bhatia M R, Crook K A W. 1986. Trace element characteristics of graywackes and tectonic setting discrimination of sedimentary basins[J]. Contributions to Mineralogy and Petrology, 92(2): 181-193.

Boström K, Peterson M N A. 1969. The origin of aluminum-poor ferromanganoan sediments in areas of high heat flow on the East Pacific Rise [J]. Marine Geology, 7 (5) :427-447.

Chakhmakhchev A, Suzuki M, Takayama K. 1997. Distribution of alkylated dibenzothiophenes in petroleum as a tool for maturity assessments[J]. Organic Geochemistry, 26(7-8):483-489.

Chen D, Zhou X, Fu Y, et al. 2015. New U–Pb zircon ages of the Ediacaran–Cambrian boundary strata in South China[J]. Terra Nova, 27(1): 62-68.

Choi J H, Hariya Y. 1992. Geochemistry and depositional environment of Mn oxide deposits in the Tokoro Belt, northeastern Hokkaido, Japan[J]. Economic Geology, 87(5): 1265-1274.

Clark R C, Blumer M. 1967. Distribution of n-paraffins in marine organisms and sediment[J]. Limnology and Oceanography, 12(1): 79-87.

Condie K C. 1993. Chemical composition and evolution of the upper continental crust: contrasting results from surface samples and shales[J]. Chemical Geology, 104(1): 1-37.

Coveney Jr R M, Murowchick J B, Grauch R I, et al. 1992. Gold and platinum in shales with evidence against extraterrestrial sources of metals[J]. Chemical Geology, 99(1-3): 101-114.

Cronan D S. 1980. Underwater Minerals[M]. Oxford: Academic Press.

Crossey L J. 1986. Correlation of organic parameters derived from elemental analysis and programmed pyrolysis of kerogen[J]. AAPG Bull, 58(9): 1806-1824.

Curiale J A. 1986. Origin of solid bitumens, with emphasis on biological marker results[J]. Organic Geochemistry, 10(3): 559-580.

Dechaine G P, Gray M R. 2010. Chemistry and Association of Vanadium Compounds in Heavy Oil and Bitumen, and Implications for Their Selective Removal[J]. Energy & Fuels, 24 (5) :2795-2808.

Fan D L, Yang R Y, Huang Z X. 1984. The Lower Cambrian black shale series and the iridium anomaly in Southern China[M]. Beijing: Science Press.

Filby R H. 1994. Origin and nature of trace element species in crude oils, bitumens and kerogens: implications for correlation and other geochemical studies[J]. Geological Society, 78: 203-219.

Fleet A J. 1983. Hydrothermal and Hydrogenous Ferro-Manganese Deposits: Do they form a continuum? The Rare Earth Element Evidence[M]. New York: Springer.

Gao S, Luo T C, Zhang B R, et al. 1998. Chemical composition of the continental crust as revealed by studies in East China[J]. Geochimica et Cosmochimica Acta, 62(11): 1959-1975.

Goldstein R. 2001. Fluid inclusions in sedimentary and diagenetic systems[J]. Lithos, 55(1-4): 159-193.

Grantham P J. 1986. The occurrence of unusual C_{27} and C_{29} sterane predominances in two types of Oman crude oil[J]. Organic Geochemistry, 9: 293-304.

Guckerta K D, Mossman D J. 2003. Pennsylvanian coal and associated bitumen at Johnson Mills, Shepody Bay, New Brunswick, Canada[J]. International Journal of Coal Geology, 53(3): 137-152.

Haskin M A, Haskin L A. 1966. Rare earths in European shales: a redetermination[J]. Science, 154(3748): 507-509.

Hatch J R, Leventhal J S. 1992. Relationship between inferred redox potential of the depositional environment and geochemistry of the Upper Pennsylvanian (Missourian) Stark Shale Member of the Dennis Limestone, Wabaunsee County, Kansas, USA[J]. Chemical Geology, 99(1-3): 65-82.

Hulbert L J, Gregoire D C, Paktunc D, et al. 1992. Sedimentary nickel, zinc, and platinum-group-element mineralization in Devonian black shales at the Nick property, Yukon, Canada: a new deposit type[J]. Exploration and Mining Geology, 1(1): 39-62.

Hunt J M. 1963. Composition and origin of the Uinta Basin bitumens[M]//Crawford A L. Oil and gas possibilities of Utah, re-evaluated. Sait Lake City: Utah Geological Society: 249-273.

Hwang R J, Teerman S C, Carlson R M. 1998. Geochemical comparison of reservoir solid bitumens with diverse origins[J] . Organic Geochemistry, 29 (1-3): 505-517.

Issin Y V. 1987. Catagenesis and composition of petroleum: origin of n-alkanes and isoalkanes in petroleum [J]. Geochim Cosmochim Acta, 51: 2445-2457.

Jacob H. 1985. Disperse solid bitumens as an indicator for migration and maturity in prospecting for oil and gas[J]. Erdol and Kohle, 38: 364-366.

Jacob H. 1989. Classification, structure, genesis and practical importance of natural solid oil bitumen (Migra-bitumen)[J]. International Journal of Coal Geology, 11 (1): 65-79.

Jewell P W, Stallard R F. 1991. Geochemistry and paleoceanographic setting of central Nevada bedded barites[J]. The Journal of Geology, 99(2): 151-170.

Jiang S, Yang J, Ling H, et al. 2003. Re-Os isotopes and PGE geochemistry of black shales and intercalated Ni-Mo polymetallic sulfide bed from the Lower Cambrian Niutitang Formation, South China[J]. Progress in Natural Science, 13(10): 788-794.

Jiu K, Ding W L, Huang W H, et al. 2012. Formation environment and controlling factors of organic-rich shale of lower Cambrian in the Upper Yangtze Region[J]. Geosciences, 26 (3): 547-554.

Jones B, Manning D A C. 1994. Comparison of geochemical indices used for the interpretation of palaeoredox conditions in ancient mudstones[J]. Chemical Geology, 111(1-4): 111-129.

Lewan M D, Maynard J B. 1924. Factor controlling enrichment of vanadium and nickel in the bitumen of organic sedimentary rocks, Geochim[J]. et Cosmochim Acta, 6: 2547-2560.

Lomando A J. 1992. The influence of solid reservoir bitumen on reservoir quality[J]. AAPG Bulletin, 76 (8):1137-1152.

López L, Mónaco S L, Volkman J K. 2015. Evidence for mixed and biodegraded crude oils in the Socororo field, Eastern Venezuela Basin[J]. Organic Geochemistry, 82: 12-21.

Lott D A, Coveney R M, Murowchick J B, et al. 1999. Sedimentary exhalative nickel-molybdenum ores in South China[J]. Economic Geology, 94(7): 1051-1066.

Mango F D. 1992. Transition metal catalysis in the generation of petroleum and natural gas[J]. Geochimica et Cosmochimica Acta, 56(1): 553-555.

Mango F D. 1996. Transition metal catalysis in the generation of natural gas[J]. Organic Geochemistry, 24: 977-984.

Mango F D. 2000. The origin of lighthydrocarbons[J]. Geochim Cosmochim Acta, 64: 1265-1277.

Mango F D, Hightower J W. 1997. The catalytic decomposition of petroleum into natural gas[J]. Geochimica et Cosmochimica Acta, 61: 5347-5350.

Mango F D, Hightower J W, James A T. 1994. Role of transition-metal catalysis in the formation of natural gas[J]. Nature, 368: 536-538.

Manning D A C. 1986. Assessment of the role of organic matter in ore transport processes in low-temperature basemetal systems[J]. Transactions of the Institution of Mining and Metallurgy (Section B: applied earth science), 95: 195-200.

Mao J, Lehmann B, Du A, et al. 2002. Re-Os dating of polymetallic Ni-Mo-PGE-Au mineralization in Lower Cambrian black shales of South China and its geologic significance[J]. Economic Geology, 97(5): 1051-1061.

McLennan S M, Hemming S, McDaniel D K, et al. 1993. Geochemical approaches to sedimentation, provenance, and tectonics[J]. Special Paper of the Geological Society of America, 284: 21-40.

Montacer M, Disnar J R, Orgeval J J, et al. 1988. Relationship between Zn-Pb ore and oil accumulation processes: example of the Bou Grine deposit (Tunisia)[J]. Organic Geochemistry, 13: 423-431.

Mossman D J, Nagy B, Davis D W. 1993. Hydrocarbon alteration of organic matter in uranium ores, Elliot Lake, Canada: implications for selected organic-rich deposits[J]. Geochimica et Cosmochimica Acts, 57: 3251-3259.

Munz A. 2001. Petroleum inclusions in sedimentary basins:systematic, analytical methods and applications[J]. Lithos, 55(1-4):195-212.

Murray R W. 1990. Rare earth elements as indicators of different marine depositional environment in chert and shale [J]. Geology, 18: 268-271.

Murray R W. 1994. Chemical criteria to identify the depositional environment of chert: general principles and applications[J]. Sedimentary Geology, 90(3-4): 213-232.

Naumov G B. 1984. Regime of the endogenic fluids and his role in hydrothermal ore formation [J]. Proeedings of the 27th International Geological Congress: Geochemistry and Cosmochemistry, 4: 1-6.

Ourisson G, Albrecht P, Rohmer M. 1982. Predictive microbial biochemistry — from molecular fossils to procaryotic membranes[J]. Trends in Biochemical Sciences, 7(7): 236-239.

Palacas J G, Monopolis D, Nicolaou C A, et al. 1986. Geochemical correlation of surface and subsurface oils, western Greece[J]. Organic Geochemistry, 10(1-3): 417-423.

Pan J, Ma D, Cao S. 2004. Trace element geochemistry of the Lower Cambrian black rock series from northwestern Hunan, South China [J]. Progress in Natural Science, 14(1): 64-70.

Parnell J. 1988. Metal enrichments in solid bitumens: a review[J]. Mineralium Deposita, 23: 191-199.

Parnell J, Swainbank I. 1990. Pb-Pb dating of hydrocarbon migration into a bitumen-bearing ore deposits, North Wales[J]. Geology, 18: 1028-1030.

Parnell. 1989. 固体沥青中的金属富集作用 [J]. 地质科学译丛 , 6(4): 48-53.

Peacor D R, Coveney R M, Zhao G. 2000. Authigenic illite and organic matter: the principal hosts of vanadium in the Mecca Quarry Shale at Velpen, Indiana[J]. Clays and Clay Minerals, 48(3): 311-316.

Peters K E, Moldowan J M. 1993. The Biomarker Guide: Interpreting Molecular Fossils in Petroleum and Ancient Sediments[M]. New Jersey: Prentice Hall Inc.

Pettijohn F J. 1975. Sedimentary Rocks[M]. 3ed. New York: Harper & Row.

Piper D Z. 1994. Seawater as the source of minor elements in black shales, phosphorites and other sedimentary rocks[J]. Chemical Geology, 114(1-2): 95-114.

Piper D Z, Calvert S E. 2009. A marine biogeochemical perspective on black shale deposition[J]. Earth-Science Reviews, 95: 63-96.

Radke M. 1988. Application of aromatic compounds as maturity indicators in source rocks and crude oils[J]. Marine and Petroleum Geology, 5: 224-236.

Rangin C, Steinberg M, Bonnot-Courtois C. 1981. Geochemistry of the Mesozoic bedded cherts of Central Baja California (Vizcaino-Cedros-San Benito): implications for paleogeographic reconstruction of an old oceanic basin[J]. Earth & Planetary Science Letters, 54 (2) :313-322.

Richard D T, Willden M, Marde Y, et al. 1975. Hydrocarbons associated with lead-zinc ores at Laiswell, Sweden[J]. Nature, 225:131-133.

Roedder E. 1984. Fluid inclusious[J]. Reviews in Mineralogy, 12: 644.

Rogers M A. 1974. Significance of reservoir bitumen to thermal maturation studies Western Canada Basin[J]. AAPG Bulletin, 58 (9) :1806-1824.

Roser B P, Korsch R J. 1988. Provenance signatures of sandstone-mudstone suites determined using discriminant function analysis of major-element data[J]. Chemical Geology, 67(1-2): 119-139.

Rudnick R L, Gao S. 2003. Composition of the continental crust[J]. Treatise on Geochemistry, 3: 1-64.

Shao L, Stattergger K, Garbe-Schoenberg C D. 2001. Sandstone petrology and geochemistry of the Turpan Basin (NW China): Implications for the tectonic evolution of a continental basin[J]. Journal of Sedimentary Research, 71(1): 37-49.

Saxby J D. 1976. The significance of organic matter in ore genesis[M]//CSIRO Division of Process Technology, Ryde N. Handbook of strata-bound and stratiform ore deposits. Amsterdam: Elsevier: 111-133.

Saxby J D. 1980. 有机质在矿成因中的重要意义 [M]. 肖学军 , 译 . 层控矿床与层状矿床 (第二卷). 北京 : 地质出版社 .

Schlanger S O, Jenkyns H C. 1976. Cretaceous oceanic anoxic events: causes and consequences [J]. Geologie en Mijnbouw, 55(3-4):179-184.

Shaw D M, Reilly G A, Muysson J R, et al. 1967. An estimate of the chemical composition of the Canadian Precambrian Shield[J]. Canadian Journal of Earth Sciences, 4(5): 829-853.

Shimizu H, Masuda A. 1977. Cerium in chert as an indication of marine environment of its formation[J]. Nature, 266(24): 346-348.

Song S G, Niu Y L, Su L, et al. 2014. Continental orogenesis from ocean subduction, continent collision /subduction, to orogen collapse, and orogen recycling: the example of the North Qaidam UHPM belt, NW China[J]. Earth-Science Reviews, 129: 59-84.

Spirakis C S, Heyl A V. 1993. Organic Matter (Bitumen and Other Forms) as the Key to Localisation of Mississippi Valley-Type Ores[M]//Parnell J, Landais P. Bitumen in Ore Deposits. Berlin: Springer-Verlag: 381-398.

Spry P G. 1990. Geochemistry and origin of coticules(spessartine-quartz rocks)associated with metamorphosed massive sulfide deposits[J]. Regional Metamorphism of Ore Deposits and Genetic Implications: Utrecht, VSP, The Netherlands, 49: 75.

Steiner M, Wallis E, Erdtmann B D, et al. 2001. Submarine-hydrothermal exhalative ore layers in black shales from South China and associated fossils—insights into a Lower Cambrian facies and bio-evolution[J]. Palaeogeography, Palaeoclimatology, Palaeoecology, 169(3-4): 165-191.

Sugisaki R, Yamamoto K, Adachi M. 1982. Triassic bedded cherts in central Japan are Not Pelagic[J]. Nature, 298: 644-647.

Sundararaman P, 李峥. 1994. 钒卟啉在勘探中的应用：源岩和石油成熟度指标 [J]. 国外油气勘探, 6(2):172-181.

Taylor S R, Mclennan S M. 1985. The Continental Crust: its Composition and Evolution, An Examination of the Geochemical Record Preserved in Sedimentary Rocks[M]. Oxford: Blackwell Scientific Publication.

Taylor S R, McLennan S M. 1995. The geochemical evolution of the continental crust[J]. Reviews of Geophysics, 33(2): 241-265.

Tenger. 2006. Comprehensive geochemical identification of highly evolved marine carbonate rocks as hydrocarbon-source rocks as exemplified by the Ordos Basin[J]. Science in China(Series D:Earth Sciences), 4: 384-396.

Tissot B P, Welte D H. 1984. Petroleum Formation and Occurrence[M]. Berlin: Springer-Verlag.

Toth J R. 1980. Deposition of submarine crusts rich in manganese and iron [J]. Geological Society of America Bulletin, 91(1): 44-54.

Tribovillard N, Algeo T J, Baudin F, et al. 2012. Analysis of marine environmental conditions based onmolybdenum–uranium covariation Applications to Mesozoic paleoceanography[J]. Chemical Geology, 324: 46-58.

Twenhofel W H. 1939. Environments of origin of black shales [J]. AAPG Bulletin, 23(8): 1178-1198.

van Gijzel P. 1981. Applications of the geomicophotometry of kerogen, solid hydrocarbons and crude oils to petroleum exploration[M]//Brooks J. Organic maturation studies and fossil fuel exploration. London : Academic Press : 351-377.

Vine J D, Tourtelot E B. 1969. Geochemical investigation of some black shales and associated rocks[R]. Untied States Geological Survey. Bulletin, 1314-A.

Warren J K. 2016. Evaporites[M]//White W. Encyclopedia of Geochemmistry. Cham: Springer.

Wignall P B. 1994. Black Shales[M]. Oxford: Clarendon Press.

Wolfrum C, Lang H, 黄志北 . 1990. 自然体系中胶体吸附作用特征的研究 [J]. 东华理工大学学报 (自然科学版), 3: 81-83.

Xie S C, Pancost R D, Yin H F, et al. 2005. Two episodes of microbial change coupled with Permo/Triassic faunal mass extinction[J]. Nature, 434: 494-497.

Yamamoto K. 1987. Geochemical characteristics and depositional environments of cherts and associated rocks in the Franciscan and Shimanto Terranes[J]. Sedimentary Geology, 52(1) :65-108.

Yoon S, Bhatt S D, Lee W, et al. 2009. Separation and characterization of bitumen from Athabasca oil sand[J]. Korean Journal of Chemical Engineering, 26(1): 64-71.